学校で教えない教科書

戦略・戦術でわかる

太平洋戦争

太平洋の激闘を日米の戦略・戦術から検証する

太平洋戦争研究会 編著

日本文芸社

はじめに

ヒトラーのナチス・ドイツと軍事同盟を結んでいた日本は、米・英に戦争を挑んだ。そして、日本・ドイツの完敗によって終戦となってから、今年（二〇〇二年）で五七年目を迎える。

日本が戦った戦場は中国・東南アジア・太平洋の広い地域におよんだ。この太平洋戦争は、日本がこの地域を支配下に入れるため起こされ、大東亜共栄圏《だいとうあきょうえいけん》の建設をめざしたものだった。日本はそうしなければ自立した国家として立ち行かないと思い込んでいたようだ。

米・英に戦いを宣する前は、中国だけを支配下に置くつもりで、四年以上も軍事行動をつづけていた。そんな日本に中国が唯々諾々《いいだくだく》と従うわけがなく、中国は米・英の支援を取りつけつつ、抗戦を続けていた。

アメリカは日本を経済制裁で締めつけつつ、ヨーロッパでナチス・ドイツと戦っていたイギリス・ソ連陣営に立って参戦しようと、その機会をうかがっていた。アメリカが最後の戦略物資・石油の対日輸出をストップしたとき、日本は米・英に宣戦布告したのである。米・英は連合国を結成し対抗した。

世界中の強国を相手に始めた戦争に、有効的確な戦略と戦術があり得たとは思えない。にもかかわらず、戦場の将兵も銃後の国民も己の責務を果たそうと、滅私奉公《めっしほうこう》・尽忠報国《じんちゅうほうこく》の精神で挺身《ていしん》した。その味わった辛酸にふれつつ、日本があえて選択した戦争の目的や方法、そして戦略と戦術を、少し分け入って見てみることにしよう。

戦略・戦術でわかる**太平洋戦争**——目次

●はじめに／1

第1章 開戦への戦略

戦争か平和か1
日本政府に「避戦」の戦略はあったか？
ドイツ派対英米派の抗争に明け暮れていた帝国陸海軍 16

戦争か平和か2
日本軍の中国撤退の足かせ「英霊十八万四千柱」
作戦担当者は戦線縮小を提案したこともあったが…… 18

戦争か平和か3
日本人を自縄自縛にした「日中戦争は聖戦」
「神武天皇の偉業」を受け継ぐと心酔した日本人 20

戦争か平和か4
日本の対米英戦計画はこうだった
あまりにも独りよがりだった日本軍の机上の戦略 22

戦争と資源1
日本の対米戦争準備はどこまでできていたか
開戦直前でも「フィリピン（米領）攻略は避けよう」と言った海軍首脳 24

戦争と資源2
うっかりしていた「石油輸入の八割はアメリカから」
重要資源はすべて輸入！　なのに皮算用で始めた大戦争の台所 26

戦争と資源3
石油は戦争のバロメーター、開戦時の手持ちは？
石油がなければ軍艦も戦車も走れない！ 28

枢軸同盟とアジア戦略1
日本は三国同盟に何を期待したのか？
ドイツがイギリスに勝つ！　と信じて始めた対米英戦争 30

枢軸同盟とアジア戦略2
読み違ったナチス・ドイツの真の実力 32
あわてて地獄行きのバスに飛び乗った日本軍首脳

枢軸同盟とアジア戦略3
大東亜共栄圏を煽りすぎた世論操作の罪と罰 34
日本が掲げた「アジアを植民地から解放する！」聖戦というスローガン

枢軸同盟とアジア戦略4
仏印進駐でわかってしまった日本の本音 36
そこからならイギリス領マレー半島は射程距離だ

破局への道1
開戦前に日本が描いた「終戦」のプログラム 38
「日独伊」対「米英」のセットでの講和を夢見た日本

破局への道2
日本海軍はなぜ避戦から開戦へと転換したのか 40
対米英戦は「阻止できた」という証言の裏付け

破局への道3
ルーズベルトの大戦参加の道具にされた日本 42
「最初の一発は日本に撃たせろ！」筋書どおりに運んだ開戦への道

破局への道4
「騙し討ち」の元凶・駐米大使館の外交オンチ 44
形式にこだわりすぎて機転が利かなかった駐米大使とスタッフ

コラム1
味方をも欺いた「昆明攻略作戦」 46

第2章 真珠湾奇襲攻撃は誤算だった！

奇策と執念1
なぜ真珠湾を「いの一番」に攻撃したのか？ 48
山本五十六連合艦隊司令長官が描いた対米戦争のシナリオ

奇策と執念2
総スカンを食った真珠湾奇襲攻撃案の「ナゼ？」 50
〝海軍作戦本部〟も部下の参謀も大反対した理由

奇策と執念3
山本大将の真珠湾攻撃案はなぜ採用された？ 52
軍令部で急転直下に決定された無策と情実の狭間

奇策と執念4
宣戦布告なしの開戦を望んだ日本海軍 54
東京裁判で東郷茂徳元外相が暴露した最後通告の真相

トラ・トラ・トラ1
開戦直前に変更された最後通告手交時刻
日本の対米通告書に「開戦宣告」の字句はなかった！ 56

トラ・トラ・トラ2
なぜ日米開戦を「十二月八日」にしたのか？
真珠湾攻撃を最優先した大本営陸海軍部の開戦日選定 58

トラ・トラ・トラ3
なぜニミッツ大将は「損害は軽微」と言った？
米海軍をホッとさせた日本軍の淡泊な攻撃戦法 60

トラ・トラ・トラ4
「横綱を破った関取に大根を買わせるのか！」
作戦終了後の機動部隊参謀長の仰天発言 62

リメンバー・パールハーバー1
「ヤンキー魂」を知らなかった？日本の愚
一夜で敵の挙国一致体制をつくらせた真珠湾攻撃の誤算 64

リメンバー・パールハーバー2
チャーチル英首相を小躍りさせた真珠湾攻撃
対日独伊戦の勝利を確信した十二月七日夜の英首相 66

リメンバー・パールハーバー3
山本が米軍に教えた「航空主兵」の新戦術
世界初の空母艦隊の威力を生かせなかった日本海軍の皮肉 68

●コラム2
密かに生産された「紙の弾丸」 70

第3章 勝利の陰に潜む大失敗

緒戦の大勝利1
マレー、シンガポール攻略戦はなぜ行なわれた？
開戦劈頭の大作戦に賭けた日本の命運は？ 72

緒戦の大勝利2
なぜシンガポールに敵前上陸できなかったか
巨大な要塞砲が海を睨んでいた〝東洋のジブラルタル〟 74

緒戦の大勝利3
マレー沖海戦が連合国に与えた衝撃と教訓
海戦の常識をくつがえした日本軍機の戦艦撃沈 76

緒戦の大勝利4
南方攻略後、満州に引き返した陸軍部隊
アメリカとの戦争よりソ連の動向が気になっていた日本陸軍の本音 78

80 偽りの解放1
たんなる謀略にすぎなかった対インド人工作
インド兵の夢と希望を裏切った日本軍の戦略なき戦術

82 偽りの解放2
ビルマ義勇軍を面従腹背させた日本軍の愚挙
「大東亜共栄圏」の幻を見せつけた日本軍の占領統治策の失敗

84 偽りの解放3
タイ国民を敵に回した日本の傲慢外交
日本人は知らなかった「同盟国日本」に対するレジスタンス運動

86 偽りの解放4
民族の尊厳を否定した日本の南方統治政策
愚劣な欧米植民地統治の轍を踏んだ日本の愚

88 勝者と敗者1
連合艦隊のインド洋作戦は何が目的だった？
「南雲機動部隊の南方遠征は不必要だった」と言われる理由

90 勝者と敗者2
「大勝利」のはずのインド洋作戦で失ったもの
〝神の恵み〟か？日本海軍からダメ押しの教訓を得た米英の作戦家

92 勝者と敗者3
残された戦力をフル活用した米太平洋艦隊
「仇討ち達成！」で米国民を驚喜させたニミッツ新司令長官

94 勝者と敗者4
米軍がドゥーリットル空襲を敢行した理由
「心の戦果」と「心のダメージ」を最優先したアメリカの遠大な戦略

96 勝者の奢り1
油田は確保、それでも石油不足に陥ったのは？
陸軍の石油を海軍へ勝手に回すなというセクショナリズム

98 勝者の奢り2
シーレーン防衛の発想がなかった大本営
開戦三年目にやっとできた海上護衛総司令部

100 勝者の奢り3
インドネシアの日本領土編入で露呈した野心
労働力、食糧、石油に目がくらみすぎた軍部と政府

102 コラム3
上空でドゥーリットル隊とすれ違った東条機

第4章 補給なき最前線

戦局の分岐点1
ガダルカナル島を知らなかった大本営陸軍部 104
陸・海軍バラバラで作戦を遂行していた信じられない実態

戦局の分岐点2
米軍上陸前夜に消えた現地住民と残置諜者 106
実は日本軍の一挙手一投足を監視していたガ島の「親日的住民」たち

戦局の分岐点3
ガ島の米軍二万人をなぜ二〇〇〇人と誤ったのか 108
根拠なき推測と「だろう」で決められた一木支隊の派遣

戦局の分岐点4
ガ島でも見せた部隊の逐次投入という愚策 110
「作戦の神さま」が指導した総攻撃という名の稚拙な戦術

戦局の分岐点5
輸送船攻撃を怠った日本海軍の戦術思想 112
機動部隊が輸送船団を護衛する米軍の補給作戦

戦略なき戦場1
解読されていたニューギニアの日本軍作戦計画 114
待ち伏せ、置いてきぼり、先回り……日本軍を自在に操った連合軍

戦略なき戦場2
敵の暗号解読者もあきれた南海支隊の山脈越え 116
連合軍の読みどおり攻撃を断念した日本軍

戦略なき戦場3
救援部隊は送らず最後は〝逃げろ〟の無策戦術 118
ブナの戦いで見せたガダルカナル島攻防戦とのこれだけの違い

戦略なき戦場4
サラワケット山に挑んだ八五〇〇人の運命 120
東部ニューギニアの密林で玉砕を禁じられた部隊の悲惨な撤退

戦略なき戦場5
四〇〇キロを徒歩で〝進撃〟した日本軍の功罪 122
東部ニューギニア、フィンシュハーフェンの苦闘

戦略なき戦場6
待ち伏せ米豪軍に敢えて突進したアイタペ総攻撃 124
東部ニューギニア・第一八軍の最後の総攻撃

戦略なき戦場7
計画すらなかった東部ニューギニア軍の救出策 126
ジャングルに見捨てられた三個師団将兵の末路

128 戦略なき戦場8
西部ニューギニア・サルミの悲劇
ホーランジア脱出組はサルミ守備隊に追い払われた

130 コラム4
東条首相を「バカヤロー」と怒鳴った田中中将

第5章 極限の戦場

132 玉砕の戦場1
「北からの空襲」を恐れて実施されたAL作戦
ミッドウェーとアリューシャンを同時攻略しようとした理由

134 玉砕の戦場2
ミッドウェーの敗戦で帰れなくなった北方部隊
一時的な占領から永久占領へ転換されたアッツ島、キスカ島

136 玉砕の戦場3
アッツは玉砕、キスカは救出の明暗
濃霧の有無が孤島守備隊の生死を分けた海軍作戦

138 玉砕の戦場4
南海の孤島にばらまかれた守備隊の任務は？
タラワ、マキン、クエゼリン……二万人を超える餓死者の総数

140 玉砕の戦場5
戦後まで戦い続けた三四名の日本兵
昭和二十二年に投降した玉砕の島ペリリューの陸海軍将兵

142 孤独な戦場1
海軍は特殊潜航艇に何を期待した？
シドニー港とディエゴスワレス湾に散った乗組員

144 孤独な戦場2
ビアク島で果てた日本軍一万三〇〇〇人
マッカーサー軍に真っ向から刃向かった知られざる孤島の奮戦

146 孤独な戦場3
肉弾突撃でよいのか、戦車に体当たり！
現地参謀長の反問で回避されたブーゲンビル島の玉砕戦

148
孤独な戦場4
成功したコロンバンガラの撤収作戦
中部ソロモン諸島における知られざる大発の大作戦

150
孤独な戦場5
ラバウルの遊兵、忘れられた二年間
撃滅よりも効果があった米軍の「立ち枯れ作戦」

152
遺棄された島1
連合艦隊の根拠地トラック環礁のあえなき最期
海軍指揮官の甘い判断で飢餓戦線をさまよった将兵四万三〇〇〇人

154
遺棄された島2
ルソン島で頻発した戦友相食む飢餓地獄
処刑に臨んで「戦死扱い」を懇願した部隊長

156
遺棄された島3
ジャングルに消えた日本兵一万と捕虜三〇〇〇
北ボルネオに展開された戦略なき指揮官の多大な犠牲

158
コラム5
軍旗も玉砕すべし

第6章 日本の勝敗を決した戦術情報

160
珊瑚海海戦1
日本のMO作戦を盗んでいた米海軍
日本の海軍暗号解読と通信諜報でポートモレスビー攻略作戦を知った米太平洋艦隊

162
珊瑚海海戦2
米軍に「戦略的勝利」と言わせた初の空母決戦
相互に索敵不充分で遭遇した海戦の収支決算

164
珊瑚海海戦3
世界初の空母対決に何も学ばなかった日本海軍
貴重な戦訓の討議よりも、司令長官の罷免論争に熱心だった海軍首脳

166
ミッドウェー作戦1
誰もが事前に知っていた連合艦隊の次期作戦
山本五十六長官のゴリ押しで決まった「二兎作戦」

ミッドウェー作戦2
ハワイの暗号解読班のワナにはまった日本軍 168
戦闘情報班の結論を信じたニミッツ司令長官の果敢な決断

ミッドウェー作戦3
ニミッツ司令長官を支えた「ハイポ支局」とは? 170
勝利した対日戦術を決定させた地下の変人たち

ミッドウェー作戦4
またも出撃しない連合艦隊「主力部隊」の罪 172
最大の攻撃・防御力を飼い殺しにした山本長官の戦術眼

ミッドウェー作戦5
「運命の五分間」を見過ごした幕僚の罪と罰 174
草鹿参謀長はなぜ南雲長官の爆装転換命令を諌めなかったのか

南太平洋戦線1
マッカーサー司令部が組織した「連合軍情報局」 176
対日反攻作戦の耳目となったジャングルの諜者たち

南太平洋戦線2
沿岸監視隊員に救助されたケネディ中尉 178
ソロモンの海で日本軍に撃沈されたPT一〇九号艇

南太平洋戦線3
連合軍の「蛙跳び作戦」を可能にしたCBとは? 180
日本軍の作戦を暴き、裏をかく諜者たちの耳の戦い

南太平洋戦線4
米軍の手に渡った四万名の全将校名簿 182
「連合軍翻訳通訳班」が勝利に貢献した数々の功績

南太平洋戦線5
ニューギニアへの日本軍輸送船団を撃滅せよ 184
「ダンピールの悲劇」は米軍の無線傍受と新戦法で起こった!

南太平洋戦線6
伊号第1潜水艦から盗んだビッグな機密書類 186
日本海軍の「戦闘序列」を手に入れた、米軍最後のガ島戦戦果

海軍甲事件
ヤマモト機を撃ち落とせ! 188
米軍に筒抜けだった山本五十六司令長官の前線視察日程

海軍乙事件
ゲリラに奪われた連合艦隊の作戦計画書 190
大事件を不問に付した日本海軍中枢のツケ

●コラム6
捕鯨船がくれた北海のプレゼント 192

第7章

敗走の戦場、ビルマとフィリピン

ビルマ、インパール戦線1
徴発とビンタで反乱のタネを播いた日本軍
米と牛を奪われたビルマ民衆の怨嗟 194

ビルマ、インパール戦線2
うっかりしていた援蒋ルート「ハンプ越え」
連合軍が開始したヒマラヤ越えの中国援助 196

ビルマ、インパール戦線3
泰緬鉄道とスティルウェル公路の戦略的価値
戦時下の最前線で敵味方が行なった大土木工事 198

ビルマ、インパール戦線4
インパール作戦の目的は何だったのか?
配下の師団長三人がこぞって反対した戦略なき戦い 200

ビルマ、インパール戦線5
食糧を求めて撤退命令を出した師団長
飢えが理由で上級指揮官とも戦わなければならなかった実戦部隊長 202

ビルマ、インパール戦線6
何の罪にも問われなかった敗残の軍司令官
インパール作戦の責任者・牟田口中将はなぜクビにならなかったのか 204

ビルマ、インパール戦線7
修羅場のフーコンに「転進」はなかった!
三万の兵力で一五万の敵の攻勢を支えた北ビルマの戦場 206

ビルマ、インパール戦線8
大陸の玉砕地、拉孟・騰越の救援はなぜ遅れた?
二〇万の中国軍に囲まれ、救援軍ついに突破できず 208

レイテ決戦1
陸軍は知らなかった台湾沖航空戦の虚報
海軍の「敵艦隊撃滅」の報を信じてレイテ決戦を発動した陸軍 210

レイテ決戦2
寺内南方軍総司令官のレイテ決戦命令の理不尽
戦略なき場当たり主義と兵力の逐次投入の愚策 212

レイテ決戦3
山下奉文軍司令官のフィリピン永久徹底抗戦命令
〝降伏できない日本軍〟の生き残り部隊に対する情け無用の命令 214

レイテ決戦4
「特攻は命令によらず」は貫徹されたか?
「一晩考えさせてください」と言った最初の特攻隊長 216

レイテ決戦5
米海軍を震えあがらせた特攻の収支決算 218
正規空母五隻をリタイヤさせた特攻国ニッポンの最終兵器

レイテ決戦6
栗田艦隊がレイテ湾突入を果たしていたら？ 220
マッカーサー元帥は戦死？　栗田艦隊全滅は確実と……

レイテ決戦7
真珠湾攻撃の戦訓、戦艦「武蔵」が撃沈さる 222
山本五十六の航空主兵論をみごとに見せつけた米軍のお返し

●コラム7
潜水空母のパナマ運河攻撃計画 224

第8章　最後の日米決戦

マリアナ決戦1
米軍のサイパン上陸を読めなかった大本営 226
上陸されて初めてわかった思いも及ばぬ米軍の意図

マリアナ決戦2
「サイパンは勝てる」と信じていた東条英機 228
アッという間の守備隊玉砕で問われる大本営の情勢分析能力

マリアナ決戦3
第一航空艦隊の戦力を過信していた指揮官 230
航空戦力皆無で米軍の敵前上陸を迎える羽目になった指揮官の戦略眼

マリアナ決戦4
幻の「坤作戦」に潜んでいた手前勝手な戦術論 232
パラオ方面での決戦願望が生んだマリアナ沖での決戦

マリアナ決戦5
サイパンの戦いでわかった水際迎撃の限界 234
確固たる方針もなく実施された島嶼防衛戦術の破綻

マリアナ沖海戦1
小沢機動部隊のアウトレンジ戦法の理論と実際 236
速成パイロットの技量を計算に入れなかった机上の戦術

238 マリアナ沖海戦2
「マリアナの七面鳥撃ち」と米軍最新兵器
最新レーダーとVT信管に破れた日本の機動部隊

240 硫黄島の死闘1
米軍の硫黄島侵攻を読んでいた通信課報隊
「海軍の機密室」といわれた大和田通信隊の実力

242 硫黄島の死闘2
日米両軍、愚直な大激戦の損益勘定
米軍は毒ガス作戦計画を中止、日本軍は洞窟に潜む持久戦

244 硫黄島の死闘3
「辱めを受けず」の猛威、玉砕戦場の六割は自決
日本軍守備隊二万余人はいかにして死んでいったか

246 沖縄の戦い1
沖縄の防衛態勢を崩した大本営の部隊抽出
米軍上陸直前に精鋭師団を配転した大本営の場当たり戦略

248 沖縄の戦い2
「持久」と「決戦」で時間稼ぎをした沖縄戦
本土決戦に備え、負ける方法で対立した参謀長と作戦参謀

250 沖縄の戦い3
「七生報国」と「悠久の大義」は何をめざした？
もはや勝つ見込みがなくなった大軍の拠りどころ

252 沖縄の戦い4
巨艦「大和」の沖縄特攻に成算はあったか？
反対する総指揮官を黙らせた「一億総特攻」論

254 V1号兵器
実は米国を恐怖に陥れていた風船爆弾
女学生と芸者たちがコンニャク糊で貼りつけた新型兵器

256 ●コラム8
ほんとうに始められていた本土決戦準備「マ輸送」

第9章 終戦工作と本土防衛戦構想

和平工作1
小磯内閣を瓦解させた対華和平「繆斌工作」
なぜ昭和天皇と主要閣僚は国民政府との和平交渉に猛反対したのか 258

和平工作2
スウェーデン王室も協力したバッゲ工作
日本の外相交代で見捨てられた中立国の和平努力 260

和平工作3
実現濃厚だった海軍武官のダレス工作
中立国スイスで進められていた米情報機関OSSとの交渉 262

和平工作4
日本政府中枢に潰されたもう一つのダレス工作
スイス駐在日本人が一丸となった幻の和平工作 264

和平工作5
最後までソ連に和平仲介を期待した日本政府
ソ連の動きを客観的に評価できなかった日本政府の無知と無恥 266

本土決戦1
降伏など論外、刺し違えで一億総玉砕
天皇の面前で力説された全軍特攻と一億玉砕構想 268

本土決戦2
陸相の「降伏反対！」はポーズだったのか？
クーデターまで持ちかけた阿南陸相のあまりにも泰然たる自決 270

本土決戦3
本土決戦部隊の真の実力は？
「根こそぎ動員」で集められた一五〇万将兵の決戦装備 272

本土決戦4
「二〇〇〇万人玉砕」に固執した〝特攻の大西提督〟
「それだけ死ねば米軍は逃げていく」から…… 274

本土決戦5
二八〇〇万人の国民義勇戦闘隊の結成
男は一五歳から六〇歳、女は一七歳から四〇歳まですべて動員だ！ 276

本土決戦6
米の収穫が先か、米軍上陸が先か!?
本土決戦用の武器弾薬・食糧は果たしてあったのか 278

本土決戦7
水際迎撃戦を採用した日本の防衛戦術
一週間穴に潜んで頭上の敵を突き殺せ！ 280

本土決戦8
日本海軍が開発した本土決戦特攻兵器
爆装ボートから爆弾潜水夫、悲しいほどに奇抜な最終兵器 282

本土決戦9
日米で一致していた米軍の敵前上陸地点
核やサリンの使用も検討されたオリンピック作戦とコロネット作戦 284

本土決戦10
東京が目標だった原爆搭載第三号機!?
昭和二十年八月十二日、突如消えた原爆搭載B29機の呼出符号 286

●コラム10
原爆搭載艦を轟沈した潜水艦長の戦後 288

カバー装幀／若林繁裕
本文組版・図版作成／フレッシュ・アップ・スタジオ
写真／近現代フォトライブラリー、毎日新聞社

第1章 開戦への戦略

日本政府に「避戦」の戦略はあったか？

ドイツ派対英米派の抗争に明け暮れていた帝国陸海軍

日本は一九三七(昭和十二)年より、中国大陸の大半を占領していた。が、中国は米英、ソ連の支援を受けながら、抗日戦を戦っていた。アメリカは中国を支援しながら、日本への経済制裁(産業機械、鋼材、くず鉄、アルミ、希少金属、石油などの対日輸出ストップ)を段階的に行なった。

日本は正常な貿易に戻すためアメリカとの交渉を行なったが、見返りとしてアメリカは、中国からの日本軍撤退と日独伊軍事同盟の骨抜きを要求した。

ところで、日本の陸軍はドイツを模範として組織されていた。陸軍のエリート将校は陸軍幼年学校—陸軍士官学校—陸軍大学校のコースをたどったが、十三、四歳で入学し三年間学んだ幼年学校ではドイツ語が必修で、英語はまったく教えなかった。そのため、ドイツびいきが多かった。

それに対して海軍は、イギリス海軍を模範として組織され、訓練されていたので、将校養成の海軍兵学校でも英語は必修科目だった。したがって米英、とくにアメリカ駐在の経験者が主流を占めており、自由主義的な考え方に理解を示していた。

さて、アメリカの対日経済封鎖の強化は、米英と戦争して解決しようという戦略となったが、英語がわかり、それだけに米英の事情に通じていた海軍首脳は、日中戦争のために米英と戦争するのは「愚の骨頂」であり、「暴虎馮河《ぼうこひょうか》」(命知らずのことをすること)であるとして、戦争はすべきでないと考える者が多かったのである。

しかし、陸軍は海軍より圧倒的に兵隊の数が多く、海軍が反対すればクーデターを起こしかねない。「内乱より戦争を選ぶほうが、国家の統一を保つためにはよい」、海軍首脳はそう判断して、正式には日米避戦を要求しなかったのである。

●1940（昭和15）年9月27日、日・独・伊三国同盟成立後に祝杯を交わす松岡外相（中央）、オットー独大使（右端）、インデルリ伊大使（松岡の後方）

昭和十六年八月三日　朝刊

ル大統領、對日目標に
石油禁輸強化を發令
ソ聯には優先的處置

【ニューヨーク特電一日發】

米絹業工場閉鎖
十七萬の勞働者失業
米 生糸凍結の範圍擴張

●昭和16年8月3日の朝日新聞

昭和十五年九月二十七日（金曜日）

朝日新聞　東京

米國果然對日牽制に
屑鐵、鐵鋼の禁輸斷行
十月十六日より實施

【ワシントン特電二十六日發】

我方の準備萬全
明かに對日經濟壓迫

翼賛會首腦

●昭和15年9月27日の朝日新聞

日本軍の中国撤退の足かせ「英霊十八万四千柱」

作戦担当者は戦線縮小を提案したこともあったが……

日本は一九三七（昭和十二）年七月から中国本土（万里の長城から南を指す）を攻略し、主要な地域の六、七割を占領した。アメリカとの戦争に入ったのは、日中戦争四年半後のことである。

中国軍は日本軍より正直いって弱かったが、それでも四年半のあいだに日本軍は約一八万四〇〇〇人が戦死していた。貿易正常化の条件としてアメリカが要求するように、中国から日本軍（当時陸海軍合わせて約百万人が中国に展開していた）を撤退させるとしたら、陸軍は英霊《えいれい》（戦死者への尊称）に対して申し開きができないと考えた。

日中戦争の最低の目的（あとになって東亜新秩序の建設など思いつきの目的が唱えられたにしろ）は、北支《ほくし》、すなわち河北省《かほく》・山東省《さんとう》・山西省《さんせい》・内蒙古《もうこ》（現在の内蒙古自治区の一部）を日本の完全支配下に置くという点にあったのだから、それをしも達成できずに撤退することにでもなれば、陸軍は国民から〝なんのための戦争だったのか〟と非難されることを恐れたのだ。

日中戦争二年半から三年目にかかろうという時期に、陸軍作戦の中枢である参謀本部の実務担当者から、黄河《こうが》以北まで撤収して戦線を縮小したほうがよいと、内々に陸軍省に相談したことが二回あった（一九三九年九月、一九四〇年四月）。

ところが、打診された陸軍省の要人はそろって、「英霊に対する感謝や責任はないのか」「皇軍（天皇の軍隊）将兵の血を流した土地を手放せるか」と、まったくとりあわなかった。

戦争は英霊のために遂行する、といった、おかしな論法になってしまっていた。それから約一年後、アメリカは日本軍の撤退を要求したが、日本陸軍がのめるはずはなかったのである。

●戦友の遺骨を胸に、南京入城式に参列する将兵たち

◆日本軍の死傷者数

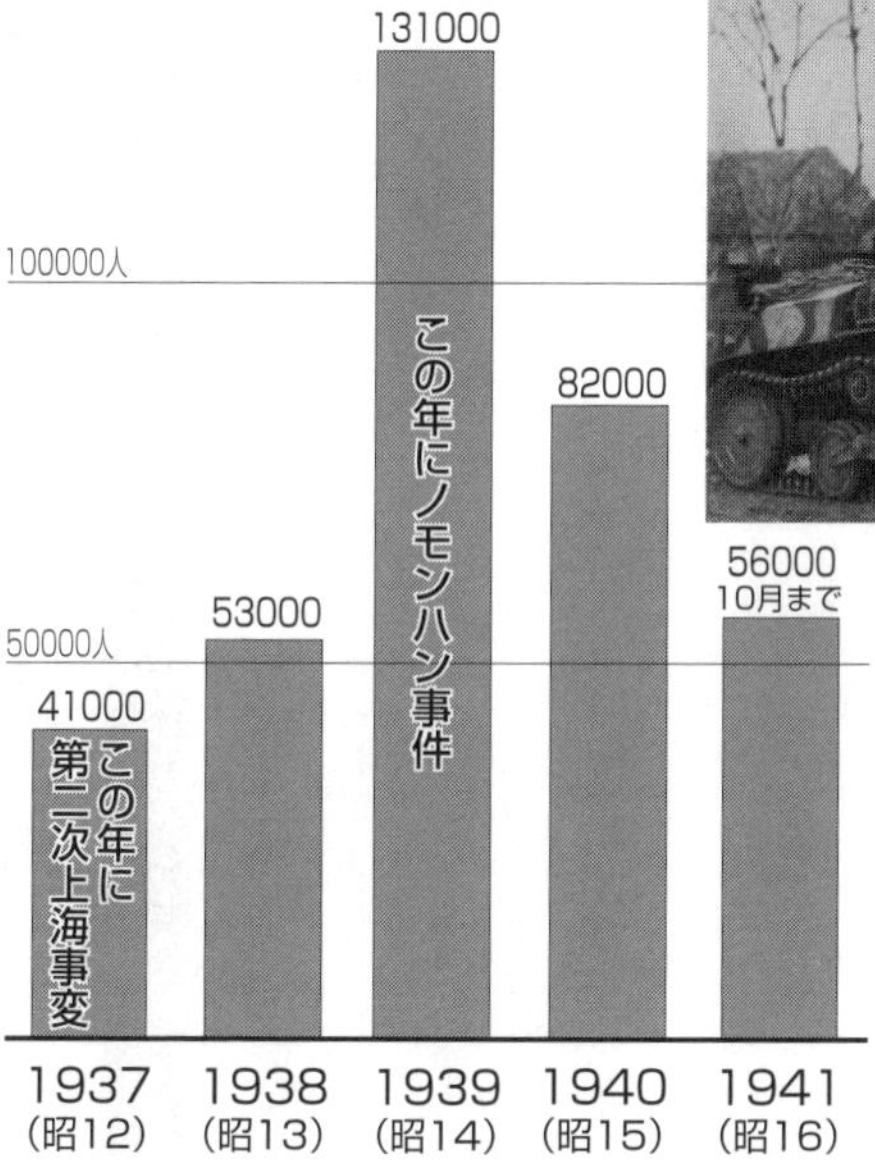
131000
100000人
この年にノモンハン事件
82000
56000
10月まで
53000
50000人
41000
この年に第二次上海事変
1937
（昭12）
1938
（昭13）
1939
（昭14）
1940
（昭15）
1941
（昭16）

●日中は全面戦争に突入し、
日本軍は優勢ではあったが…

日本人を自縄自縛にした「日中戦争は聖戦」

「神武天皇の偉業」を受け継ぐと心酔した日本人

日中戦争は、北京《ペキン》郊外における蘆溝橋《ろこうきょう》事件（一九三七〈昭和十二〉年七月七日）から三週間後に行なわれた、北京～天津《てんしん》地区への総攻撃の結果、中国からの和平申し込み、すなわち事実上の降伏申し入れによって終了する……はずだった。

三日間にわたる総攻撃のあと、陸軍も外務省も近《この》衛《え》文麿《ふみまろ》首相のブレーンも、こぞって中国側から申し入れさせるための和平条件案を作成した。現在残っているだけでも六種類ある。

中国軍は長きにわたる軍事的抵抗をなし得ない、というのが一致した見方だったのである。なぜなら、満州事変以来の中国がそうだったからだ。

ところが中国が上海《シャンハイ》に第二戦線を開き、頭に血が上った日本軍はそこへ派兵、最初は苦戦したが、ともかく一気呵成《いっきかせい》に南京《ナンキン》まで占領した。過酷な降伏条件を突きつけられた中国の蔣介石《しょうかいせき》総統が回答を遅らせていると、「蔣介石を対手《あいて》とせず」として戦線拡大路線を突っ走った。その頃から、日中戦争をはっきりと聖戦と呼ぶようになった。

聖戦とは、天皇の支配地域を広げる戦争である。初代の神武《じんむ》天皇は橿原《かしわら》に都を定め、「八紘《あめのした》を掩《おお》いて宇《いえ》と為《な》」したと、『日本書紀』にある。

だから八紘為宇《はっこういう》とか八紘一宇《はっこういちう》とは、ヤマトを統一して日本を建国し、人民を〝天皇の徳〟のもとに置いたという意味である。それを〝肇国《ちょうこく》の精神《せいしん》〟（肇国は国を肇《はじ》める、建国の意）といったが、日中戦争はまさに「我が肇国の理想たる八紘一宇の精神を光被《こうひ》せしめる（君徳を行き渡らせる）」戦争だと説明されたのである。

神話の〝神武天皇の偉業〟を再現するという聖戦観は、その後の太平洋戦争でも継承され、東南アジア一帯に八紘一宇を拡大する戦争になったのである。

TOKYO ASAHI SHIMBUN　（日曜月）　日七十月一年三十和昭

東京朝日新聞

爾後國府對手とせず

新興政權と國交調整

政府重大聲明を發表

帝國不動の對支方針を中外に闡明すべき歴史的重大聲明は十六日正午内閣より發表された、その全文は左の通りである

【帝國政府聲明】帝國政府は南京攻略後尚ほ支那國民政府の反省に最後の機會を與ふるため今日に及べり、然るに國民政府は帝國の眞意を解せず漫りに抗戰を策し内民人塗炭の苦みを察せず外東亞全局の和平を顧みる所なし仍て帝國政府は爾後國民政府を對手とせず帝國と眞に提携するに足る新興支那政權の成立發展を期待し是と兩國國交を調整して更生新支那の建設に協力せんとす、元より帝國が支那の領土及主權並に在支列國の權益を尊重するの方針には毫もかはる所なし、今や東亞和平に對する帝國の責任愈々重し、政府は國民が此の重大なる任務遂行のため一層の發奮を冀望して止ます

國府との國交事實上斷絶

川越大使に近く歸朝命令

●昭和13年1月17日の朝日新聞

●皇紀2600年を祝して宮崎県に建てられた「八紘基柱」。1940年＝昭和15年のことだった

◆1940（昭和15）年までの日本軍の支配域

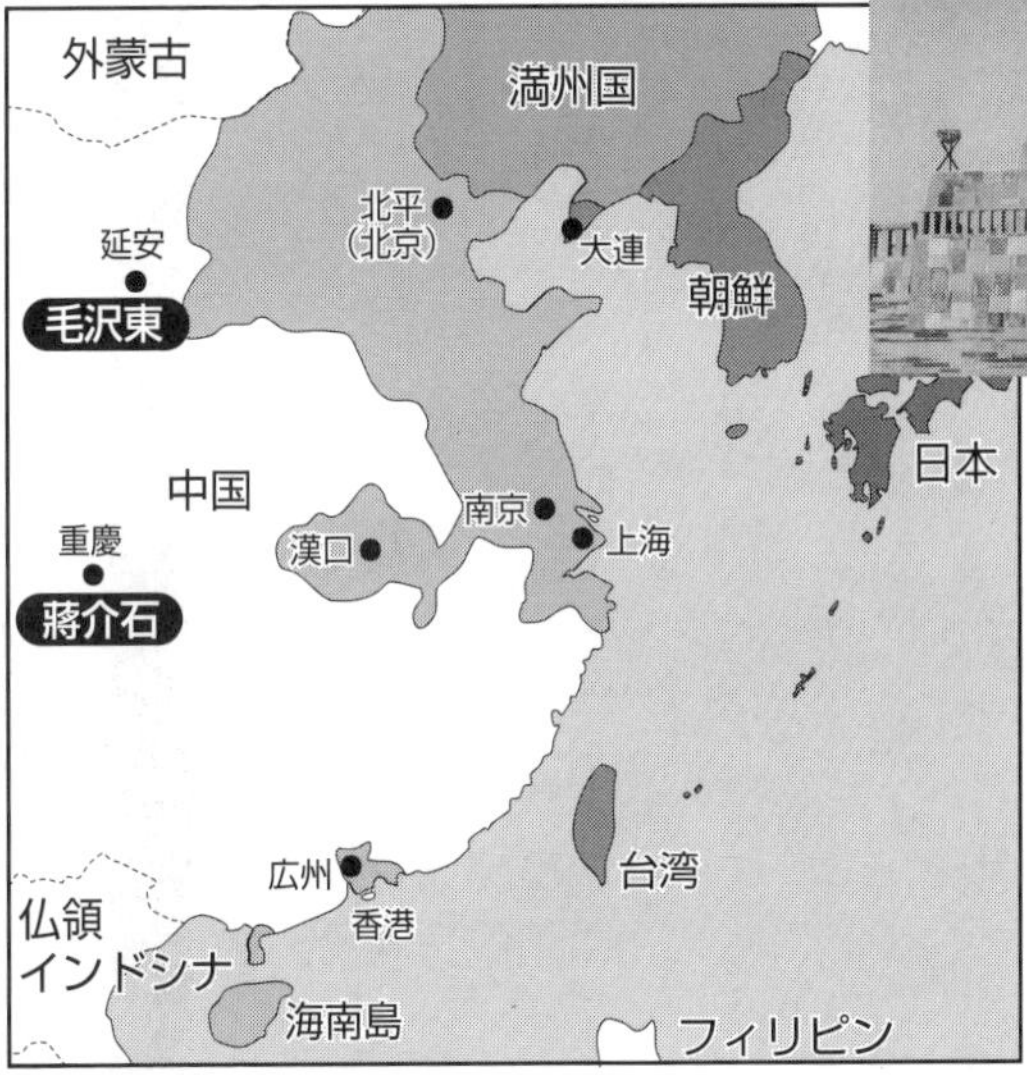

日本の対米英戦計画はこうだった

あまりにも独りよがりだった日本軍の机上の戦略

日本は昭和十六年十一月五日の御前《ごぜん》会議で「自存自衛の基礎の確立」と「大東亜共栄圏の建設」を目的とする「帝国国策遂行要領」「対米交渉要領」を最終決定した。十二月一日までに日米外交交渉が成立しない場合は武力を発動するという、作戦準備と外交の二本立て案である。この国策遂行要領に基づいて、陸軍は「対米英蘭《らん》戦争指導要綱」を決定した。

その概要は次のようなものだった。

一、対米英蘭戦争の目的は、帝国の自存自衛を全《まっと》うすることにある。

二、対米英蘭戦争は長期戦になるが、あらゆる手段を尽くして短期解決の途《みち》を講ずる。

三、戦争は先制奇襲によって開始し、迅速な作戦によって米英蘭の根拠地を攻略し、重要資源地域と主要交通線を確保して長期自給自足の態勢を整える。この間、あらゆる手段を講じて米海軍を誘い出し、これを撃滅する。

四、攻略範囲は香港、ビルマ、マレー、蘭印、比島、グアム、ニューギニア、ビスマルク諸島に限定する。

五、米国世論を刺激してその海軍主力を極東に誘致し、また米国の極東政策の反省を促し、かつ日米戦争が無意味だという世論を激成《げきせい》する。

六、東亜諸民族に対しては、東亜の白人からの解放と大東亜共栄圏の建設を呼びかける。

七、南方資源のゴム、錫《すず》、キニーネの敵側への流出を厳重に阻止する。

八、外交戦ではドイツを対米参戦させ、対ソ戦争の生起は避ける。

九、戦争終結方略＝蔣政権の屈服を促進し、独伊と提携して英国を屈服させ、米国の継戦意志を喪失させる。

●ドイツの空爆にさらされるロンドン、セント・ポール寺院

◆日本が獲得しようとした資源

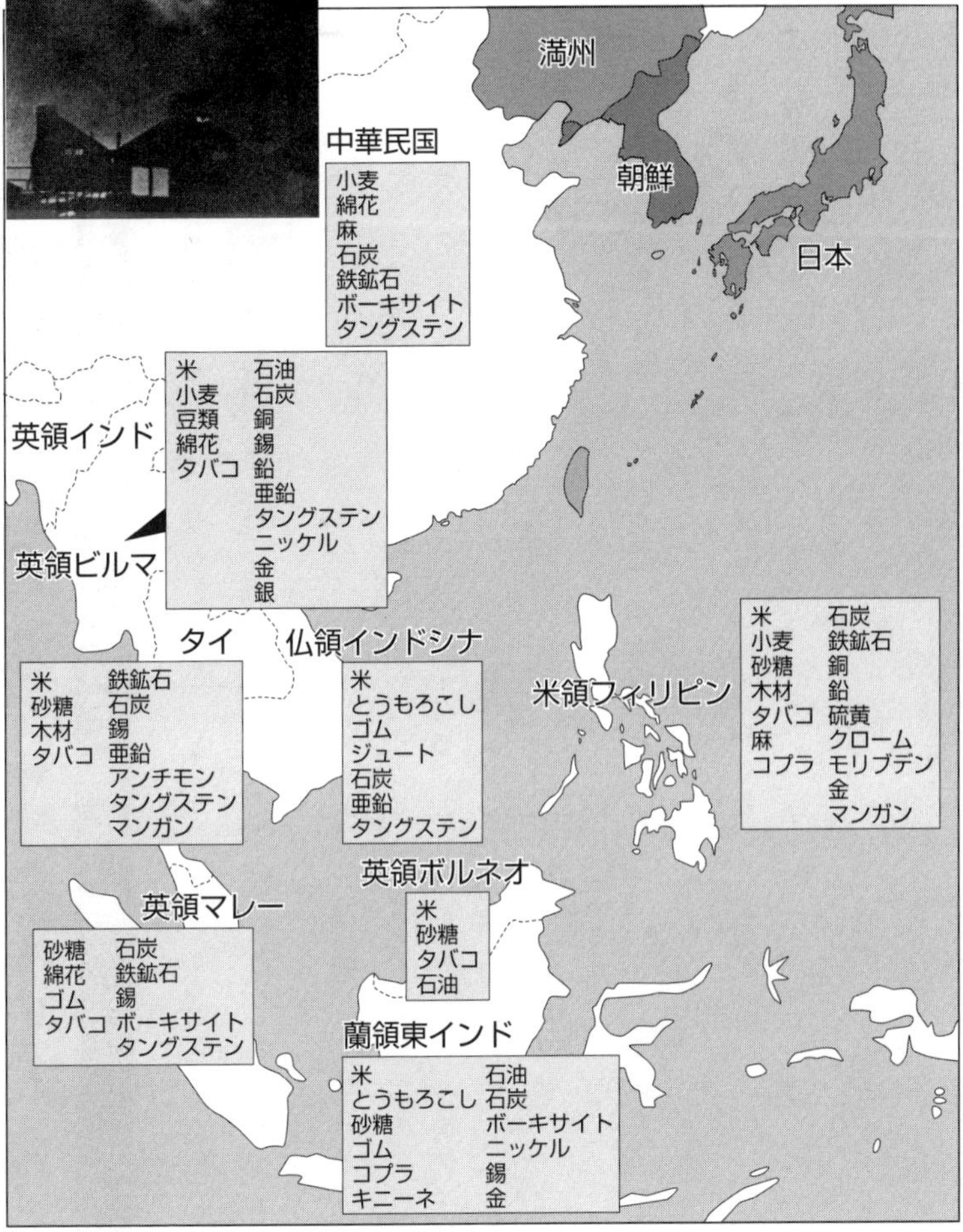
満州
朝鮮
日本
中華民国
小麦 綿花 麻 石炭 鉄鉱石 ボーキサイト タングステン
英領インド
英領ビルマ
米 小麦 豆類 綿花 タバコ
石油 石炭 銅 錫 鉛 亜鉛 タングステン ニッケル 金 銀
タイ
米 砂糖 木材 タバコ
鉄鉱石 石炭 錫 亜鉛 アンチモン タングステン マンガン
仏領インドシナ
米 とうもろこし ゴム ジュート 石炭 亜鉛 タングステン
米領フィリピン
米 小麦 砂糖 木材 タバコ 麻 コプラ
石炭 鉄鉱石 銅 鉛 硫黄 クローム モリブデン 金 マンガン
英領マレー
砂糖 綿花 ゴム タバコ
石炭 鉄鉱石 錫 ボーキサイト タングステン
英領ボルネオ
米 砂糖 タバコ 石油
蘭領東インド
米 とうもろこし 砂糖 ゴム コプラ キニーネ
石油 石炭 ボーキサイト ニッケル 錫 金

日本の対米戦争準備はどこまでできていたか

開戦直前でも「フィリピン（米領）攻略は避けよう」と言った海軍首脳

それにしても、日本はどうしてアメリカとの戦争に踏み切ったのだろうか。開戦直前の数カ月の軍首脳の発言をこまかに追っていくと、どうしてもそう嘆きたくなる。

アメリカから石油の輸出を止められた日本が、最も占領したかった地域は蘭印《らんいん》（オランダ領東インド、現インドネシア）である。そこには大きな油田があるばかりか、各種の鉱物資源も、コメを中心とした食糧も豊富だったからである。

日本としては、できれば蘭印だけを占領したかった。とくに海軍はそうだった。

たとえば、開戦二カ月前の陸海軍の打ち合わせで、海軍の作戦部長（軍令部第一部長・福留《ふくどめ》繁《しげる》少将）は「南方作戦には自信がない」と言った。

南方作戦とは、蘭印をはじめマレー半島とシンガポール（ともにイギリスの植民地）、フィリピン（アメリカの植民地）、ビルマ（イギリスの植民地）をごっそり占領する作戦だ。

しかし、ほんとうにほしかった蘭印だけを占領しようとしても、米英が黙って見過ごしてくれるはずがないから、すべてを一挙に占領するというのが南方作戦だ。それに対して海軍の作戦部長が自信がないのでは、戦争はできない。

同席していた海軍省軍務局長（岡敬純《たかずみ》少将。海軍省のナンバー3）にいたっては、「（アメリカの植民地である）フィリピンを攻略しないで戦争をやる方法を考えようではないか」とさえ言ったという。海軍はアメリカ海軍には勝てないと、はっきり知っていたのである。

海軍両首脳の発言は、「戦争はよそう」とのメッセージではあった。負けとわかっている戦争には、戦略も戦術もなかった。

●海軍省軍務局長・岡敬純少将

●軍令部第1部長・福留繁少将

●豊かな農産物に恵まれたジャワ島

◆米の国内生産高と輸移入高(単位：万石)

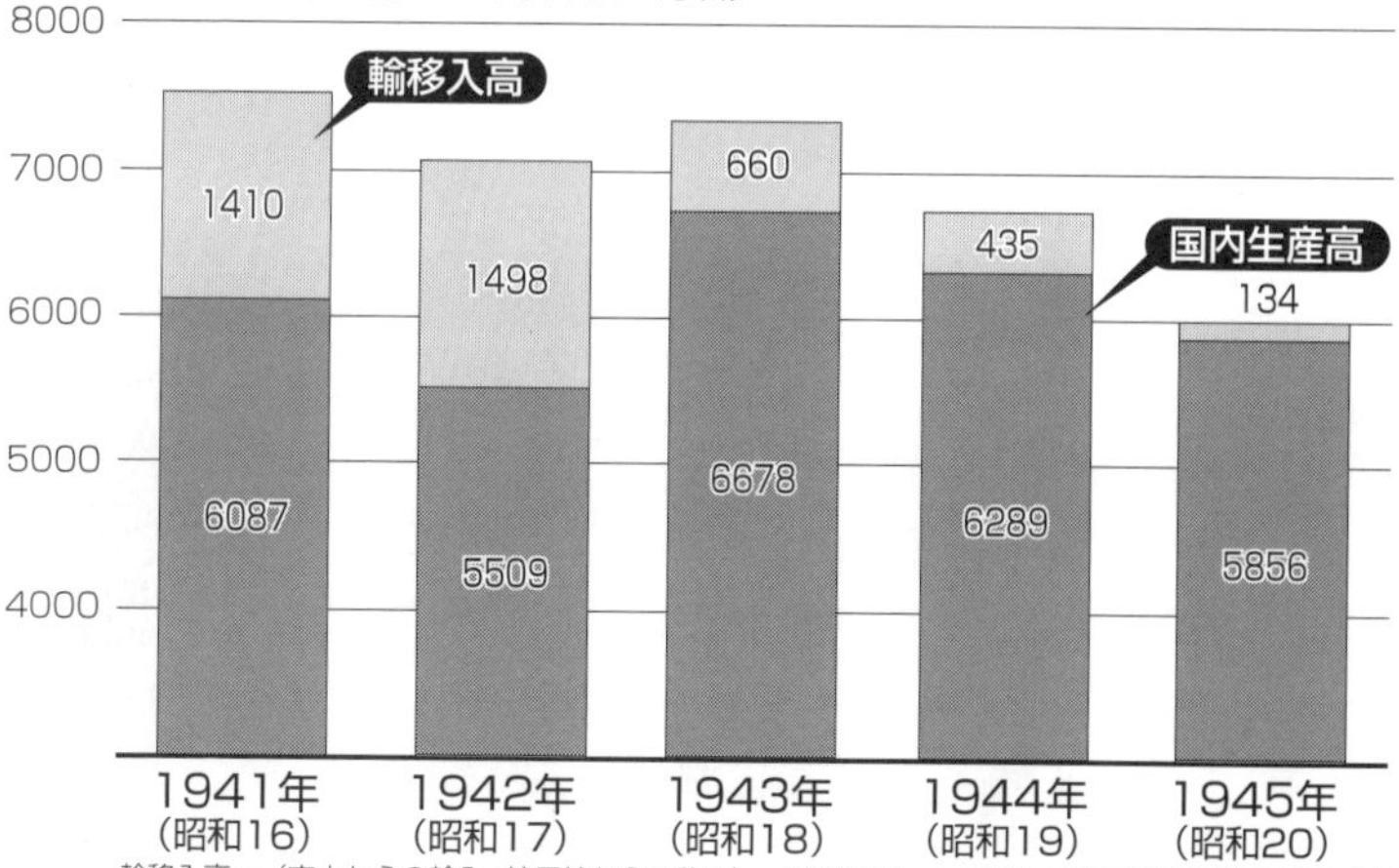
8000
7000
6000
5000
4000
輸移入高
国内生産高
1410
6087
1498
5509
660
6678
435
6289
134
5856
1941年
(昭和16)
1942年
(昭和17)
1943年
(昭和18)
1944年
(昭和19)
1945年
(昭和20)

輸移入高＝（南方からの輸入+植民地からの移入）ー輸移出高

出典：朝日新聞社「日本の歴史」

うっかりしていた「石油輸入の八割はアメリカから」

重要資源はすべて輸入！　なのに皮算用で始めた大戦争の台所

アメリカは、日本が南部仏印《ふついん》（現ベトナムのホーチミン市付近一帯。仏印はフランス領インドシナ）に進駐した四日後（一九四一〈昭和十六〉年八月一日）に、日本に対する石油輸出を禁止した。

当時の日本の石油は、七、八割をアメリカから、一、二割を蘭印《らんいん》（オランダ領東インド、現インドネシア）から輸入していた。国産の石油もあったが、取るに足りない。まだ石油時代ではなく、最大の消費者は軍艦の燃料として使用する海軍だった。

したがって、石油備蓄量は最高の国家機密で、それだけに国民も関心のもちようがなかった。

南部仏印に進駐すれば、いきなりアメリカ、イギリスとの戦争になるかどうか、深く検討された。結局、そうはならないという結論のもとに進駐が実行されたわけだが、「(石油の)『全面禁輸』の可能性についての検討はほとんど見られず、一つの盲点となっていた」（野村実『太平洋戦争と日本軍部』）。

全面禁輸の発表があったその日、海軍は大あわてでアメリカとの戦争になった場合、石油が足りるかどうか、計算した。

それまでの計算では、アメリカとの戦争を避けて備蓄量だけで堪え忍ぶとしても、年間二〇〇万キロリットル使用するとして、三年半で軍艦の燃料はなくなる見込みだった。

だから、蘭印に対してもっと石油を売ってくれという威嚇《いかく》もこめて、南部仏印に進駐したのだった。その蘭印が日本への全面禁輸を決めたのは、日本軍が南部仏印へ進駐した当日である。

日本は、アメリカの要求どおりに中国から軍を引き揚げないかぎり、蘭印の石油獲得をめざしてアメリカ、イギリスとの戦争に踏み切らざるを得ない。そう仕向けるのがアメリカの戦略だったのだ。

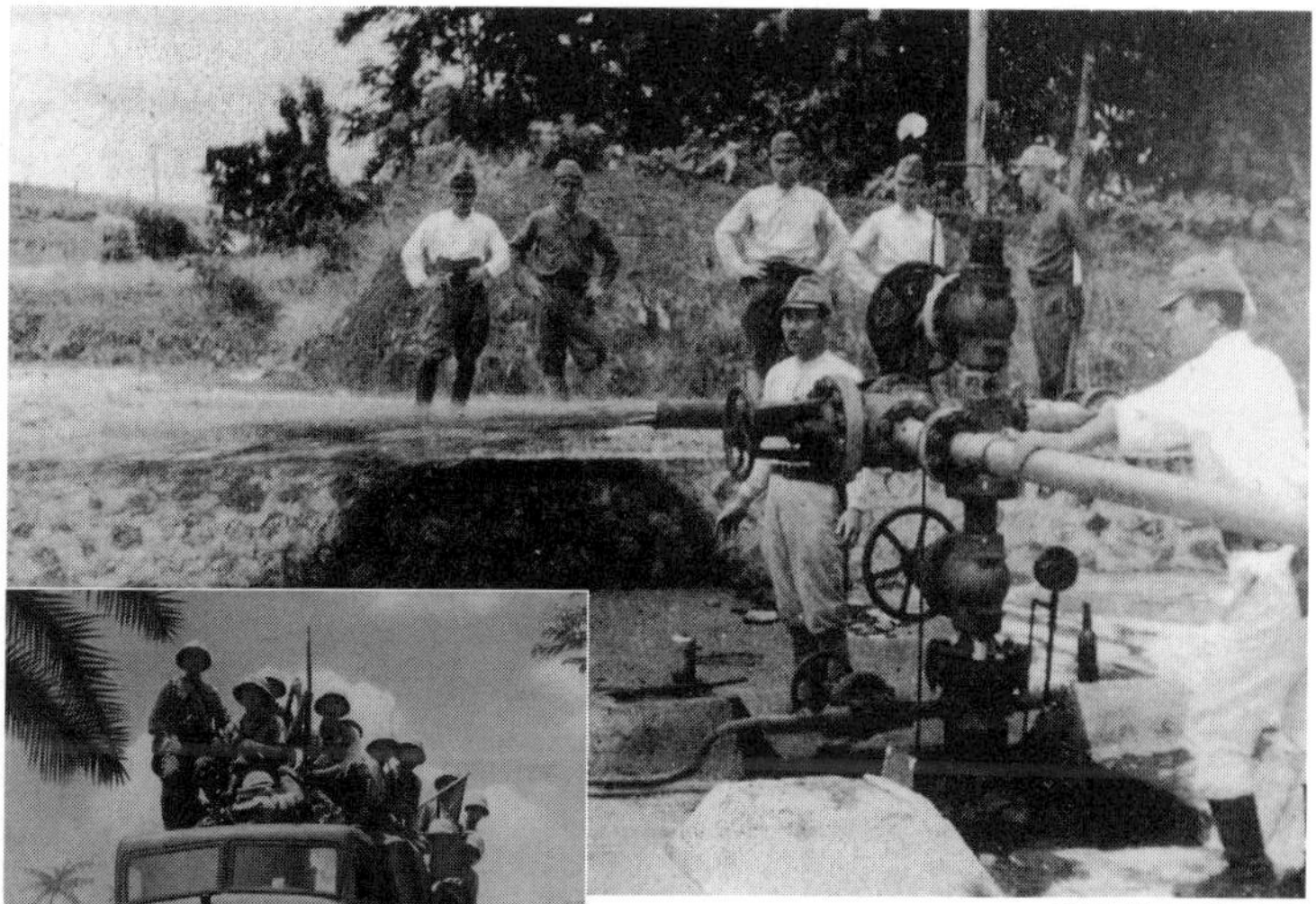
●湧き出す蘭印の油田

●南部仏印に進駐する日本軍

◆石油と石油製品の輸入先

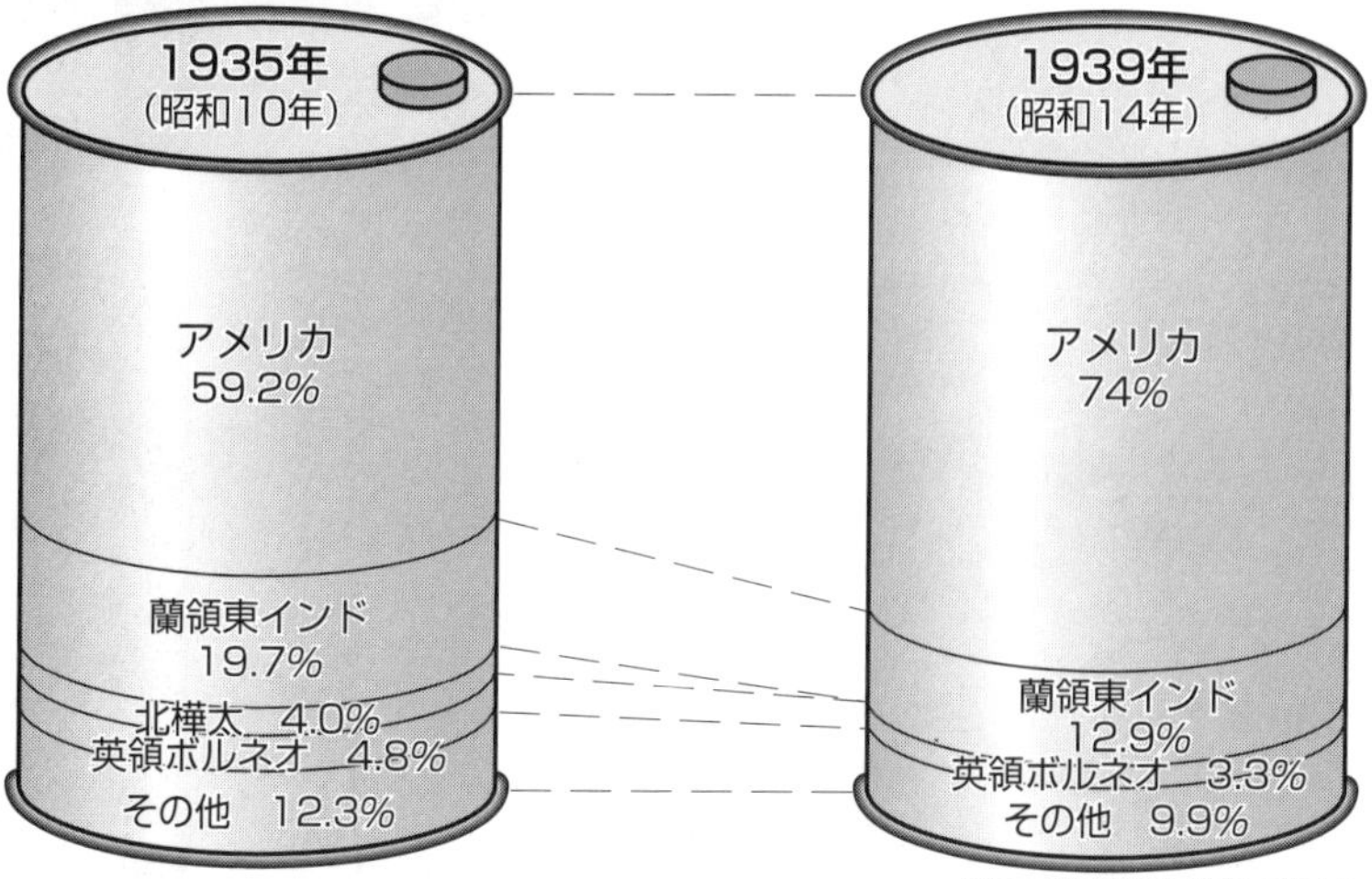
1935年
（昭和10年）
アメリカ
59.2%
蘭領東インド
19.7%
北樺太 4.0%
英領ボルネオ 4.8%
その他 12.3%
1939年
（昭和14年）
アメリカ
74%
蘭領東インド
12.9%
英領ボルネオ 3.3%
その他 9.9%

出典：朝日新聞社「日本の歴史」

石油は戦争のバロメーター、開戦時の手持ちは？

石油がなければ軍艦も戦車も走れない！

一九四〇（昭和十五）年九月、山本五十六《いそろく》連合艦隊司令長官は、近衛文麿《このえふみまろ》首相に招かれて東京・荻窪《おぎくぼ》の私邸を訪れた。近衛は「もし日米戦が始まったとしたら海軍の見通しはいかがか」と聞いた。

「是非やらねばならぬとなれば、半年や一年はずいぶんと暴れてご覧にいれるが、二年三年と長引けばまったく確信はもてぬ」

山本はそう答えた。すなわち山本は、海軍作戦に関するかぎり一年半が限度だと説明したのだ。それは当時の日本の石油貯蔵量からはじき出した数字で、石油がなければ軍艦も飛行機も動かないからだ。

日本の対米英開戦時の貯蔵量は四二七〇万バレルで、およそ二年分の消費量とみられていた。そして実際の消費量は昭和十七年が二五五五万バレル、十八年が二八一一万バレル、計五三六六万バレルだった。まさしく開戦時の貯蔵量は、山本の予想どおり一年半で底をついたのだ。

しかし消費を上回る輸入があれば問題ない。現に蘭印の占領は油田獲得が最大の目的だった。では開戦後の日本の石油輸入量はどうだったのか。

昭和十六年十二月　一〇五・二万バレル
昭和十七年　八二七・四万バレル
昭和十八年　一四五五・六万バレル
昭和十九年　七〇三・八万バレル
昭和二十年　七六・一万バレル

戦局を反映して、開戦から終戦に至るまでついに輸入が消費量を上回ることは一度もなかったのである。加えて石油を運ぶタンカーも開戦時の保有が五七万五〇〇〇総トンで、十八年こそ造船の努力で八三万四〇〇〇総トンに増えたが、その後は米潜水艦の攻撃でタンカーの喪失が激増し、石油を運ぶにも船がなくなってしまったのだ。

●北ボルネオ、ミリ油田で新油井を掘削

●米潜水艦「ワフー」によって撃沈された貨物船「日通丸」

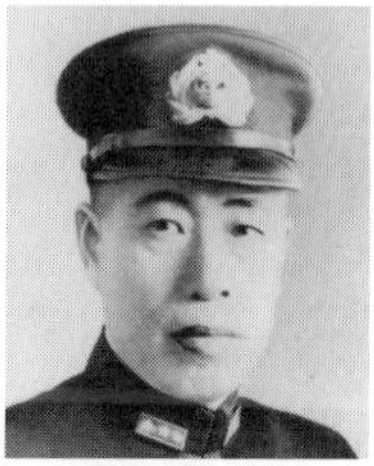

●山本五十六海軍大将

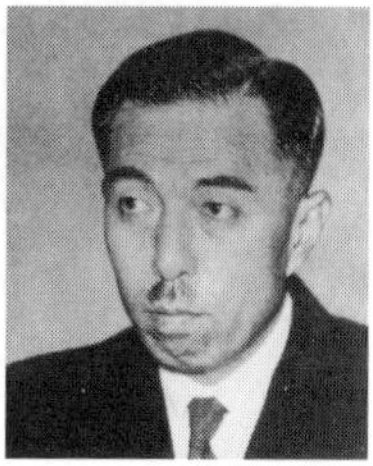

●近衛文麿首相

◆南方からの石油獲得の期待量と実績量

（単位：キロリットル）

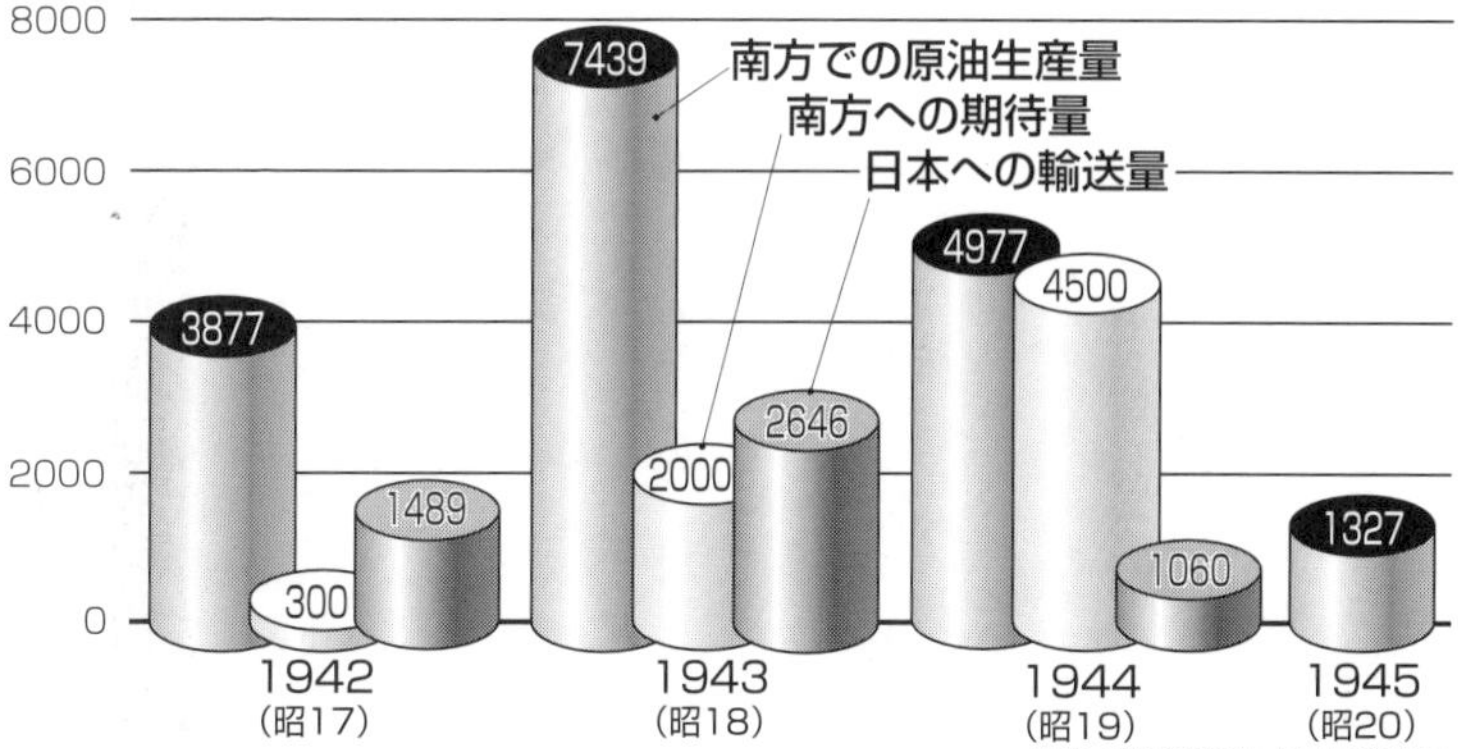
8000
6000
4000
2000
0
南方での原油生産量
南方への期待量
日本への輸送量
3877
300
1489
7439
2000
2646
4977
4500
1060
1327
1942
（昭17）
1943
（昭18）
1944
（昭19）
1945
（昭20）

出典：朝日新聞社「日本の歴史」

日本は三国同盟に何を期待したのか？

ドイツがイギリスに勝つ！と信じて始めた対米英戦争

太平洋戦争が始まる一年三カ月前に、日本はヒトラーのドイツ、ムッソリーニのイタリアとの間に軍事同盟を結んだ。日独伊三国同盟という。軍事同盟の目的は、この三カ国のうち一カ国でもアメリカから戦争をしかけられたら、他の二カ国もアメリカに宣戦するというものである。

同盟締結当時、ドイツ（とイタリア）はフランスなど西ヨーロッパの大部分を占領し、イギリスへの上陸作戦をめざして英本土空襲を行なっていた。それに対してアメリカは、参戦はしていなかったが、軍需物資の援助というかたちでイギリスを積極的に支援していた。

そんなドイツと軍事同盟を結んだということは、イギリスとアメリカを敵に回したことになる。日本は日中戦争が三年目に入った頃で、アメリカが中国を支援していたから、ドイツも日本もアメリカから宣戦布告されたら困る、だからアメリカが参戦したら共同して当たろう、としたわけだ。

とはいえ、ドイツが太平洋まで軍隊を派遣して日本を助けるという想定はまったくなかった。だからほとんど意味のない軍事同盟だったが、いよいよアメリカ、イギリスとの戦争に入るという段階で、三国同盟が「日本は少なくとも負けないはず」という根拠にされた。

イギリスは劣勢だったから、ドイツとイギリスはやがては和平するだろう。そのとき、無理にでもアメリカを誘い込み、「ドイツ・イタリア・日本」と「アメリカ・イギリス」との間で和平しようとした。

そのためにも日本は、マレー半島、シンガポール、ビルマ（現ミャンマー、いずれもイギリス領）やフィリピン（アメリカ領）を占領しなければならなかったのだ。

●三国同盟を祝って三国の国旗をかざすベルリンの少女たち

●皇紀2600年（1940年＝昭和15年）を祝う提灯行列に埋めつくされた皇居前広場。この年に日独伊三国同盟が結ばれた

●外相官邸で開かれた三国同盟締結祝賀会での乾杯

◆第二次世界大戦直前の国際関係

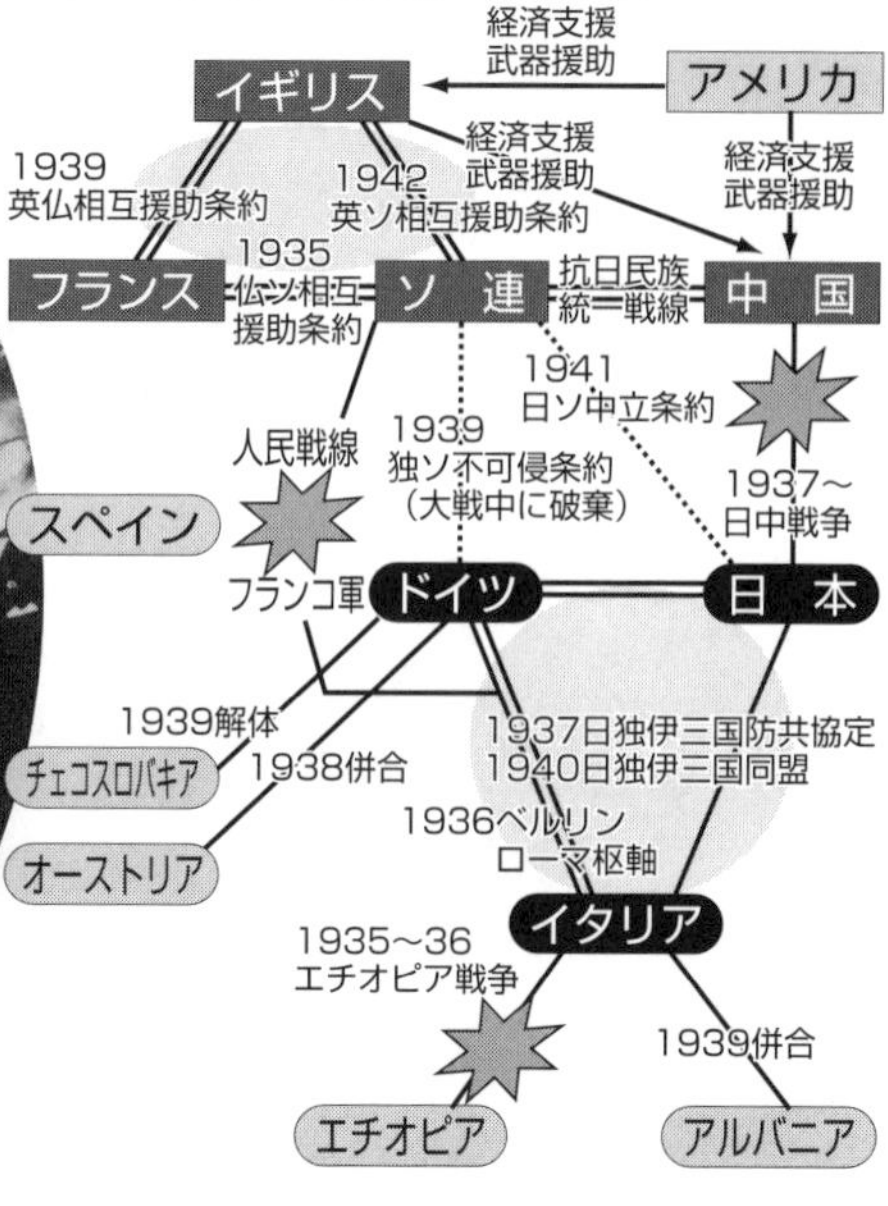
イギリス
アメリカ
経済支援
武器援助
経済支援
武器援助
経済支援
武器援助
1939
英仏相互援助条約
1942
英ソ相互援助条約
フランス
1935
仏ソ相互援助条約
ソ連
抗日民族統一戦線
中国
1941
日ソ中立条約
人民戦線
1939
独ソ不可侵条約
（大戦中に破棄）
1937〜
日中戦争
スペイン
フランコ軍
ドイツ
日本
1939解体
チェコスロバキア
1938併合
オーストリア
1937日独伊三国防共協定
1940日独伊三国同盟
1936ベルリン
ローマ枢軸
イタリア
1935〜36
エチオピア戦争
1939併合
エチオピア
アルバニア

読み違ったナチス・ドイツの真の実力

あわてて地獄行きのバスに飛び乗った日本軍首脳

ドイツのヒトラー総統とイタリアのムッソリーニ首相は、両国はヨーロッパのAXIS（アクシス、枢《すう》軸《じく》）であると豪語していた。ローマ・ベルリン枢軸宣言がそれである（一九三六〈昭和十一〉年十月）。四年後、日本がその枢軸二カ国と軍事同盟を結んだことで、三カ国は枢軸国と称されるようになった。

日本が中国に侵攻して三年目の頃、ドイツはわずか一カ月半でフランスなど西欧諸国を降伏させた。応援のイギリス軍もダンケルクから蹴散らした。

泥沼化してしまった日中戦争と比べてなんという違いだろう！　ここはヒトラーのナチス・ドイツ（国家社会主義ドイツ労働者党独裁のドイツの意味）にあやかるべきだ！　バスに乗り遅れるな！　陸軍はそう考えて、クーデターまがいの手段で、陸軍言いなりの第二次近衛《このえ》文麿《ふみまろ》内閣を成立させた。

近衛内閣は国策として初めて、アメリカ・イギリスとの戦争覚悟で大東亜新秩序（共栄圏）の建設に邁《まい》進《しん》すると決した。

それから約一年五カ月後に太平洋戦争となったが、非常に無理な戦争であるという認識が一方ではあったにもかかわらず、結局は戦争に踏み切った背景には、ドイツがヨーロッパでは勝つだろう、という陸軍の読みがあったからである。

しかし現実は厳しかった。日本海軍が真珠湾を奇襲した二日前、モスクワの四〇キロから二〇〇キロ間近に迫ったドイツ軍は、零下五〇度という猛烈な寒波のなか、車も砲車も戦車も捨てて撤退を始めた。同時にモスクワ正面ではソ連軍による大攻勢が始まったのだ。

太平洋戦争は、日本が頼みとしたドイツ軍が凋落《ちょうらく》を始めたときに、開始されたのである。大きな読み違いだった。

●スターリングラードの戦いで反撃するソ連軍

◆ドイツ軍のソ連侵攻

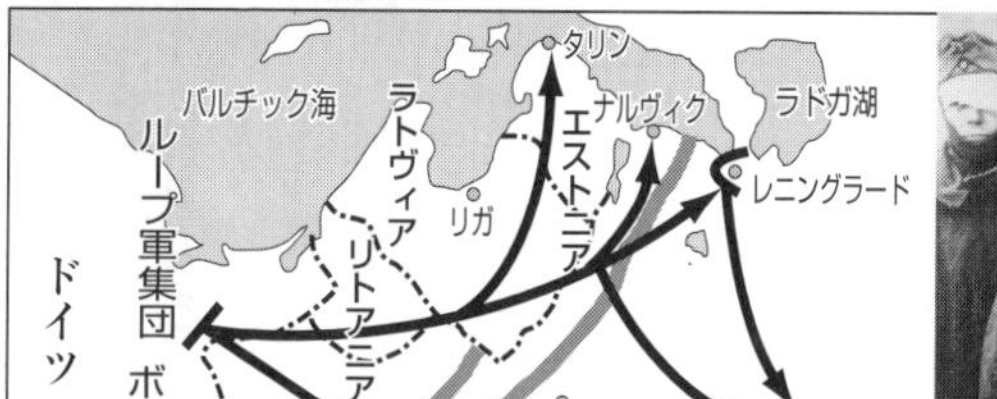

●ソ連軍の捕虜になったドイツ兵

●ソ連軍に投降するドイツ兵

大東亜共栄圏を煽りすぎた世論操作の罪と罰

日本が掲げた「アジアを植民地から解放する!」聖戦というスローガン

「陸軍はアジアの解放を叫んで……その実は石油がほしいのだろう。石油は米英と妥協すればいくらでも輸入できる。石油のために、一国の運命を賭して戦争する馬鹿がどこにいるか」

これは、石原莞爾《いしはらかんじ》という、日本陸軍には珍しい変わり種の予備役中将が、開戦直前に参謀本部作戦部長(田中新一中将)らに直言した言葉という。実はこの軍人こそ満州事変を起こし、日中戦争を拡大させるきっかけをつくった張本人なのだが。

さて、天皇の宣戦布告の詔書《しょうしょ》は、その石油がほしいという気持ちを「自存自衛《じそんじえい》のため決然起《た》って」と表現している。だが、「大東亜共栄圏建設のため」というそのものズバリの表現はない。

しかし、戦争の名前を「大東亜戦争」としたこともあって、大東亜共栄圏の建設こそが戦争目的であり、それが天皇の御稜威《みいつ》(御威光、御威勢)を広げることであり、それが日本人の使命であると、誰もが強調した。日本が新たに占領した地域はすべて米・英・蘭(オランダ)の植民地だったので、日本による占領はアジアの解放である、と強弁しても、実態が客観的に報道されたわけではないから、日本国内では通用したのである。

「米英の支配を一掃し、東亜(東アジア)人自らの新しい生活建設に入らしめんとするために、大進撃の御戦《おんいくさ》が展開されているのである。全東亜人をして先《ま》ず大御稜威を仰がしめ、その下に諸民族の新しい建設生活を力強く展開せしめることこそ、実に大東亜戦争の帰結であるといわねばならない」(海後宗臣『大東亜戦争と教育』)。

これはごくふつうの〝煽《あお》り方〟だった。アジアの解放とは実は〝天皇の御稜威を仰がせる〟ことだったのだ。解放とは似ても似つかぬものだった。

●シンガポール陥落1周年記念に旗行列を
強制され、硬い表情で参加する住民たち

●石原莞爾陸軍中将

●日本軍宣伝班がバタビア（現ジャカルタ）
上空に掲げた「大アジア万歳」のアドバルーン

●ジャワの戦勝祝賀会は日の丸で埋めつくされた

仏印進駐でわかってしまった日本の本音

そこからならイギリス領マレー半島は射程距離だ

仏印というのは、フランス領インドシナ連邦の略で、現在のベトナム、カンボジア、ラオスがその地域だった。フランスによる三カ国の植民地化は、日本がちょうど明治維新（一八六八年）を断行した頃から活発化し、一九世紀末に完成した。

ナチス・ドイツがフランスやオランダなど西ヨーロッパを占領した年（一九四〇〈昭和十五〉年）の九月、日本はまずハノイ付近を中心とした北部仏印に軍隊を入れた。そして、ハイフォン港陸揚げの援蔣《えんしょう》ルート（日本と戦っている蔣介石《かいせき》指導の中国を援助する物資流通ルート）を遮断した。

本国フランスがドイツ占領下にあり、日本はそのドイツと軍事同盟を結んだので、仏印は抵抗できず、日本軍進駐を受け容《い》れた。

それから一〇カ月目（一九四一〈昭和十六〉年七月）、日本軍はサイゴン（現ホーチミン）付近を中心とした南部仏印に進駐した。仏印はまたも、やむなく承知した。ところが承知しなかったのがアメリカ、イギリス、蘭印だった。日本資産の凍結、石油の全面禁輸で報いたのである。

なぜなら、南部仏印からなら日本軍はカンボジア、タイを通過して陸伝いにイギリス領マレー半島に進撃できるし、爆撃機もマレー半島北部の要衝を空襲できるほどの距離だからである。

もっとも、進駐当時の日本はまだ米英との開戦は決定していない。その証拠に、サイゴンにも部隊を進める一方、満州（中国東北地方）にはそれをはるかに上回る五〇万人という兵力を移送したからだ。ソ連に進攻するつもりだったという。

この時点の日本は、南進・北進をめぐって大きく揺れ動いていたのである。これが太平洋戦争開始の四カ月前の、戦略なき日本軍の実情だった。

●サイゴン市街を進軍する日本軍

●サイゴン郊外のショロン地方から輸出される米

◆石油と石油製品の供給料（単位：千キロリットル）

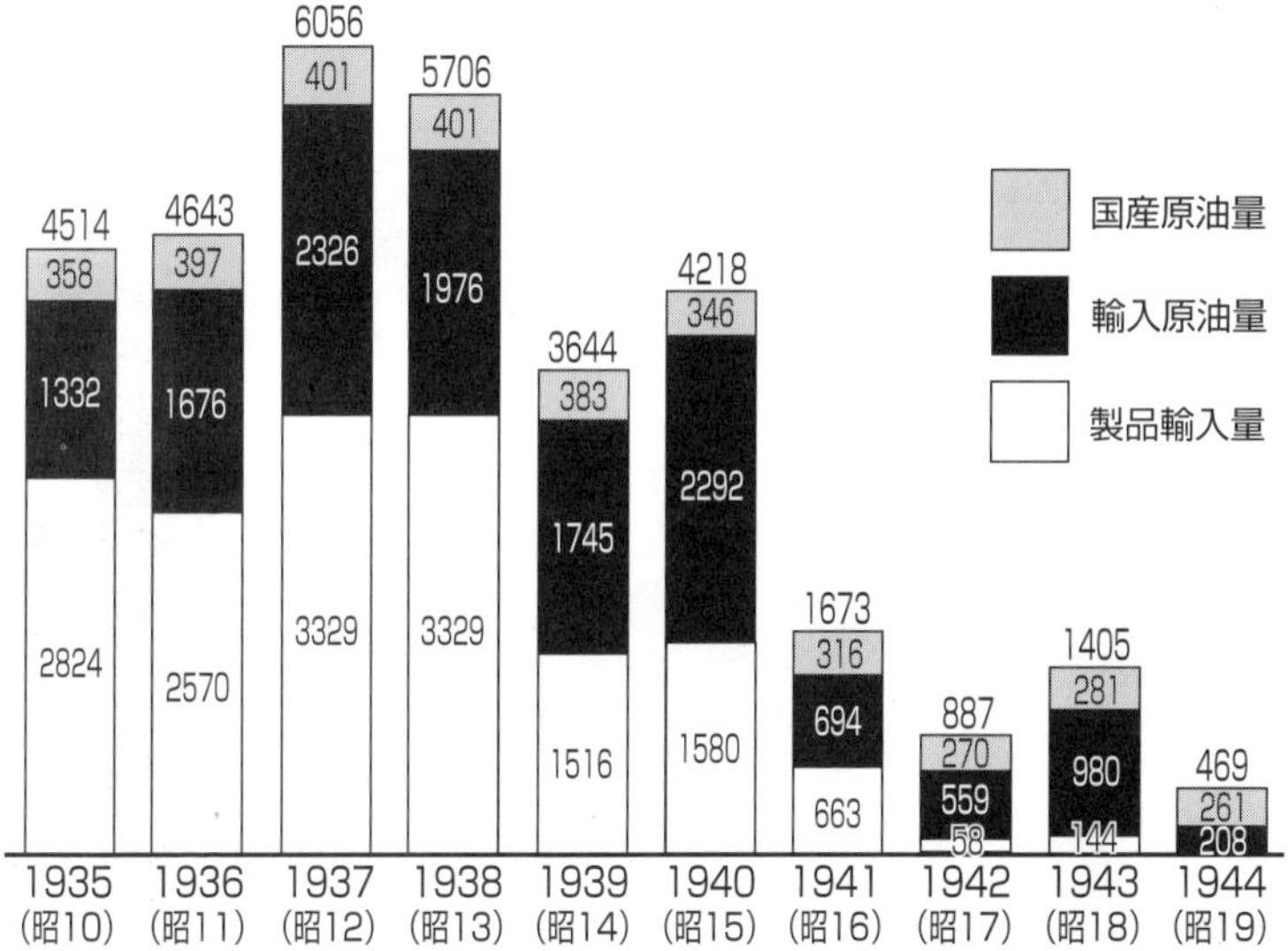
4514
358
1332
2824
4643
397
1676
2570
6056
401
2326
3329
5706
401
1976
3329
3644
383
1745
1516
4218
346
2292
1580
1673
316
694
663
887
270
559
58
1405
281
980
144
469
261
208
国産原油量
輸入原油量
製品輸入量
1935（昭10）
1936（昭11）
1937（昭12）
1938（昭13）
1939（昭14）
1940（昭15）
1941（昭16）
1942（昭17）
1943（昭18）
1944（昭19）

（1944年の製品輸入量は不明）

開戦前に日本が描いた「終戦」のプログラム

「日独伊」対「米英」のセットで講和を夢見た日本

米英蘭に対する開戦は昭和十六（一九四一）年十二月一日、天皇臨席の御前会議《ごぜんかいぎ》で決定された。天皇は異例にも閣僚全員を出席させた。通常は首相のほか陸海軍大臣、外相、蔵相くらいしか出席しない。

その前日、天皇は海軍のトップ二人（永野修身《おさみ》軍令部総長、嶋田繁太郎海相）を皇居に呼んだ。そして、「いったん矢が離れると長期の戦争になるのだが、予定のとおりやるかね」とか、「ドイツが欧州で戦争をやめたときはどうかね」などと質問したという。永野も嶋田も「大命降下《たいめいこうか》をお待ちしております」と、ともども答えたことはいうまでもない。

ところで、天皇が「ドイツが戦争をやめたらどうするかね」と質問したのには訳がある。日本はドイツがイギリスに勝つということを前提にして、米英蘭との戦争を始めようとしていたからだ。

ドイツが勝って、英と和を結ぶ段階で、アメリカも誘い込み、「米英」対「日独伊」のセットで講和しようという腹づもりだった。条約締結は開戦直後だが、天皇はもちろんその構想を承知している。

戦後の日本では、ドイツの独裁者ヒトラーのイメージが〝絶対的な悪〟なので、ヒトラーのドイツが勝つことを前提にして太平洋戦争に突入したという事実に、ほとんどふれてこなかった。

さて、天皇の質問に嶋田はこう答えたそうだ。

「ドイツは真から頼りになる国とは思っておりませぬ。たとえ、ドイツが手を引きましても、差し支えないつもりでございます」

勝利の根幹ともいうべき戦略をあっさり否定した嶋田海相も変だが、驚きもしなかったらしい天皇も天皇だ。

今度の戦争にはどんな戦略も無意味だと、悟りきっていたのであろうか。

●陸海軍首脳が参列した大本営の御前会議

●永野修身軍令部総長（海軍）

●嶋田繁太郎海軍大臣

◆膨張するドイツの勢力範囲

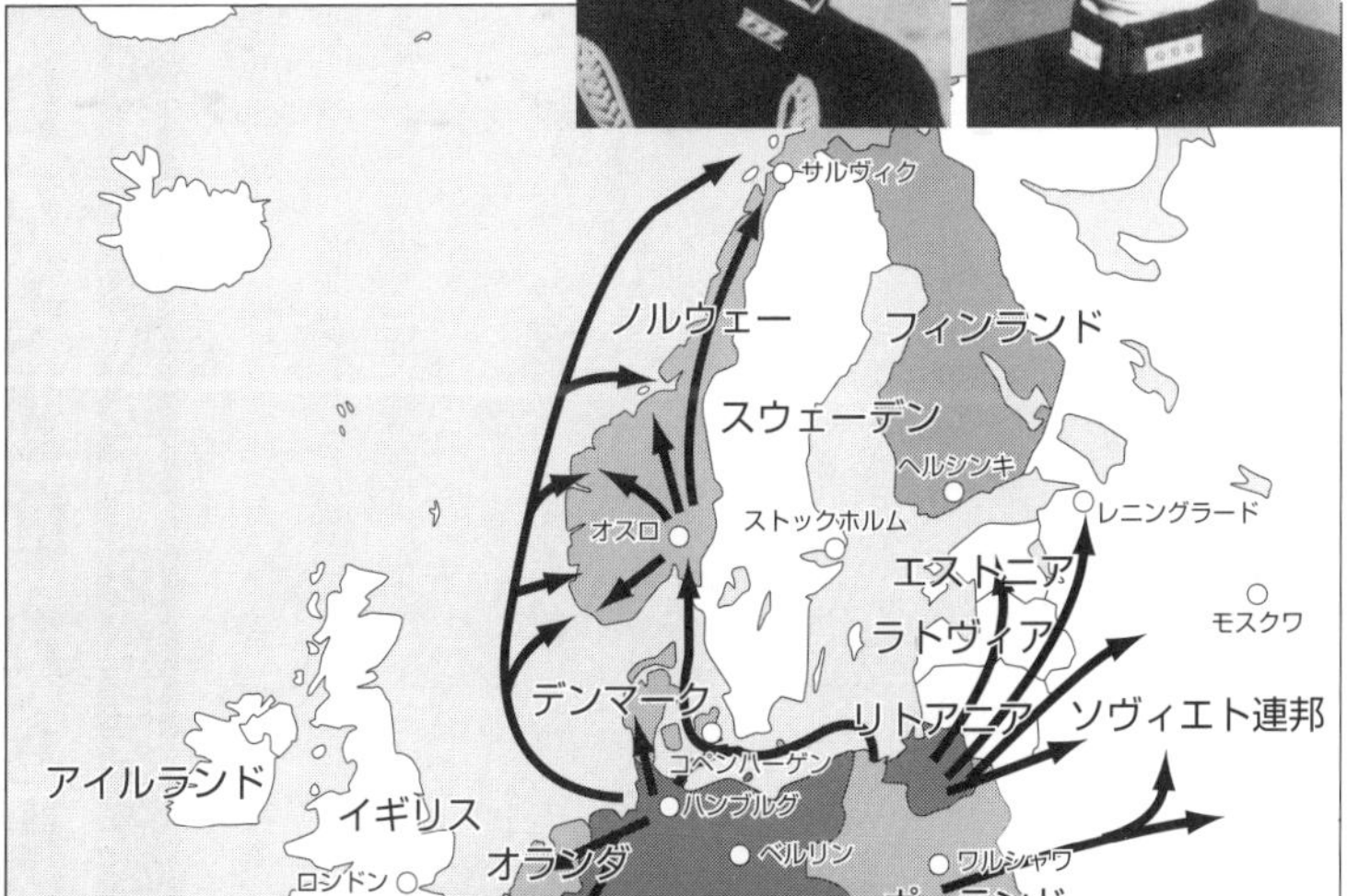
サルヴィク
ノルウェー
フィンランド
スウェーデン
ヘルシンキ
レニングラード
オスロ
ストックホルム
エストニア
モスクワ
ラトヴィア
デンマーク
リトアニア
ソヴィエト連邦
アイルランド
コペンハーゲン
ハンブルグ
イギリス
オランダ
ベルリン
ワルシャワ
ロンドン
ポーランド
ベルギー
ドイツ
プラハ
パリ
フランス
ミュンヘン
ハンガリー
スイス
ルーマニア
ブカレスト
リヨン
ベオグラード
ヴェネツィア
ユーゴスラビア
ブルガリア
イタリア
ソフィア
ポルトガル
ローマ
スペイン
タラント
トルコ
ギリシャ
枢軸国の支配地
枢軸国の同盟国
枢軸国の占領地
チュニジア
アルジェリア
リビア
エジプト

日本海軍はなぜ避戦から開戦へと転換したのか

対米英戦は「阻止できた」という証言の裏付け

日本海軍は太平洋戦争に負けたあと、生き残った幹部が何回か集まって、なぜ、あのとき思い切って「戦争はすべきではない」と、陸軍に対して言わなかったのか、検討会を開いた。

開戦前の海軍首脳の大部分は、アメリカとの戦争はまったく勝ち目がないと考えていたのである。勝ち目はないと知りつつ、戦争するしかないと頑固なまでに言い続けていたのは、全海軍部隊の総指揮官だった永野修身《おさみ》軍令部総長くらいのものだった。

開戦時の海軍大臣は嶋田繁太郎《しげたろう》大将だったが、その直前は及川《おいかわ》古志郎《こしろう》大将だった。及川はその検討会で、言えなかった理由を二点あげたそうだ。

第一は、天皇に対して毎年、「(仮想敵国の)アメリカとの戦争になったら、これこれの作戦でいきます」と言ってきた。いまさら、戦いようがありませんと言うのは、これまで天皇にウソをついてきたことになる。

第二は、うっかり戦えないと言えば、士気も落ちるし、海軍の存在理由がなくなる。陸軍は「戦えない海軍には鉄も油もいらないはず」と言い出すに決まっている、と考えた。

この説明を聞いて、司会役の井上成美《しげよし》元大将（避戦派として海軍部内では有名だった）は、「海軍大臣を内閣から引き揚げてでも戦争に反対すべきだった」と追い打ちをかけた。すると、海軍次官だった沢本《さわもと》頼雄《よりお》元中将は、及川大臣がいよいよとなったら陸軍とケンカするつもりだ、と同意を求めたところ、永野総長が「それはどうかな」と牽制したので、取りやめになったのだ、と説明した。

井上は「ならば総長を代えればよかったのに。総長の人事権は海軍大臣がもっていたじゃないか」と、悔しがったそうだ。

●エンガノ岬沖海戦で飛行甲板に被爆し、艦腹を雷撃されながら応戦する空母「瑞鶴」

●昭和19年10月25日、米空母「キトカンベイ」に黒煙を吹きながら突入する特攻機

●沢本頼雄　元海軍中将

●及川古志郎　元海軍大将

●井上成美　元海軍大将

ルーズベルトの大戦参加の道具にされた日本

「最初の一発は日本に撃たせろ！」筋書どおりに運んだ開戦への道

いよいよ開戦決定となって、東郷茂徳《しげのり》外相はワシントン駐在の野村吉三郎《きちさぶろう》大使に対し、それまでの日米交渉打ち切り通告（いわゆる最後通牒《つうちょう》）を行なうように指示した。ところが、その暗号電文は野村大使が目にするよりも早く米陸軍に解読され、ルーズベルト大統領に届けられた。

一読した大統領は、そばにいた側近ナンバーワンのハリー・ロイド・ホプキンズに「これは戦争という意味だ」と伝えた。ホプキンズは「われわれが第一撃を加えて奇襲を阻止できないのは残念なことだ」と述べたのに対し、ルーズベルトは「われわれは第一撃を加えない。われわれは民主的で平和的な人間だ」と満足げだったそうだ。

日本との開戦を機に、いよいよナチス・ドイツ打倒へ向けて参戦できるからだ。

ルーズベルトはすでに手を打っていた。

すなわち、二本煙突・九〇〇トンのイザベル号と、それよりもうんと小さい商船ラニカイ号、モリー・ムーア号の三隻をアメリカ軍艦に仕立てて、マニラを出港させていた（十二月三日）。めざすはカムラン湾（ホーチミン市北東約三〇〇キロ）。

その南シナ海を、海南島を発した日本軍輸送船団が奇襲上陸予定地のマレー半島をめざして、突っ切るはずである。その護衛艦隊に発見させて、撃沈してもらおうという作戦だったという。

日本軍哨戒機《しょうかいき》はその〝一寸法師艦隊〟を発見したが、アメリカ艦隊とは考えず、攻撃しなかった。

ルーズベルトの計画は空振りに終わるかに思えたが、僥倖《ぎょうこう》がもたらされた。日本海軍が真珠湾を奇襲したのだ。第一報がワシントンに届いたとき、大統領は、米太平洋艦隊が日本海軍をさんざん打ち負かしているはず、とほくそ笑んだそうだ。

●日本軍の真珠湾攻撃後、ヨーロッパ戦線に出征する米軍部隊

●ハリー・ホプキンズ

●イギリスに送られる50隻の米海軍駆逐艦

●日本軍の真珠湾攻撃の翌日、上下両院議会で対日宣戦の演説をするルーズベルト大統領

●ワシントンの議事堂前で反戦の示威運動をする「米国母性十字軍連盟」の代表者たち。真珠湾攻撃は彼女たちの運動も下火にさせてしまった

「騙し討ち」の元凶・駐米大使館の外交オンチ

形式にこだわりすぎて機転が利かなかった駐米大使とスタッフ

ジョンソン大統領時代の日米開戦二十五周年記念日に、米政府は「パール・ハーバー・デー」として、日本の真珠湾攻撃日を正式に国の記念日に制定した。この日以来「真珠湾を忘れるな！」（リメンバー・パール・ハーバー）、「日本の騙《だま》し討ち」は、二億の米国民の記憶に永久に刻まれることになった。

周知のように、日本政府が〝対米宣戦布告書〟と考えた日米交渉打ち切りの対米覚書を、駐米大使野村吉三郎《きちさぶろう》と特命全権大使来栖《くるす》三郎の二人が、米国務長官コーデル・ハルに手交したのは一九四一年十二月七日午後二時二〇分（ワシントン時間）だった。

前日に日本政府が指示した手交時刻は、日本の海軍航空隊によるハワイ真珠湾攻撃開始予定三〇分前の午後一時だったから、一時間二〇分も遅れてしまったのだ。

すなわち、二人の日本大使がハルに覚書を渡したときは、日本軍の真珠湾空爆開始から一時間もたっていたのである。原因は、東京から暗号で送られてきた覚書の清書を、英文タイプに慣れていない大使館員が行なっていたためである。

なぜこのとき野村も来栖も、タイプが間に合わないなら手書きの覚書をハルに渡し、要点を口述しなかったのか？　そうすれば開戦の事前通告を定めたハーグ条約には違反しない。

野村は本来が軍人だから仕方ないとしても、ベテラン外交官である来栖はもっと機転を利かすべきだった。来栖は野村を補佐するために特派されていたのだから。

もっとも、日本の覚書には宣戦布告の字句はなかったし、かりにあったとしても奇襲攻撃三〇分前の通告では、米国民の「騙し討ち」の感情をぬぐい去るのは難しかったと思われる。

●駐米日本大使館

●ルーズベルト大統領宛の文書を小脇に抱えて車を降りる野村大使

●左から野村大使、ハル国務長官、来栖特命全権大使

●米国務省

◆真珠湾攻撃時刻と対米覚書提出時刻の比較

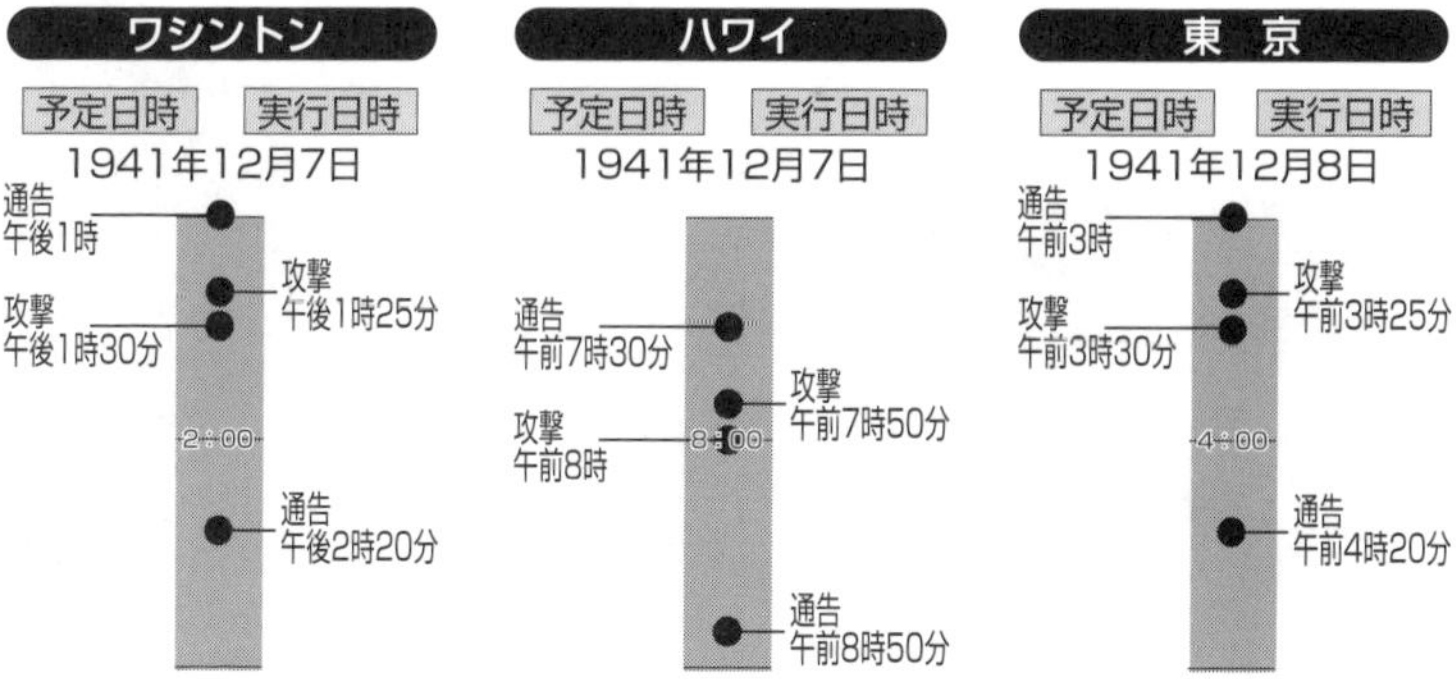
ワシントン
予定日時
実行日時
1941年12月7日
通告
午後1時
攻撃
午後1時25分
攻撃
午後1時30分
2:00
通告
午後2時20分
ハワイ
予定日時
実行日時
1941年12月7日
通告
午前7時30分
攻撃
午前7時50分
攻撃
午前8時
8:00
通告
午前8時50分
東京
予定日時
実行日時
1941年12月8日
通告
午前3時
攻撃
午前3時25分
攻撃
午前3時30分
4:00
通告
午前4時20分

コラム1

味方をも欺いた「昆明攻略作戦」

昭和十六年の夏、開戦必至とみた大本営は密かに開戦準備に入っていた。米英が相手なら太平洋と南方地域が戦場になる。それには中国の広東、青島、上海、海南島、それに仏印などに大軍を集結しなければならない。しかし、これらの地区に部隊を集めれば敵のスパイの監視を逃れることは不可能だ。そこで大本営は「昆明《こんめい》攻略」という幻の大作戦を計画し、部隊を動かしたのだ。

当時の日中戦争の状況から、援蔣ルートの切断のために昆明をたたくことは、決して奇異な作戦ではなかった。夏だというのに内地の部隊には冬服が支給されだした。フランスの仏印総督には、現地の日本軍司令官が真正面から列車や労務者の提供を申し入れた。

九月十八日、背広を着た一人の大本営参謀が仏印の三井物産ハノイ支店を訪れ、昆明作戦実施にともなう物資輸送の依頼書を支店長に黙って渡した。部屋には同盟通信のハノイ特派員もいたからである。商売柄、記者は素早く視線を走らせた。

「軍は大作戦をやるようですなあ」

記者はとぼけ顔で言った。

「まずいねえ、実はそのとおりなのだが、絶対に口外してはならんぞ！」

参謀はわざと怒った顔をつくって言った。支店長は深刻な顔になっていた。ホテルに帰った参謀は、笑みを浮かべて東京に打電した。

「バンジウマクイツテイル」

●謀略が展開された、当時のハノイの目抜き通り

●ハノイの仏印総督府

第2章 真珠湾奇襲攻撃は誤算だった！

なぜ真珠湾を「いの一番」に攻撃したのか？

山本五十六連合艦隊司令長官が描いた対米戦争のシナリオ

連合艦隊司令長官で戦死した山本五十六《いそろく》大将は、親英米派の提督として知られていた。少佐時代にアメリカ駐在を命じられ、大佐時代には駐米大使館付海軍武官も務めている。そのアメリカを熟知していたはずの山本が、なぜハワイの米太平洋艦隊攻撃をいの一番に考えたのだろうか？

非戦派コンビで知られていた米内光政《よないみつまさ》海相―山本五十六次官が去った（昭和十四年八月）あとの日本海軍首脳は、日独伊三国同盟締結を推し進める東条英機《とうじょうひでき》陸相に追従する提督たちで占められていた。開戦時の嶋田繁太郎《しまだしげたろう》海相もその一人である。

そうした反英米派の陸海軍首脳をみて、戦争は必至と考えたのか、山本はかつての非戦派の面影はいずこ、俄然開戦に向けて張り切りだした。

山本は昭和十六年一月七日付で海相及川古志郎《おいかわこしろう》大将に書簡を出している。「戦備ニ関スル意見」と題され、「対米英必戦ヲ覚悟シテ」書かれたものである。山本はその冒頭に、ハワイ真珠湾の米艦隊主力の急襲をあげている。

その理由は、「ハワイ方面に対して守勢を採《と》り、敵の来攻を待つようなことがあれば、敵は一挙に日本本土を急襲し、東京をはじめ大都市を焦土と化す作戦に出るに違いない」からという。

さらに山本は、後任の嶋田海相にも十六年十月二十四日付で送った書簡にこう書いている。

「開戦劈頭《へきとう》有力なる航空兵力によって米太平洋艦隊の本営に斬り込み、米海軍をして物心ともに当分の間立ち上がれないよう痛撃を加えるほかなしと考えるにいたった次第です……」

このように山本は、真珠湾の米艦隊を真っ先にやっつければ、アメリカは意気消沈してギブアップし、戦争は早期に終結すると考えていたのだ。

●山本五十六連合艦隊司令長官

◆ハワイ・オアフ島の地形

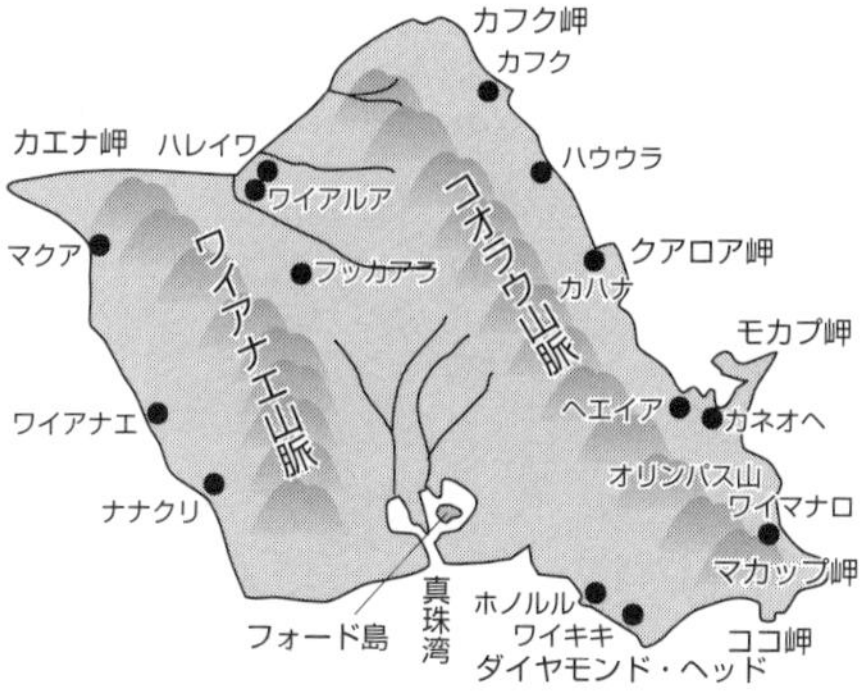
カフク岬
カフク
カエナ岬
ハレイワ
ワイアルア
ハウウラ
マクア
ワイアナエ山脈
フッカアラ
コオラウ山脈
クアロア岬
カハナ
モカプ岬
ヘエイア
カネオヘ
ワイアナエ
ナナクリ
オリンパス山
ワイマナロ
マカップ岬
真珠湾
ホノルル
ワイキキ
ココ岬
フォード島
ダイヤモンド・ヘッド

●奇襲攻撃前の真珠湾全景

総スカンを食った真珠湾奇襲攻撃案の「ナゼ?」

"海軍作戦本部"も部下の参謀も大反対した理由

もし日米が開戦した場合は、ハワイ真珠湾の米太平洋艦隊を空母搭載機で奇襲攻撃をかける——連合艦隊司令長官山本五十六大将創案のこの作戦案は、当初、連合艦隊内でも反対意見が強かった。

作戦実行部隊の第一航空艦隊（南雲《なぐも》機動部隊）参謀長の草鹿《くさか》龍《りゅう》之介《のすけ》少将もその一人で、あまりにも投機的であると強硬に反対した。連合艦隊司令部から真珠湾奇襲作戦を持ち込まれた、日本海軍の作戦本部である軍令部第一部も反対だった。

連合艦隊司令部と軍令部の間で大激論が起こった。昭和十六年八月七日のことである。連合艦隊は首席参謀黒島亀人《くろしまかめと》大佐、軍令部は第一部長の福留繁《ふくどめしげる》少将と第一課長の富岡定俊《とみおかさだとし》大佐が交渉に立った。

軍令部は、本作戦成否の鍵となる企図秘匿は相当困難で、投機的であり、また実行上不安点が多く、成功の確算が立てられないとして反対した。これに対して黒島参謀は反論した。

「本作戦が冒険的であることは認める。しかし戦争に冒険はつきものだ。連合艦隊としてはハワイの米艦隊に打撃を与えておかなければ、南方作戦など落ち着いてやっておれない。南方作戦を成功させるためにも、米艦隊主力を空襲しておく必要があると考える」

軍令部が「うん」と言わないかぎり作戦は日の目を見ない。九月十六、十七の両日、海軍大学校で連合艦隊のハワイ作戦特別図上演習が行なわれた。各長官、参謀長、首席参謀が参加し、軍令部から福留部長、富岡課長が見学にきた。結果は日本空母全滅と出た。図演後、機動部隊指揮官の南雲忠一《なぐもちゅういち》中将の肩に手を置いて、山本大将は言った。

「実戦では今回のように全滅することはないよ」

と。ハワイ作戦案はまさに総スカンの体だった。

●軍令部は海軍省の3階にあった

●作戦を練る軍令部の参謀たち

●草鹿龍之介少将

●南雲忠一中将

◆海軍大学での図上演習

9/11（木）	0900〜1300　図上演習打ち合わせ
9/12（金）〜16（火）	0800〜1700　一般図上演習
9/16（火）	ハワイ作戦特別図上演習
9/17（水）	0800〜午後　ハワイ作戦特別図上演習終了、青軍打ち合わせ
9/18（木）	各部隊図上演習研究会
9/19（金）	1030〜　青軍図上演習研究会 1230　連合艦隊司令長官の図上演習関係者招待 1345〜　各種打ち合わせ
9/20（土）	0900〜1730　研究会

◆戦艦「長門」艦上での図上演習

10/9（木）	各級指揮官長門に集合。山本長官訓辞後、一般図上演習
10/10（金）〜11（土）	一般図上演習
10/12（日）	0900　ハワイ作戦特別図上演習。特別図上演習研究会
10/13（月）	0900　一般図上演習研究会 1600　司令官以上の特別研究会

出典：学習研究社「奇襲ハワイ作戦」

前列左から、作戦課長富岡定俊大佐、高松宮宣仁親王殿下、第1部長福留繁少将、主席部員神重徳大佐
後列左から、中野政知中佐、内田政志中佐、佐薙毅中佐、華頂博信少佐（侯爵）、山本祐二中佐、三代一就中佐

山本大将の真珠湾攻撃案はなぜ採用された？

軍令部で急転直下に決定された無策と情実の狭間

山本五十六連合艦隊司令長官の真珠湾奇襲攻撃作戦に対する反対意見は強かった。しかし、山本の直属の部下である第一航空艦隊と基地航空部隊の第十一航空艦隊司令部は、山本の決意が不動のものであることを知り、昭和十六年の十月初めにはハワイ作戦の遂行に努力することを誓っていた。

この頃、軍令部でも山本の要望を入れて空母四隻によるハワイ作戦の採用を検討していた。ところが連合艦隊の要望は主力空母全力の六隻だった。もちろん軍令部は猛反対だった。山本は首席参謀の黒島に「東京へ飛べ」と命令し、こう言った。

「ハワイ作戦は空母全力をもって実施する決心に変わりはない。自分は職を賭《と》しても断行する決意であることを軍令部に伝えよ」

十月十九日、黒島は軍令部の福留少将、富岡大佐と交渉したが、空母六隻などとんでもないと突っぱねられた。黒島は軍令部次長の伊藤整一少将に直談判し、ここで有名な切り札を出した。

「山本長官は、もしこの案がどうしても採用できないというのでしたら、連合艦隊司令長官の職をご辞退すると申しておられます」

脅しであった。伊藤は「ちょっと待て」と言って総長室に消えた。しばらくすると永野《ながの》修身《おさみ》軍令部総長が姿を現わし、黒島に伝えた。

「山本長官がそれほどまでに自信があるというのならば、総長として責任をもってご希望どおり実行するよういたします」

山本の恫喝《どうかつ》は見事に決まり、要望は急転直下で採用された。脅しをかけた山本も山本だが、開戦後の戦略・戦術全般にまで影響しかねない緒戦の作戦計画を、いとも簡単に変更した永野の見識のなさと無策を見せつけた一幕でもあった。

●空母「蒼龍」

●空母「加賀」

●空母「赤城」

●空母「飛龍」

●空母「瑞鶴」

●空母「翔鶴」

●連合艦隊首席参謀・黒島亀人大佐

◆日米海軍艦艇数の比較

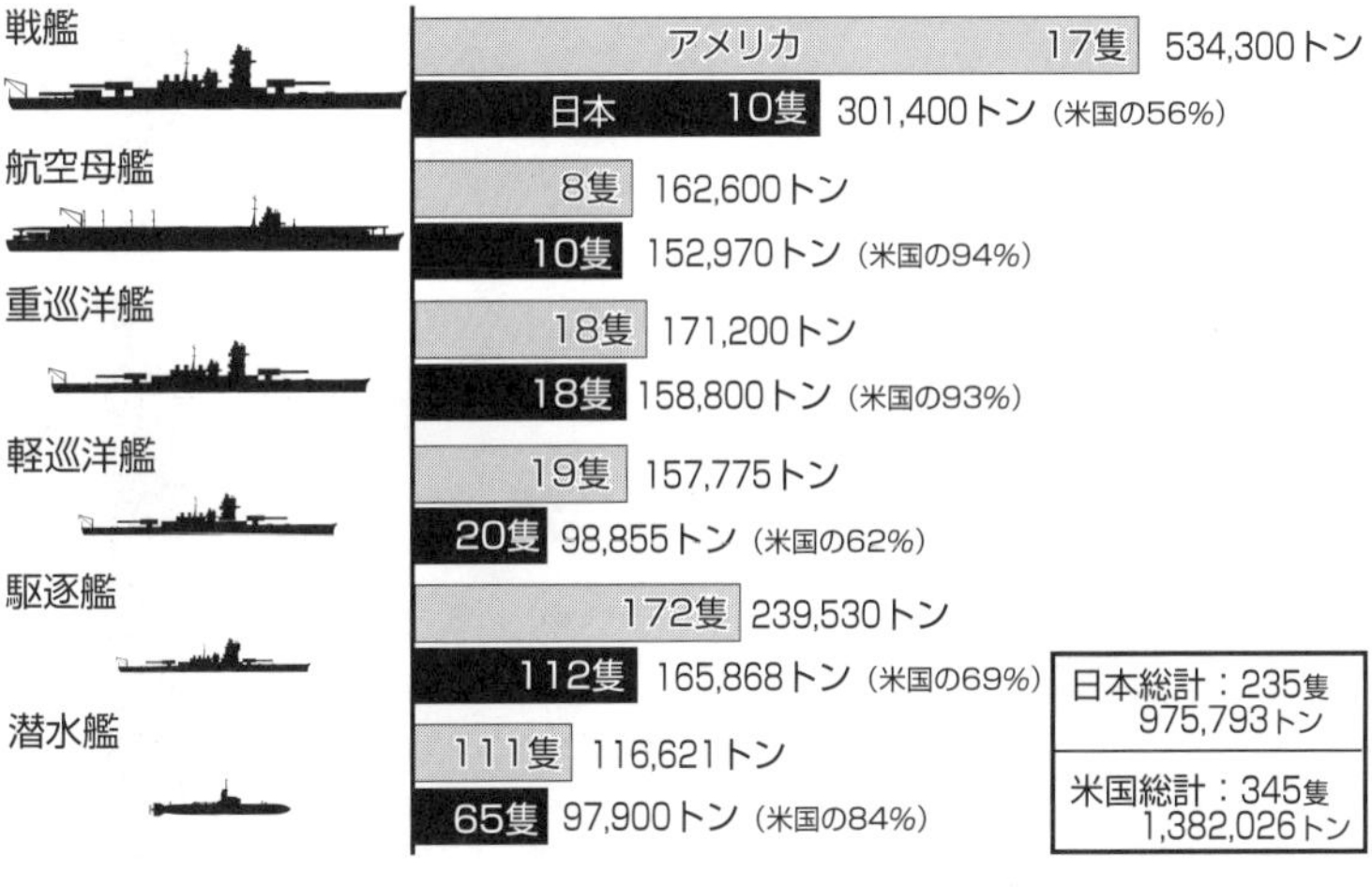
戦艦
アメリカ 17隻 534,300トン
日本 10隻 301,400トン（米国の56%）
航空母艦
8隻 162,600トン
10隻 152,970トン（米国の94%）
重巡洋艦
18隻 171,200トン
18隻 158,800トン（米国の93%）
軽巡洋艦
19隻 157,775トン
20隻 98,855トン（米国の62%）
駆逐艦
172隻 239,530トン
112隻 165,868トン（米国の69%）
潜水艦
111隻 116,621トン
65隻 97,900トン（米国の84%）
日本総計：235隻 975,793トン
米国総計：345隻 1,382,026トン

宣戦布告なしの開戦を望んだ日本海軍

東京裁判で東郷茂徳元外相が暴露した最後通告の真相

日本政府が対米開戦を決定したのは、昭和十六年十二月一日の御前《ごぜん》会議だった。この開戦決定を受けて、十二月四日、米国への開戦通告を討議する大本営政府連絡会議が開かれた。

日本政府が明治四十五年一月十三日に批准《ひじゅん》したハーグ条約には、締約国は開戦に際しては「最後通牒《つうちょう》ノ形式ヲ有スル明瞭且《かつ》事前ノ通告ナクシテ」戦争を始めてはならないと謳《うた》われているからだ。

大本営政府連絡会議というのは戦時中、軍事作戦など統帥《とうすい》に関する以外の重要事項を討議・決定する機関で、陸海軍首脳と閣僚で構成されていた。その十二月四日の会議の模様を、参謀本部戦争指導班の日誌はこう記録している。

「外相対米最後通牒提出ヲ提議シ来ル　軍令部不同意　当部亦然《またしか》リ　外相戦争終末捕捉ノタメ外交打切リヲ正式表明スルノ要アルヲ強調ス」

すなわち東郷茂徳《とうごうしげのり》外相が米国に対して外交交渉打ち切りを通告（最後通牒）する必要があると提議するや、海軍と陸軍は無通告開戦を主張した。戦後に東郷の東京裁判（極東国際軍事裁判）における口供書によれば、無通告開戦は海軍側に強く、永野修身軍令部総長は言った。

「戦争は奇襲でやるのだ」

永野に次いで伊藤整一軍令部次長が発言した。

「開戦の効果を最大ならしむるため、交渉を戦闘開始まで打ち切らないでおいてほしい」

東郷は拒絶し、通告は国際信義上絶対に必要だと主張した。結局、海軍側が折れて通告時刻を「ワシントン時間十二月七日午後一二時半」と要求、決定された。戦後、東京裁判で東郷がこれらを証言するや嶋田繁太郎元海相などから「ウソだ」と激しい反発が起こり、対決となった。

●御前会議

●東京裁判で証言する東郷茂徳元外相

MP
●東郷茂徳被告は東京裁判で禁固20年の判決を受けた

●軍令部総長・永野修身大将

●軍令部次長・伊藤整一中将

◆天皇制体制の機構

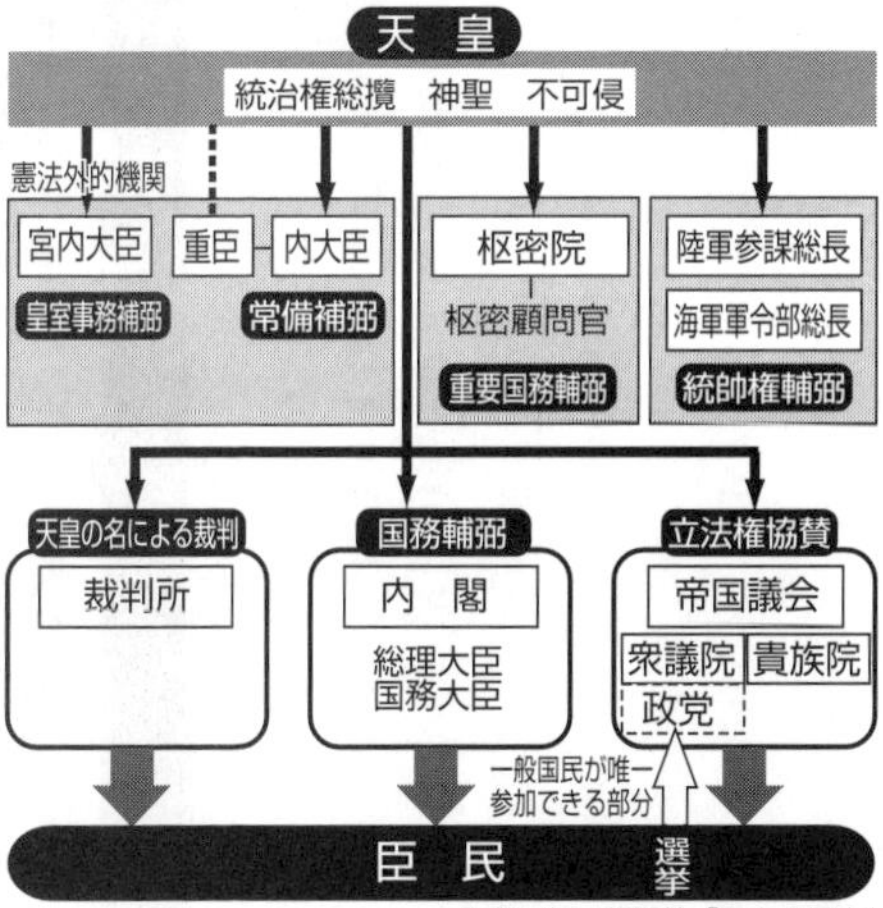
天　皇
統治権総攬　神聖　不可侵
憲法外的機関
宮内大臣
皇室事務補弼
重臣
内大臣
常備補弼
枢密院
枢密顧問官
重要国務輔弼
陸軍参謀総長
海軍軍令部総長
統帥権輔弼
天皇の名による裁判
裁判所
国務輔弼
内　閣
総理大臣
国務大臣
立法権協賛
帝国議会
衆議院
貴族院
政党
一般国民が唯一
参加できる部分
臣　民
選挙
参考：朝日新聞社「日本の歴史」

開戦直前に変更された最後通告手交時刻

日本の対米通告書に「開戦宣告」の字句はなかった！

日本の最後通牒である対米通告文（対米覚書）は、開戦三日前の昭和十六年十二月五日の閣議で決定された。内容は十一月二十六日に届いた米側の日米交渉の回答書である「ハル・ノート」への回答という形式が採《と》られた。

日本は「ハル・ノート」を米国の実質的最後通告とみていたから、もはや外交交渉での解決は見込めず、交渉打ち切りの内容だった。しかし通告文に「宣戦」の字句はどこにもない。当時外相の東郷茂徳は東京裁判の口供書に書いている。

「ハル・ノートは米国側の最後の通牒であって、日本に対し屈辱的降伏かあるいは戦争かの選択を求めたものであった。この米国の最後通牒を拒否した日本側の回答は戦闘行為の通告として充分であり、実質上宣戦と認められたのである」

このときの軍令部は、真珠湾への第一撃予定時刻を最後通告一時間後の十二月七日午後一時三〇分（ワシントン時間）としていた。ところが十二月五日の午後、東郷外相は田辺盛武《もりたけ》参謀次長と伊藤整一軍令部次長の訪問を受け、対米通告時間を三〇分遅らせて午後一時にするよう要請された。

東郷が理由を聞くと、伊藤は攻撃開始予定時刻と手交時刻の間の計算違いをしていたからだと言う。真珠湾攻撃作戦など知らない東郷は、通告から攻撃開始までの時間を聞いた。伊藤は「作戦の機密で申しあげられない」と答えたが、海軍にすればできるだけ第一撃に近づけたかったのだ。

ハーグ条約は事前通告の時間は定めていないから、かりに攻撃一分前でも抵触はしない。だが、日本の駐米大使がハル国務長官に覚書を手交したのは、約束の午後一時をはるかに超えた二時二〇分だった。そのとき、すでに真珠湾は炎上していた。

●日本軍の奇襲攻撃で沈没寸前の「ペンシルバニア」と「メリーランド」から重油が流れ出し、先頭の「オクラホマ」は海水が甲板を覆っている

●コーデル・ハル米国務長官

●野村吉三郎駐米大使

◆ハワイ航空基地の航空機損害数(アメリカ判定)

●米軍の判定では合計231機だが、真珠湾攻撃調査委員報告では航空機の完全喪失は188機としている(空襲部隊が報告した空中戦での撃墜は17機)

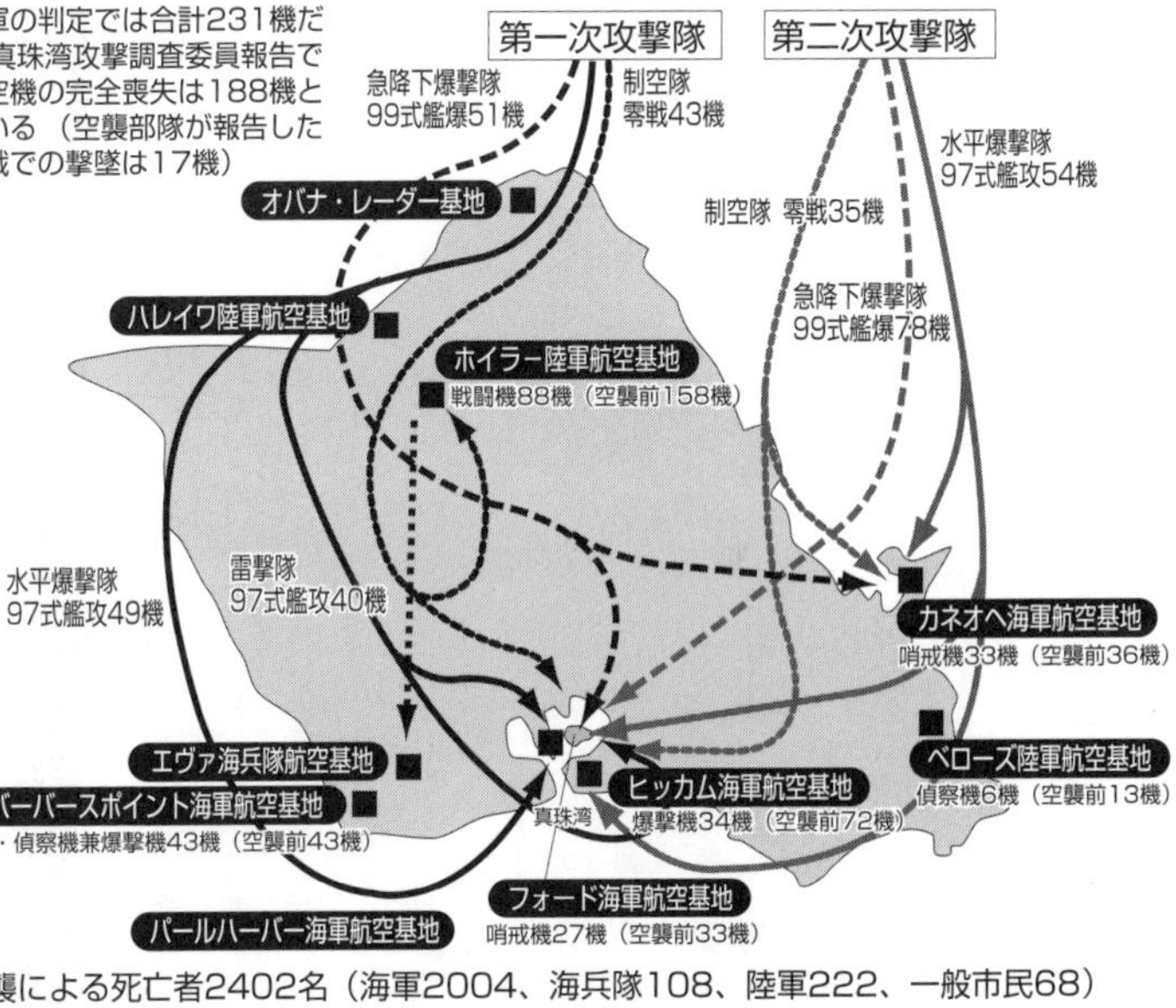
第一次攻撃隊
第二次攻撃隊
急降下爆撃隊
99式艦爆51機
制空隊
零戦43機
水平爆撃隊
97式艦攻54機
制空隊 零戦35機
急降下爆撃隊
99式艦爆78機
オバナ・レーダー基地
ハレイワ陸軍航空基地
ホイラー陸軍航空基地
戦闘機88機(空襲前158機)
水平爆撃隊
97式艦攻49機
雷撃隊
97式艦攻40機
カネオヘ海軍航空基地
哨戒機33機(空襲前36機)
ベローズ陸軍航空基地
偵察機6機(空襲前13機)
エヴァ海兵隊航空基地
バーバースポイント海軍航空基地
戦闘機・偵察機兼爆撃機43機(空襲前43機)
ヒッカム海軍航空基地
爆撃機34機(空襲前72機)
真珠湾
フォード海軍航空基地
哨戒機27機(空襲前33機)
パールハーバー海軍航空基地

●空襲による死亡者2402名(海軍2004、海兵隊108、陸軍222、一般市民68)
●空襲による戦傷者1382名(海軍912、海兵隊75、陸軍360、一般市民35)

なぜ日米開戦を「十二月八日」にしたのか?

真珠湾攻撃を最優先した大本営陸海軍部の開戦日選定

日本は開戦日になぜ「十二月八日」（米ワシントン時間七日、日曜日）を選んだのか？　連合艦隊は開戦前の九月中旬、海軍大学校で真珠湾攻撃の図上演習（図演）をしたが、そのときは十一月十六日を開戦日としており、十月初めの第十一航空艦隊の図演では十二月七日、十月中旬の連合艦隊図演では十二月八日としている。こうみると海軍は十二月初めの開戦を考えていたことがわかる。

理由はいくつもあるが、大きな理由は三つある。①日米外交交渉の行方、②作戦準備の推移、③気象条件、である。①②の進捗《しんちょく》はおおかた予想がついていたが、問題は③の気象条件だった。開戦時の軍令部作戦課長だった富岡定俊《さだとし》大佐（のち少将）は書いている。

「真珠湾攻撃は、北方から突っ込んで、未明にやらなければならない。未明が、真っ暗だと困るから、月が残っている必要があるが、それだからといって、満月で、あまりあかあかとしていると、攻撃点に達する前に発見されてしまう。この兼ね合いが、日本時間の十二月八日になったわけだ」（特集文藝春秋『日本陸海軍の総決算』所載「太平洋殲滅戦争」昭和三十年十二月発行）

十二月八日は月齢一九日で、真珠湾攻撃には月明かりがちょうどいい。十二月になると南シナ海は北東信風期に入り、マレー半島上陸作戦を行なう陸軍には適期ではないが、真珠湾攻撃を優先するため十二月八日が選ばれた。またこの日は西半球は日曜であり、これまでの調査で米艦隊が真珠湾に碇泊している可能性が一番高い曜日だ。

もしこの日を逃すと、次の機会は翌年三月になり、すべての面で作戦を練り直さなければならなくなる。「十二月八日」は絶対だったのだ。

●炎を噴き上げる「ウェスト・バージニア」
と「テネシー」

●魚雷を抱えて発艦する南雲機動部隊の艦上攻撃機

◆真珠湾の艦船停泊位置

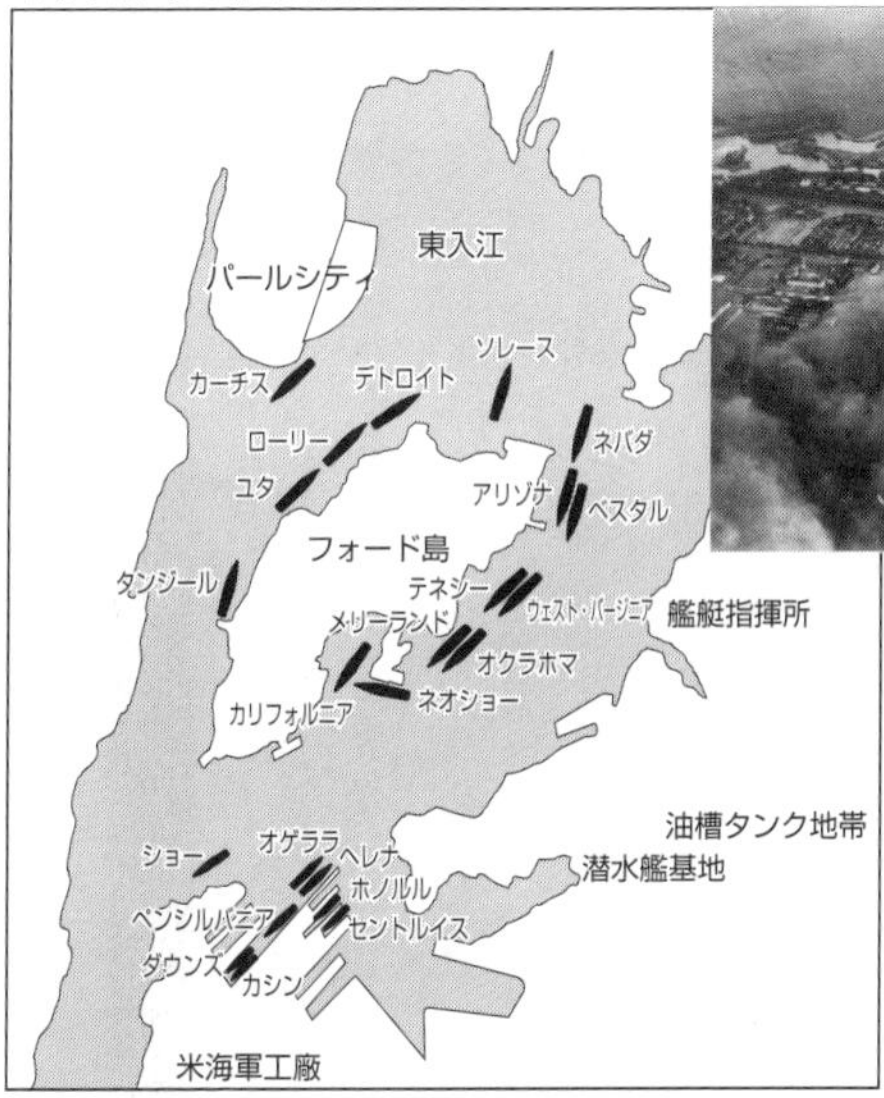
東入江
パールシティ
ソレース
カーチス
デトロイト
ネバダ
ローリー
ユタ
アリゾナ
ベスタル
フォード島
タンジール
テネシー
ウェスト・バージニア
艦艇指揮所
メリーランド
オクラホマ
カリフォルニア
ネオショー
油槽タンク地帯
ショー
オゲララ
ヘレナ
潜水艦基地
ホノルル
ペンシルバニア
セントルイス
ダウンズ
カシン
米海軍工廠

●炎上するオアフ島のホイラー飛行場

なぜニミッツ大将は「損害は軽微」と言った？

米海軍をホッとさせた日本軍の淡泊な攻撃戦法

南雲《なぐも》機動部隊（第一航空艦隊）艦上機による真珠湾奇襲攻撃は成功した。米太平洋艦隊は戦艦四隻撃沈、四隻大破・沈座をはじめ大損害を受け、六飛行場に駐機していた陸海軍飛行機三一一機が破壊され（米調査委員会報告は完全喪失一八八機）、人的損害は戦死二四〇二名、戦傷一三八二名という膨大なものだった。日本の損害は未帰還二九機、戦死五六名（搭乗員）である。日本の圧勝だった。

だが日本の真珠湾攻撃後、米太平洋艦隊司令長官に就任したチェスター・W・ニミッツ大将は、その著『太平洋海戦史』（実松譲・冨永謙吾訳、恒文社）に「真珠湾の惨敗の程度は、その当初に思われたほどには大きくなく、想像されたものよりはるかに軽微であった」と書いている。それは沈没した戦艦「アリゾナ」「オクラホマ」以外の戦艦は浮揚後に改装され、サイパン、沖縄上陸戦などの際、陸上砲撃で活躍し、また空母や巡洋艦の機動部隊も無事だったし、機械工場や艦船修理施設も攻撃から無視されたからだという。

「日本軍は湾内の近くにある燃料タンクに貯蔵されていた四五〇万バレルの重油を見逃した。長いことかかって蓄積した燃料の貯蔵は、米国の欧州に対する約束から考えた場合、ほとんどかけがえのないものであった。この燃料がなかったならば、艦隊は数カ月にわたって、真珠湾から作戦することは不可能であったであろう」（前掲書）

このニミッツの指摘に、開戦時の軍令部作戦課長だった富岡定俊《さだとし》氏は「タンクに油が入っているとは思っていなかった。日本の油タンクでさえ地下に埋めてある。アメリカはもっと進んでいるだろうから、地上に露出したタンクに油が入っているわけはないと考えた」と振り返っている……。

●日本軍が攻撃しなかった真珠湾の重油タンク

●米戦艦群の浮揚作業。大半の戦艦は現役復帰した

●真珠湾攻撃で被害を受けたのち修理され、グアム島のオロテ岬を砲撃する戦艦「ペンシルバニア」

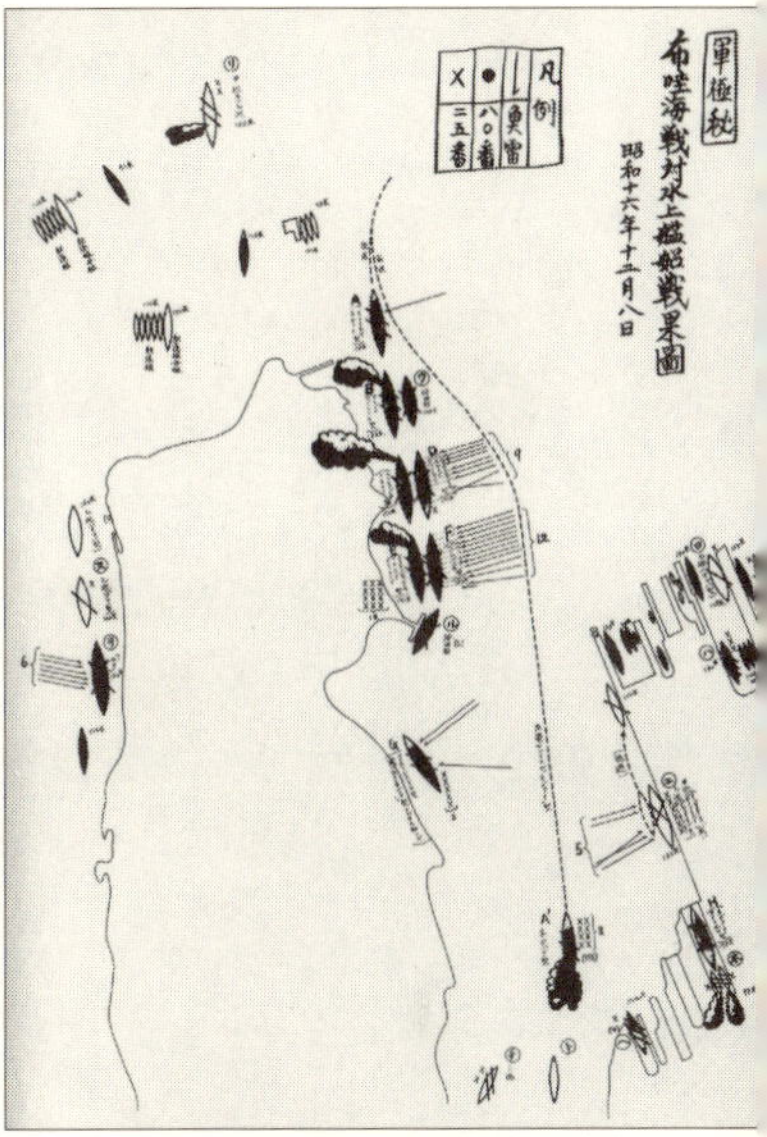

●攻撃指揮官の渕田美津雄中佐が作成した真珠湾奇襲戦果図

「横綱を破った関取に大根を買わせるのか！」

作戦終了後の機動部隊参謀長の仰天発言

真珠湾攻撃の最後の攻撃機が母艦に着艦したのは日本時間の十二月八日午前九時二二分（ハワイ時間七日午後一時五二分）である。

帰艦した搭乗員はもちろん、誰もが第二次出撃があるものと思い、準備に追われていた。

真珠湾の戦艦や飛行機はほぼ壊滅させたと思われるが、石油貯蔵タンクは戦果判定でも無傷のままだし、二隻の空母と重巡は港にいなかった。しかし南雲《なぐも》長官からの出撃命令は出ない。

第二航空戦隊（空母「蒼龍《そうりゅう》」「飛龍《ひりゅう》」）司令官山口《やまぐち》多聞《たもん》少将は、旗艦「赤城《あかぎ》」に「第二撃準備完了」と信号を送り、それとなく出撃を催促した。護衛の第三戦隊（戦艦「比叡《ひえい》」「霧島《きりしま》」）司令官三川軍一《みかわぐんいち》中将も再攻撃を加えるべきであると意見具申したという。

だが、機動部隊の作戦を指揮する参謀長草鹿龍之介《くさかりゅうのすけ》少将は第二撃は行なわず、引き揚げを命じた。

それを知った柱島《はしらじま》泊地の連合艦隊司令部は、南雲部隊に電令を送った。

「機動部隊は帰路状況の許す限りミッドウェー島を空襲し、これの徹底的破壊に努むべし」

この命令に草鹿参謀長は大いに不満であった。結局、草鹿は補給と荒天を理由にミッドウェー攻撃は行なわず、柱島に帰投した。草鹿は乾坤一擲《けんこんいってき》の開戦に臨んで、泊地に安閑としている連合艦隊主力（司令部）が気にくわなかったのだ。

草鹿は自著『連合艦隊参謀長の回想』で、その怒りをぶちまけている。

「また一面、つまらぬ感情の点からいっても、相手の横綱を破った関取に、帰りにちょっと大根を買ってこいというようなものだ」

草鹿の気持ちもわかるが、大根でも人参でも買って帰るのが戦争ではないのか。

●機動部隊司令長官・南雲忠一中将

●機動部隊参謀長・草鹿龍之介少将

●第2航空戦隊司令官・山口多聞少将

●進航中の南雲機動部隊。左から第3戦隊の戦艦「比叡」「霧島」、空母「翔鶴」

◆山本五十六の対米構想の推定

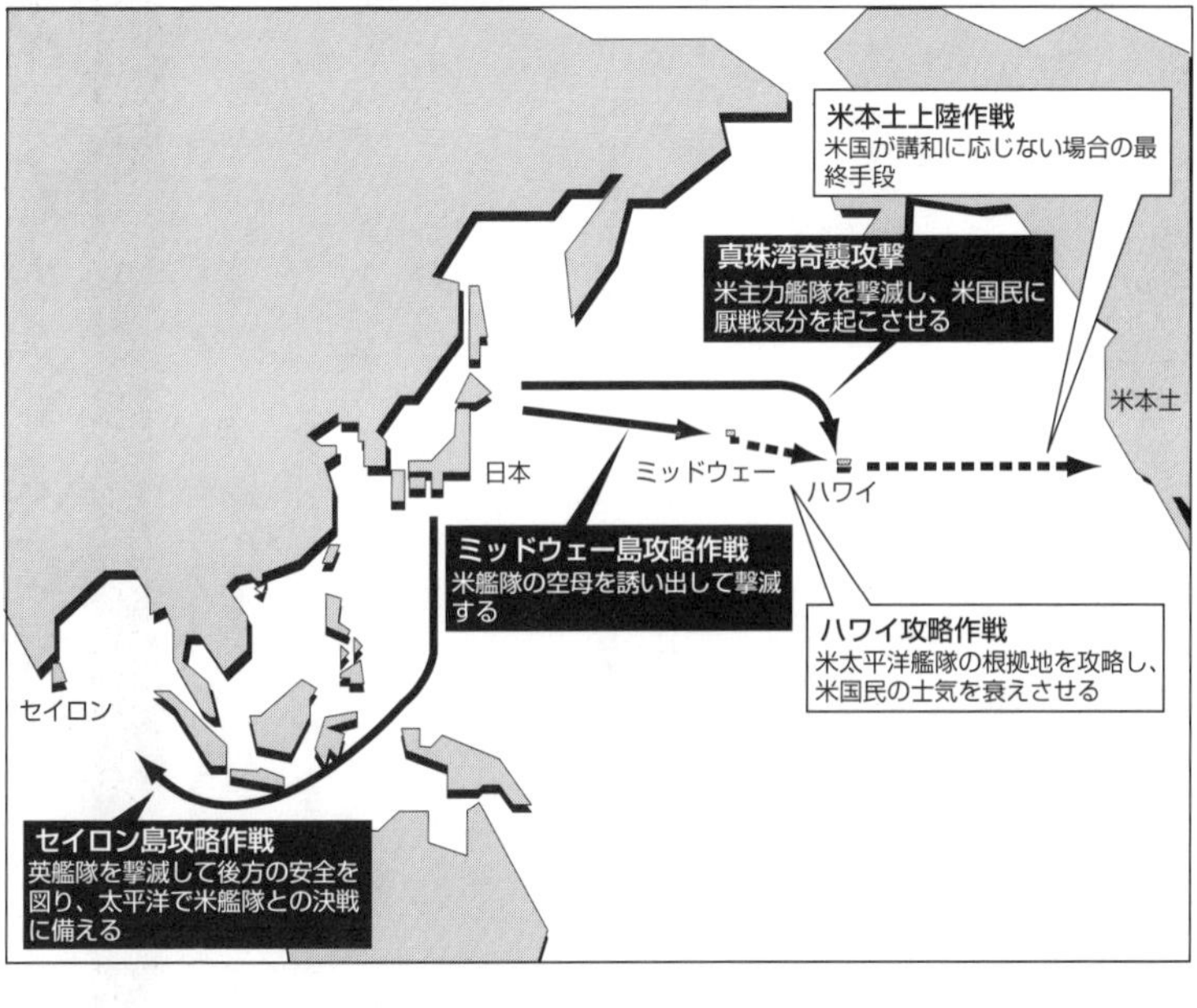
米本土上陸作戦
米国が講和に応じない場合の最終手段
真珠湾奇襲攻撃
米主力艦隊を撃滅し、米国民に厭戦気分を起こさせる
米本土
日本
ミッドウェー
ハワイ
ミッドウェー島攻略作戦
米艦隊の空母を誘い出して撃滅する
ハワイ攻略作戦
米太平洋艦隊の根拠地を攻略し、米国民の士気を衰えさせる
セイロン
セイロン島攻略作戦
英艦隊を撃滅して後方の安全を図り、太平洋で米艦隊との決戦に備える

「ヤンキー魂」を知らなかった？日本の愚

一夜で敵の挙国一致体制をつくらせた真珠湾攻撃の誤算

日本が真珠湾を奇襲するまでのアメリカは、孤立主義が国民を支配し、ルーズベルト大統領をはじめ政府首脳が対独戦で苦況に陥っている英国を助けようとしても、国民の理解は得られなかった。

それを真珠湾攻撃は一夜で覆《くつがえ》してしまったのだ。

米国務長官コーデル・ハルは『回想録』（『太平洋戦争秘史・米戦時指導者の回想』所載、毎日新聞社訳・刊）に書いている。

「日本人は自身の利益のために真珠湾を攻撃したのであったが、その奇襲によって米国民を即時完全に団結させたことは賢明な策ではなかったというのがわれわれの多くの本当の気持ちであった」

陸軍長官のヘンリー・スチムソンも回想記「平時戦時の要職にありて」（『太平洋戦争秘史・米戦時指導者の回想』所載）で述べている。

「今や日本人は真珠湾でわれわれを攻撃することにより、問題全部を一挙に解決してくれた（中略）。こうなれば、もう国民を団結させる上に心配すべきものはなにもないと考える。今まで非愛国的な連中が示していた冷淡さと分裂とには、ひじょうに憂慮すべきものがあったが、もうそれも跡かたもなくけし飛んだ」

事実、翌十二月八日、緊急召集された米上下両院は大統領提出の対日宣戦布告を圧倒的多数（反対一名）で可決した。若者たちは軍隊志願に殺到した。わずか四カ月前の八月十三日、下院がたった一票の差で選抜服役延長法を可決したなどとは、とても信じられない光景であった。このヤンキー魂を米国通の山本五十六は知らなかったのだろうか……。スチムソンは皮肉を込めて結ぶ。

「日本の真珠湾攻撃は戦略的にはばかげた行為であったが、戦術的には大成功を収めた」と。

●軍隊志願に詰めかけ宣誓をするアメリカの若者

●ヘンリー・L・スチムソン米陸軍長官

◆日米兵員数比較(単位：万人)

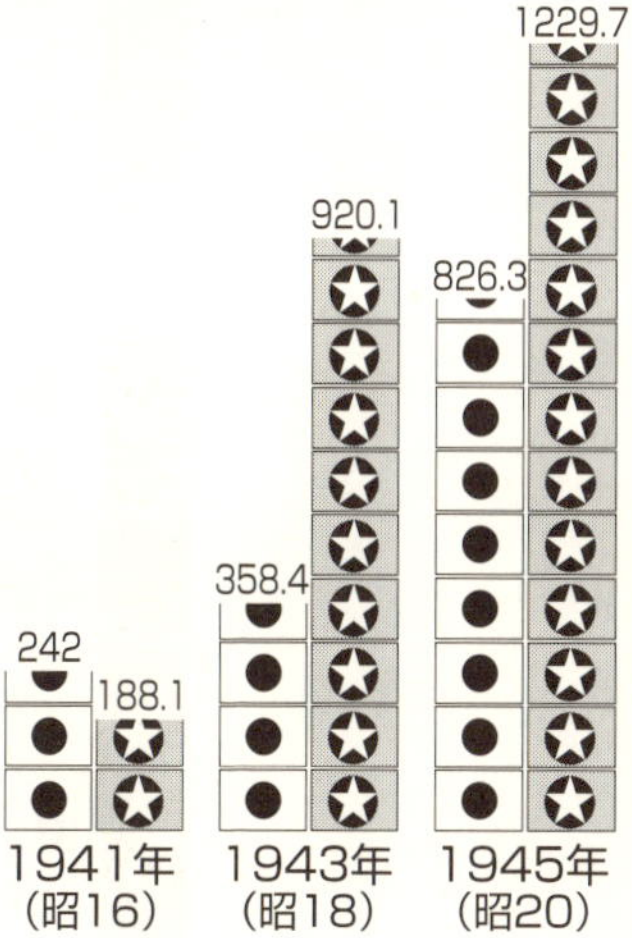
242
188.1
1941年
(昭16)
358.4
920.1
1943年
(昭18)
826.3
1229.7
1945年
(昭20)

CBS
NBC
CBS
BS

●日本の真珠湾攻撃の翌日、米議会で対日
宣戦の演説をするルーズベルト大統領

チャーチル英首相を小躍りさせた真珠湾攻撃

対日独伊戦の勝利を確信した十二月七日夜の英首相

日本軍の真珠湾攻撃のあった一九四一年十二月七日の夜、英首相ウィンストン・S・チャーチルはハリマン駐英米大使などと首相別邸《チェッカーズ》のテーブルを囲んでいた。チャーチルは何気なく小さなラジオのスイッチを入れた。チャーチルはそのラジオのニュースで、日本軍の真珠湾攻撃を知った。

「私は席を立ち、広間を抜けて事務室へ行った。そこはいつでも動いていた。私は大統領を呼び出すように頼んだ……」(チャーチル『第二次世界大戦』佐藤亮一訳、河出文庫。以下同じ)

前記の回想記によれば、ルーズベルト大統領は二、三分で電話に出たという。

「大統領閣下、日本はどうしたというのですか?」

「日本は真珠湾を攻撃しました。いまやわれわれは同じ船に乗ったわけです」

「これで確かに事は簡単になります。あなたたちに神のご加護を祈ります」

それまでドイツと〝孤独な戦争〟をしていたチャーチルにとって、米国の参戦は踊りだしたいくらいの嬉しさだったろう。チャーチルは書く。

「私が、アメリカ合衆国をわれわれの味方につけたことは、私にとって最大の喜びであったと宣言しても、私がまちがっていると考えるアメリカ人はいないだろう」

そして続ける。

「ヒトラーの運命は決まったのだ。ムッソリーニの運命も決まったのだ。日本人についていうなら、彼らはこなごなに打ちくだかれるだろう」

チャーチルは、外務省に対日宣戦布告の文面作成を命じベッドに入った。

「感激と興奮とに満たされ、満足して私は床につき、救われた気持で感謝しながら眠りについた」

●チャーチル英首相(左)とルーズベルト米大統領

●ドイツのロンドン空襲で、消防隊員に瓦礫の下から救助される市民

●イギリス西部の安全地帯に避難するロンドンの学童たち

山本が米軍に教えた「航空主兵」の新戦術

世界初の空母艦隊の威力を生かせなかった日本海軍の皮肉

真珠湾攻撃に成功した連合艦隊は、まるで凱旋《がいせん》航海のごとく南雲《なぐも》機動部隊（第一航空艦隊）を中部太平洋から南西太平洋、果てはインド洋にまで派遣して世界初の機動艦隊の戦力を誇示した。

本来、ラバウル攻略支援やポートダーウィン空襲などは基地航空部隊でも充分だったし、インド洋への機動部隊進出も疑問がある。

それはさておき、当時の南雲機動部隊は敵なしだった。インド洋の英艦隊攻撃では、重巡二隻と空母一隻を急降下爆撃で一瞬のうちに撃沈している。艦対艦の砲撃戦に比べ、なんと確実で効率のよい戦法ではないか。

キング合衆国艦隊司令長官とニミッツ太平洋艦隊司令長官は、この南雲機動部隊の行動と戦果をじっと見据えていた。そして、これからの海戦が「航空主兵」であることを見てとったのだ。

ニミッツは真珠湾攻撃の総括で述べる。

「旧式戦艦を一時的に失ったことは、他方、当時非常に不足していた訓練をつんだ乗組員を空母と水陸両用部隊に充当することができ、それは米国をして、やがて決定的と立証された空母戦法を採用させることになった」（『太平洋海戦史』）

さらに日本の機動部隊が米空母「レキシントン」と「エンタープライズ」を徹底捜索しないで見逃したことにふれ、「第二次世界大戦のもっとも効果的な海軍兵器である高速空母攻撃部隊を編成するための艦船は、損害を受けなくてすんだのである」と、安堵のため息をもらしている。

キング大将も報告書に記している。

「日本は世界に向かって、空母機動部隊の行動力と攻撃力を誇示し、太平洋における戦いでは、こうすべきものという定石をつくった」と。

●航空主兵の先駆けとなった日本の機動部隊

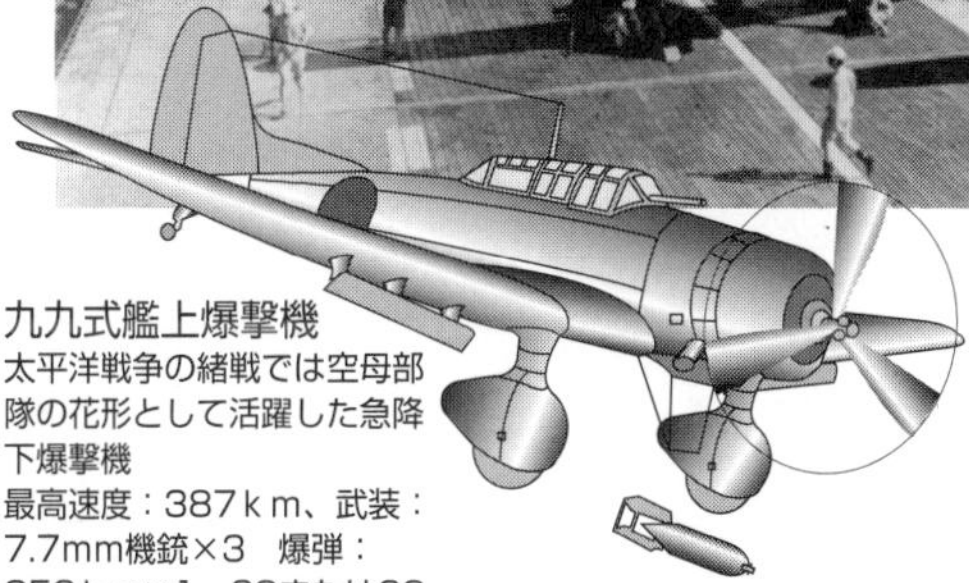

九九式艦上爆撃機
太平洋戦争の緒戦では空母部隊の花形として活躍した急降下爆撃機
最高速度：387ｋｍ、武装：7.7mm機銃×3　爆弾：250ｋｇ×1　30または60ｋｇ×2

九七式艦上攻撃機
太平洋戦争の緒戦での大戦果は本機の雷撃による
最高速度：377ｋｍ、武装：7.7mm機銃×1　爆弾／魚雷：800ｋｇ

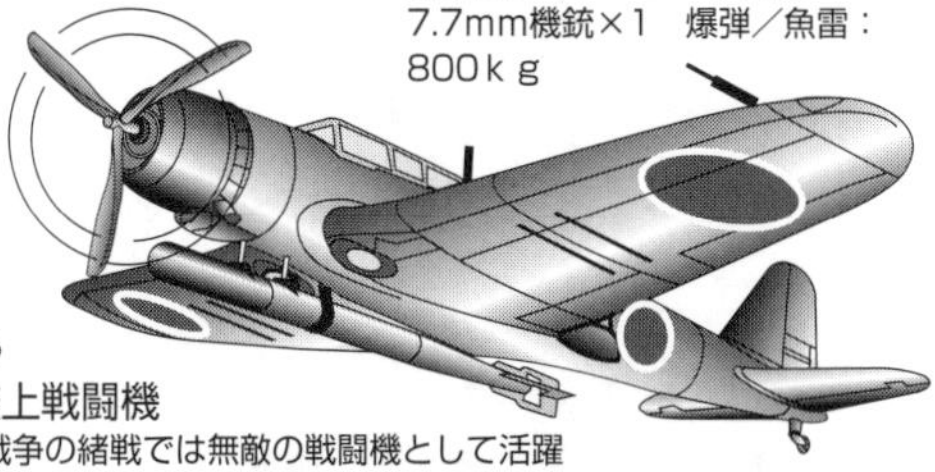

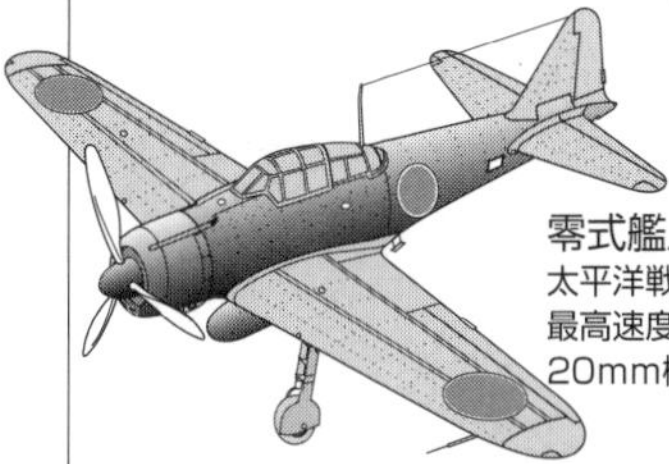

零式艦上戦闘機
太平洋戦争の緒戦では無敵の戦闘機として活躍
最高速度：533ｋｍ、武装：7.7mm機銃×2　20mm機銃×2、爆弾：30または60ｋｇ×2

●英空母「ハーミス」の最期

●米太平洋艦隊司令長官・チェスター・W・ニミッツ大将

●キング合衆国艦隊司令長官

コラム2

密かに生産された「紙の弾丸」

師走も押しつまった昭和十五年十二月末。東京のど真ん中、神田淡路町《あわじちょう》の都電停留所前の汚いビルの一室に「淡路事務所」といういかがわしい看板が掲げられ、得体の知れない男たちが出入りしていた。部屋の借り主は陸軍の参謀本部第八課で、翌十六年には参謀本部員の藤原岩市少佐（のち中佐、F機関長）が責任者になった。

この秘密アジトの目的は、対米英戦争になった場合、南方の現地住民に作戦の目的を理解させて日本軍に協力させると同時に、反米英感情をかきたてて決起させようというものだった。その手段として伝単、すなわちビラを作って戦場となった米英の植民地にばらまくことになったのだ。

写真家や漫画家、画家、南方からの引揚者、通信・報道の専門家など十人ほどがスタッフとして集められた。そしてインド、ビルマ、タイ、仏印、マレー、ジャワ、スマトラなど南方各地の風習から服装、宗教、教育、伝説などが調べられ、反米英の伝単が制作されていった。ビラの効果がどれほどあったかはわからないが、伝単は実際に飛行機からジャングルや街中にバラまかれた。

●「英国のための犠牲となるな」と書かれた、一般マレー人を対象とした宣伝ビラ

●「英人は悪魔だ、早くその手から逃れよ」と書かれた、一般ビルマ人を対象とした宣伝ビラ

第3章
勝利の陰に潜む大失敗

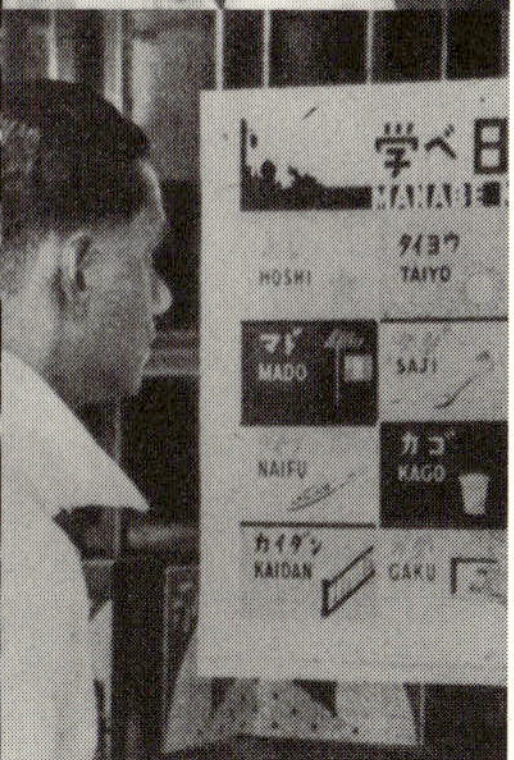

マレー、シンガポール攻略戦はなぜ行なわれた?

開戦劈頭(へきとう)の大作戦に賭けた日本の命運は?

真珠湾奇襲を皮切りとして行なわれた、太平洋戦争の最初の大作戦は南方作戦と呼ばれる。南方、すなわち東南アジア一帯は、タイを除いてアメリカ、イギリス、オランダ、フランスの植民地だった。

そのうち米・英・蘭《らん》の植民地をごっそりと占領しようとする作戦である。フランスの植民地(仏印)はすでに軍事占領していたも同然で、作戦担当の南方軍総司令部は仏印のサイゴン(現ホーチミン)に置かれていた。

そのなかでもマレー、シンガポール攻略戦が最初の作戦だった。そこはイギリス領である。マレー半島の先端にシンガポール島がある。

なぜ、マレー作戦が最初だったのか。

シンガポール港はイギリス東洋艦隊の根拠地だったので、付近を英艦隊にウロウロされては南方作戦全体に支障をきたすからだ。実際は、開戦三日目のマレー沖海戦で主要軍艦二隻を沈没させて目的の大半を達成したが、日本軍はマレー半島を南下しながら、英印軍(インド兵主体の軍隊)や応援のオーストラリア軍を一つひとつ潰していった。

マレー半島の戦略的価値は広大なゴム園で、世界のゴム生産高の三分の一以上を産出していた。もう一つは錫《すず》。世界の約六割を産出していた。

シンガポールは一八二〇年代からマレー植民地の根拠地(一気に全半島を支配下に入れたわけではないが)となり、香港《ホンコン》とならんで東亜(東アジア)におけるイギリス最大の根拠地だった。その占領は、大東亜共栄圏確立の象徴的な意味をもつ。

「いまこそ英帝国を東亜より放逐し、その支配の鉄鎖を断ち切り東亜再建の黎明《れいめい》は正《まさ》に訪れんとしている」とは、シンガポール占領直後の『朝日新聞』が興奮して掲げた記事である。

●マレーのゴム産業

●炎上するシンガポール・ブキテマ高地にある重油タンク

◆1942年(昭和17年)の主な南方資源輸送達成率

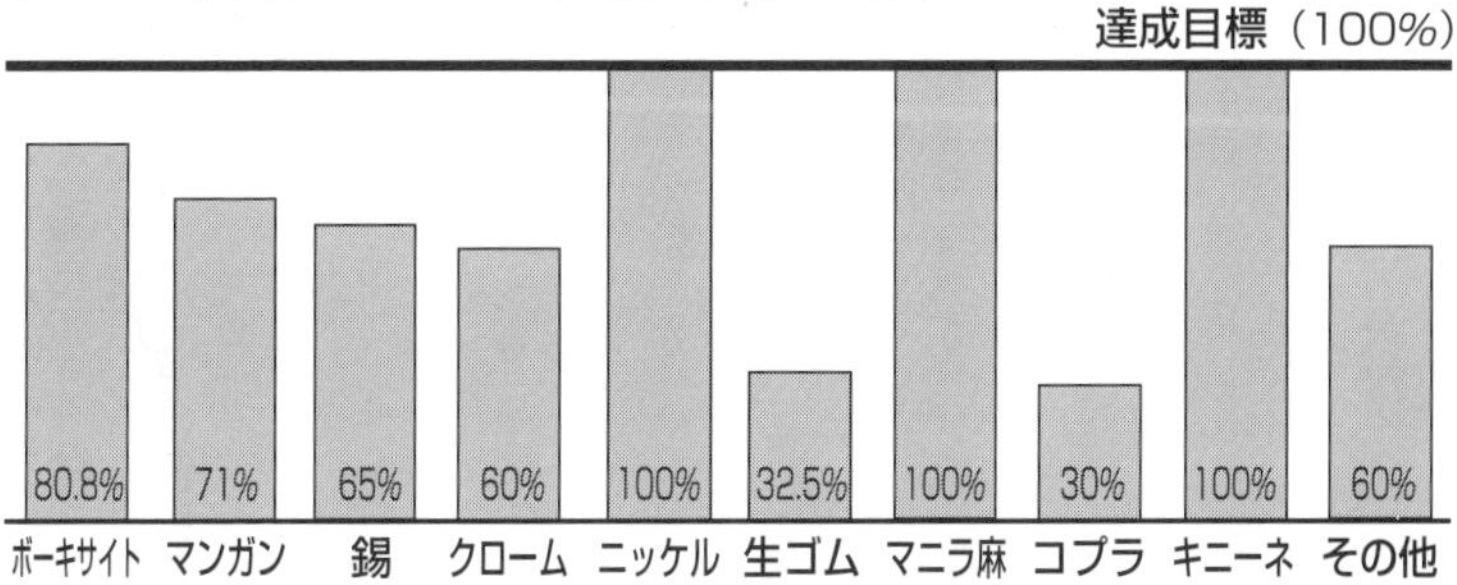
達成目標（100%）
80.8%
71%
65%
60%
100%
32.5%
100%
30%
100%
60%
ボーキサイト
マンガン
錫
クローム
ニッケル
生ゴム
マニラ麻
コプラ
キニーネ
その他

●日本占領下のマレーの炭坑

なぜシンガポールに敵前上陸できなかったか

巨大な要塞砲が海を睨んでいた〝東洋のジブラルタル〟

日本軍は最初からシンガポールに直接上陸する作戦はあきらめていた。理由は、海に向けて一五インチ砲が三門、据えつけてあったからだ。一五インチ砲といえば、当時日本が保有していた一〇隻の戦艦のうち、これに優る主砲を備えていたのは二隻(「長《なが》門《と》」「陸奥《むつ》」)しかない。敵前上陸作戦は検討の余地がないほど無理な相談だった。

だから、日本軍はマレー半島を南下して、ジョホールバル水道を渡ってシンガポール島に上陸しようとしたのである。

いくら日本軍でもそんな馬鹿な作戦を行なうとは、イギリスも考えなかったから、一五センチ砲は海に向かってほぼ固定してあったのだ。ジョホールバル水道を越えて砲撃できるのは六インチ砲のみである。

シンガポールはマレー植民地の根拠地ではあったが、軍港ではなかった。アジアにはシンガポールを攻略できるような海軍力をもっている国はなかったからである。あるとすれば日本だが、イギリスと日本は一九〇二(明治三十五)年から一九二一(大正十一)年まで同盟関係にあった。日英同盟である。

海軍軍縮を決めたワシントン会議で日英同盟は廃棄された。同時に締結された太平洋防備制限条約(東経一一〇度以東の島々には軍備を増強しない)で、日本は小笠原や沖縄、澎湖《ぼうこ》島などに新規の防備施設は造れなくなったが、東経一〇三度のシンガポールはわざと外してあったのだ。

イギリス外交のずる賢い一面ではあったが、シンガポールに一五インチ砲が据えられたのはそれ以降である。シンガポールを占領したとき、外交戦略で負けたぶんを軍事戦略で取り返したという気分が、日本にはあったのかもしれない。それにしても荒っぽい戦略だった。

◆マレー進攻作戦（1941年12月8日～42年1月31日）

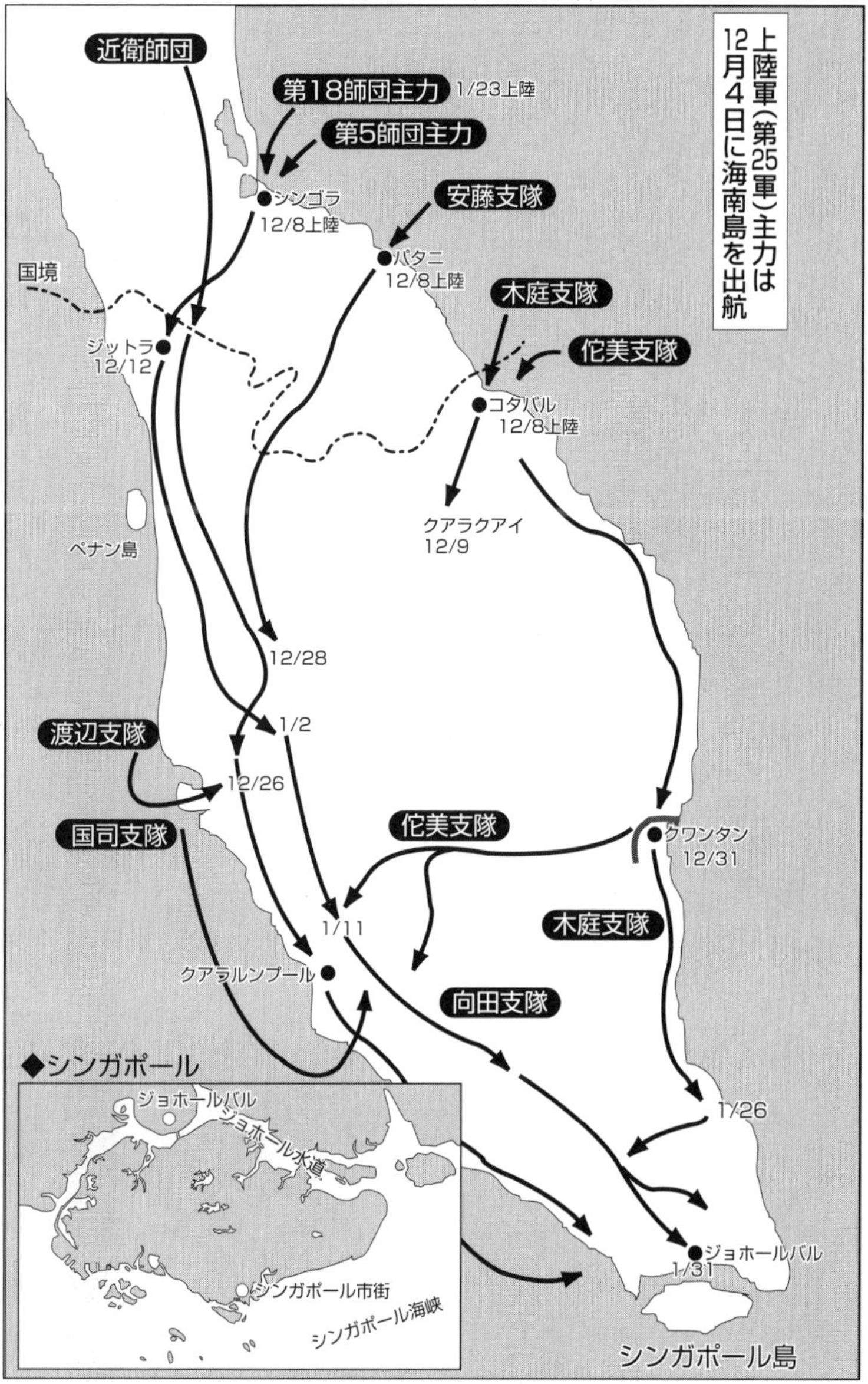
上陸軍（第25軍）主力は12月4日に海南島を出航
近衛師団
第18師団主力 1/23上陸
第5師団主力
シンゴラ 12/8上陸
安藤支隊
パタニ 12/8上陸
国境
木庭支隊
佗美支隊
ジットラ 12/12
コタバル 12/8上陸
クアラクアイ 12/9
ペナン島
12/28
1/2
渡辺支隊
12/26
国司支隊
佗美支隊
クワンタン 12/31
1/11
木庭支隊
クアラルンプール
向田支隊
◆シンガポール
ジョホールバル
ジョホール水道
シンガポール市街
シンガポール海峡
1/26
ジョホールバル 1/31
シンガポール島

マレー沖海戦が連合国に与えた衝撃と教訓

海戦の常識をくつがえした日本軍機の戦艦撃沈

マレー沖海戦は開戦三日目（一九四一〈昭和十六〉年十二月十日）に起こった。海戦とはいえ日本は陸攻という海軍の爆撃機兼雷撃機だけで、イギリス東洋艦隊（シンガポールが根拠地）の戦艦二隻を撃沈した。味方の軍艦には頼ることなく、戦艦二隻を航空攻撃で葬ったわけである。

真珠湾攻撃では港に停泊中の軍艦を奇襲して大半を撃沈したが、マレー沖海戦は航行中の戦艦を撃沈したのだった。海戦史上、例のないことだった。

報告を受けたチャーチル英首相は、「そのとおりかね」と何度も念を押したそうだ。彼自身、海軍士官だったが、飛行機が航行中の戦艦を沈めるなどとは、初めて聞く話だったからである。

沈んだ戦艦は三六センチ砲一〇門の「プリンス・オブ・ウェールズ」、三八センチ砲六門の「レパルス」で、この方面に出動していた日本艦隊で対抗できるのは「金剛《こんごう》」「榛名《はるな》」（ともに三六センチ砲八門、計一六門）しかなく、劣勢だった。だから日本の艦隊は決戦を避けるかのように行動したといわれる。

当の日本艦隊首脳も、単独の航空攻撃で戦艦を沈めたことに大いに驚いたが、イギリスはさらに衝撃を受けた。

このあと最優秀のスピットファイヤーやハリケーンなどの戦闘機を配備したが、すでに遅かった。東洋艦隊の指揮官フィリップス中将が、戦闘機の護衛なしに出撃したのも、「日本機の性能はイタリア機と大差なく、ドイツ機よりははるかに劣る」と甘くみていたからだった。

マレー沖海戦の日本の勝利は、マレー半島を南下してシンガポールをめざす日本陸軍を鼓舞したが、守るイギリス軍の士気は低下した。イギリスはシンガポール防衛のための援軍を送れなかった。

●英戦艦「プリンス・オブ・ウェールズ」

●英戦艦「レパルス」

●マレー沖海戦の主役「一式陸攻」

◆マレー沖海戦(1941年12月10日)

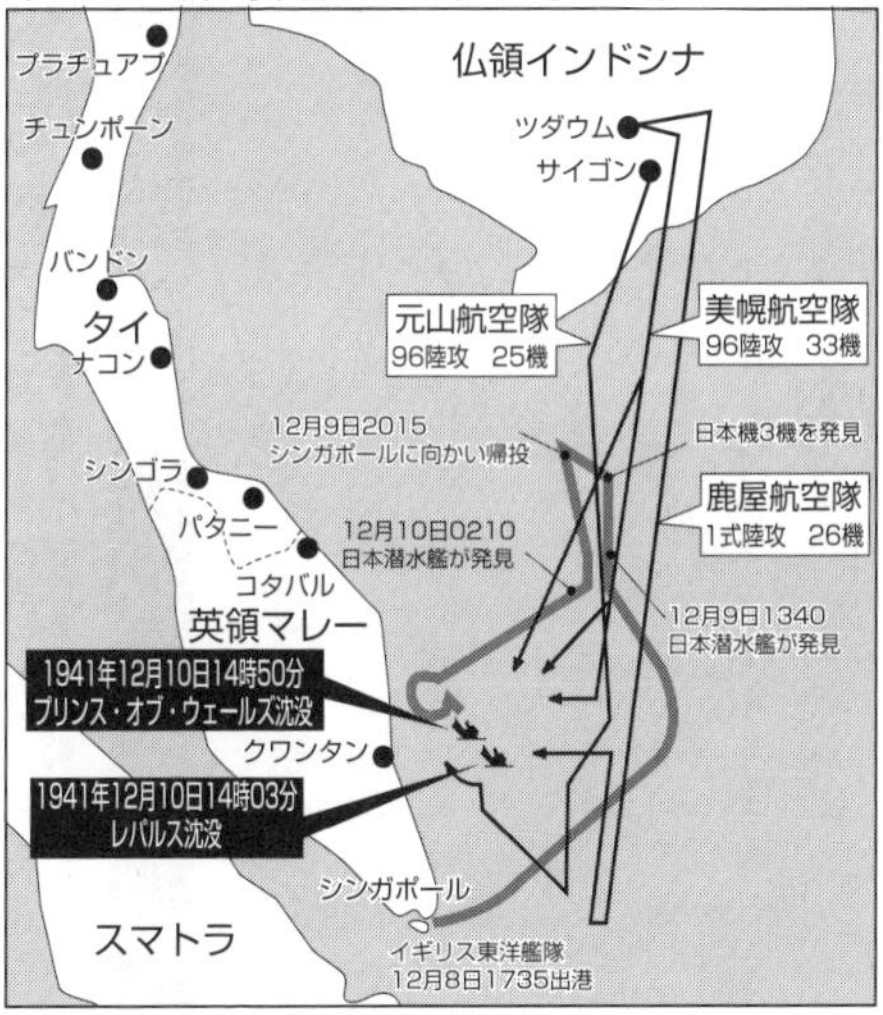
プラチュアブ
チュンポーン
バンドン
タイ
ナコン
シンゴラ
パタニー
コタバル
英領マレー
クワンタン
シンガポール
スマトラ
仏領インドシナ
ツダウム
サイゴン
元山航空隊
96陸攻　25機
美幌航空隊
96陸攻　33機
12月9日2015
シンガポールに向かい帰投
日本機3機を発見
鹿屋航空隊
1式陸攻　26機
12月10日0210
日本潜水艦が発見
12月9日1340
日本潜水艦が発見
1941年12月10日14時50分
プリンス・オブ・ウェールズ沈没
1941年12月10日14時03分
レパルス沈没
イギリス東洋艦隊
12月8日1735出港

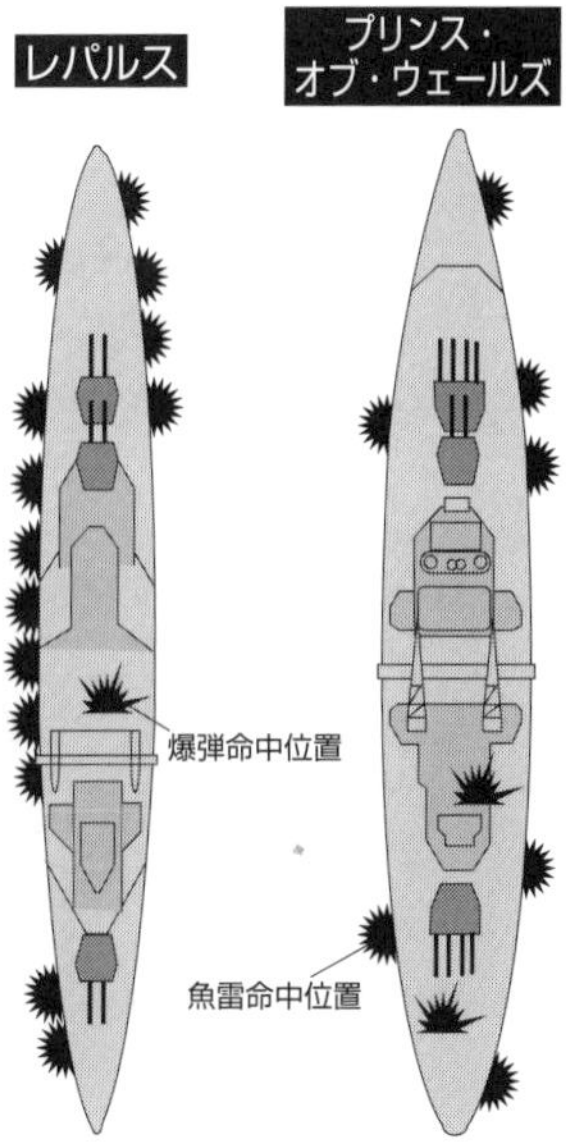
レパルス
プリンス・
オブ・ウェールズ
爆弾命中位置
魚雷命中位置

南方攻略後、満州に引き返した陸軍部隊

アメリカとの戦争よりソ連の動向が気になっていた日本陸軍の本音

太平洋戦争ではフィリピン、マレー・シンガポール、インドネシア、ビルマをまず占領する作戦が立てられた。この南方作戦のため、約四〇万人の兵力が投入されたが、大部分はすでに万里の長城以南の中国に展開していた部隊を引き抜いて充《あ》てた。万里の長城以北は満州国（日本の植民地）で、そこには関東軍がおり、そこからも砲兵部隊や戦車部隊を抽出して作戦に従事させた。

さて、南方作戦が一段落すると、満州抽出の部隊主力はほとんど満州に戻ってしまった。関東軍本来の任務であるソ連の侵攻に備えさせたのである。とはいえ、ソ連と日本は中立条約が結ばれており、表面上は友好関係にあった。

米英との戦争に入ってからも、陸軍士官学校や陸軍大学校で教えていた戦術は、ソ連軍に対するものがほとんどだった。やがてはアメリカ軍が反攻に転じるだろうとは考えていたが、日本陸軍には「アメリカ陸軍なんて支那軍（中国軍）と同じか、それより弱い」という、あまり根拠のない観念があったからだ。

中国軍相手なら十分の一程度の兵力で充分という戦争を四、五年続けていたから、アメリカ軍はそれと同じかそれ以下と思っていたので、まともな対米戦を研究する気は起こらなかったのだろう。

ソ連に対しては、二年あまり前のノモンハン事件（満州国とモンゴル人民共和国との国境争いに端を発した、ソ連軍と日本軍との戦争）で、充分にその強さを味わわされた。南方で戦争を始めたからには、北方の満州でソ連と戦争を起こしてはならない。二正面作戦はさすがに日本には荷が重すぎる。

七〇万人の関東軍は静かに息を潜めて、満州の防備についていたのである。

●関東軍の砲兵部隊

●関東軍は太平洋戦争中の大半、梅津美治郎大将の指揮下にあった

●ソ満国境の警備につく戦車隊

たんなる謀略にすぎなかった対インド人工作

インド兵の夢と希望を裏切った日本軍の戦略なき戦術

マレー半島で日本軍と戦ったイギリス軍は、英印軍などと呼ばれた。指揮官はイギリス人だが、兵隊の大部分はインド人だったからである。

そこで日本軍は、アジアの解放という大義名分を宣伝するために、インド兵を味方に引き入れることになった。寝返り工作は藤原岩市少佐を機関長とする大本営直属の謀略機関が当たった。

タイで活動していたインド独立連盟（IIL）との連携のもと、戦場での工作は比較的順調に進み、開戦一カ月足らず（昭和十六年十二月末）で、兵力四〇〇〇人のインド国民軍の結成にまで及んだ。

そんなおり、参謀本部の作戦部長（田中新一中将）が戦況視察にやってきた。藤原少佐は勢い込んでインド人工作の成功を報告しようとしたが、顔を合わせたとたん、「君はここにいるのか、何をやっているんだ！」と怒鳴られたそうだ。

田中作戦部長は勧められるままにインド国民軍の司令官（モハンシン大尉）と面談したが、「藤原少佐！　あんなつまらん者をどうするんだ！」と怒鳴るほどの関心しかなかったという。

実際、シンガポールを占領したときインド国民軍は約五万の大部隊となったが、現地の日本軍（第二十五軍）も大本営も彼らを捕虜程度にしか扱わず、ときには飛行場建設などの作業現場に投入した。たんなる謀略工作だったからである。

二年後、チャンドラ・ボースというインド独立指導者の大物が日本に亡命してきた際、ボースに惚れ込んだ東条首相のお声がかりで事態は若干改善されたが、謀略工作の域を出ることはなかった。

日中戦争で追いつめられ、アメリカに〝経済断交〟されての戦争で、日本にはアジアの解放などという余裕など、あろうはずはなかったのである。

●インド国民軍女子部隊を閲兵するチャンドラ・ボース

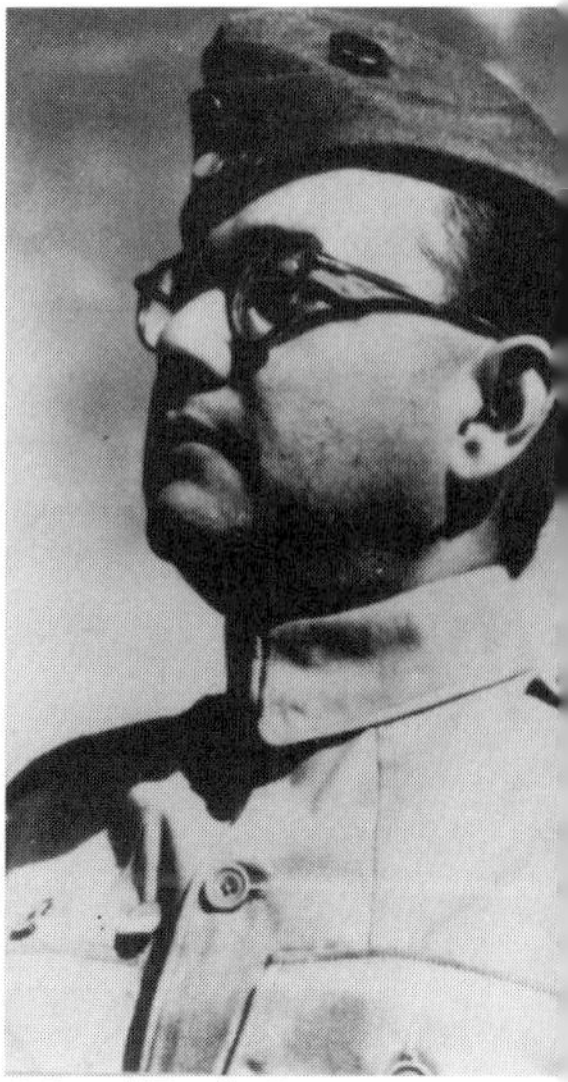
●チャンドラ・ボース

●チャンドラ・ボースの
インド国民軍閲兵

●2列目、右から5人目が藤原岩市少佐

ビルマ義勇軍を面従腹背させた日本軍の愚挙

「大東亜共栄圏」の幻を見せつけた日本軍の占領統治策の失敗

ビルマ(現ミャンマー)攻略の日本軍(第十五軍、約六万)には、ビルマ独立義勇軍が最初から参加した。日本軍は独立活動家三〇人をビルマから脱出させ、海南島で指揮官としての訓練をほどこした。タイ国内のビルマ人も兵士として約三〇〇人が参加した。進攻中も多くのビルマ人が合流し、ラングーン(現ヤンゴン)占領時には約一万二〇〇〇人の大部隊になっていた。

しかしビルマ独立義勇軍は、ラングーンで独立を宣言することはできなかった。日本軍が許さなかったのである。日本軍がビルマ義勇軍を創設したのは、当初は大軍をビルマに送る余裕がないと判断して、とにかくビルマ義勇軍にビルマ国内を攪乱《かくらん》させるつもりだったのである。そうすれば、援蔣ビルマルート(蔣介石指導の中国を援助する物資輸送ルート)が使えなくなる。

日本が自らの軍隊でビルマを制圧したからには、早々にビルマを独立させる理由がない。日本軍はビルマ独立義勇軍をビルマ防衛軍として再編し、ビンタを用いた日本軍式に訓練し、抜きがたい反感を醸成した。「大東亜共栄圏の一員」として独立を認めたのは一九四三(昭和十八)年八月である。

しかしながら、ビルマ防衛軍は連合軍(イギリス軍が中心)がビルマ奪還にやってきたとき、日本軍に反乱して(一九四五年三月二十七日)連合軍についた。

すでに日本軍の敗退は明白だったことに加え、占領以来の日本軍による過酷な政策(コメ、牛、綿花などの大徴発、泰緬《たいめん》鉄道=ビルマ~タイ間の軍用鉄道建設への人狩りに等しい労働徴用などに象徴される悪しき占領政策)に耐えていたビルマ人は、旧宗主国イギリスに恩を売る機会をとらえたのだった。

●ラングーンを行進するビルマ独立義勇軍

●ラングーン入城の日本軍

●ラングーンで給水サービスを受ける日本兵

●緬甸（ビルマ、現ミャンマー）の仏教徒も
最初は日本軍を歓迎した

タイ国民を敵に回した日本の傲慢外交

日本人は知らなかった「同盟国日本」に対するレジスタンス運動

タイは戦前、東南アジアにおける唯一の独立国だった。仏印（フランス領インドシナ）と英領マレーの中間に位置していたので、英仏両国の合意によって、「緩衝《かんしょう》地帯タイ」は独立を保った。

日本軍はタイ国経由で英領マレーに進攻したが、タイはやむなく軍隊通過のみを認め、やがて日本との軍事同盟を強要され、英米に宣戦布告する。

しかしタイは、日本の大東亜共栄圏の構想には反発した。政府関係者や知識層には自由主義者が多かったからだ。そのことは英米への宣戦布告がイギリスへは伝達されたが、アメリカ駐在のタイ大使は伝達しなかった点にも示された。

それればかりではない。主要閣僚はもちろん、警察長官、タマサート大学総長もメンバーとなって、ひそかに「自由タイ運動」が展開された。それはもっぱら、日本軍の情報を連合国に通報するというかたちで行なわれた。

日本はタイ産出の生ゴムと錫《すず》の全量を供給させ（特別円により支払い）、軍事費を負担させたのでインフレが昂進。さらに日本軍は、大小の飛行場、泰緬《たいめん》鉄道、クラ地峡横断鉄道などの建設に多くのタイ人を動員した。

僧侶に対する粗雑な応対、動員した労働者へのビンタなどの暴力沙汰、水浴で裸体を見せる日本軍兵士のふるまいなど、〝同盟国〟日本への反感をつのらせる出来事は日常茶飯事だった。

日本の敗戦後、タイは「対英米宣戦布告の無効」を宣言する一方、失地回復の意味でタイに編入された英領マレーの一部（ブリケ、ケダ、ケランタン、トレガンヌ）をいち早くイギリスに返還する。結局、タイの戦時中からの協力が決め手となって、タイは敗戦国扱いとはならなかったのである。

●タイ国革命記念日（10周年）に閲兵するピブン首相

●バンコクで示威行進するインド独立大会。タイにはインド、ビルマからの独立運動家が集まっていた

●当時のバンコクの水上都市

●当時のバンコクの日本大使館

●日本とタイは開戦後に攻守同盟を結んだ。それを記念にタイに向かう広田弘毅元首相を東京駅に見送る軍関係者

民族の尊厳を否定した日本の南方統治政策

愚劣な欧米植民地統治の轍を踏んだ日本の愚

日本の大東亜共栄圏は、「大東亜の各国および各民族をして各々その所を得しめ、（日本）帝国を核心とする道義に基づく共存共栄の秩序」（東条英機首相の開戦二カ月目の議会演説）を確立することだった。

日本・日本民族が親分で、各国・各民族は、日本が割り当てた役割を演じる子分という設定だ。

日本は自国の欲する物資をいいように奪い、農民を大量に連行して飛行場、鉄道などの建設現場に投入したし、若い女性を将兵のセックス・スレイブ（慰安婦）に貶《おとし》めた。

もうそれだけでも民族の尊厳は決定的に傷つけられたが、さらに追い打ちをかけるように日本語教育に熱を入れた。

マレーにも、フィリピンにも、ビルマにも、インドネシアにも、日本語教師として多くの民間人が海を渡った。

占領された国民は必要に迫られて日本語を学習したが、日本はたんなる〝道具としての日本語〟普及とは思っていなかった。

すなわち、「新しき国民がたとえ片言隻語《へんげんせきご》なりとも悉《ことごと》く日本語を語る日こそ、大東亜共栄圏の実があがった日である」（マレー、スマトラ島の『日本語普及運動宣言』）という意気込みで教えたのである。

太平洋戦争が開始されたとき、植民地朝鮮ではすでに朝鮮語の学習が禁止されていた。それは神社参拝や宮城遙拝《ようはい》（皇居の方角を向いて最敬礼すること）の強要と相まって、他民族を皇民（日本人）化する最後の手段だったが、新しい広大な占領地で日本軍はそれをやろうとしたのである。

そのやり方は、キリスト教を強要し、自国語の普及で植民地人の尊厳を奪ってきた欧米諸国と変わらぬ愚劣な統治法にほかならなかった。

●シンガポール「昭南日本学園」でコピア帽のマレー青年に日本語を教える授業風景。日本は占領後、シンガポールを昭南と改名した

●ジャワ島での日本語教育

●ジャワ島にまで二宮金次郎の像を運んだ日本

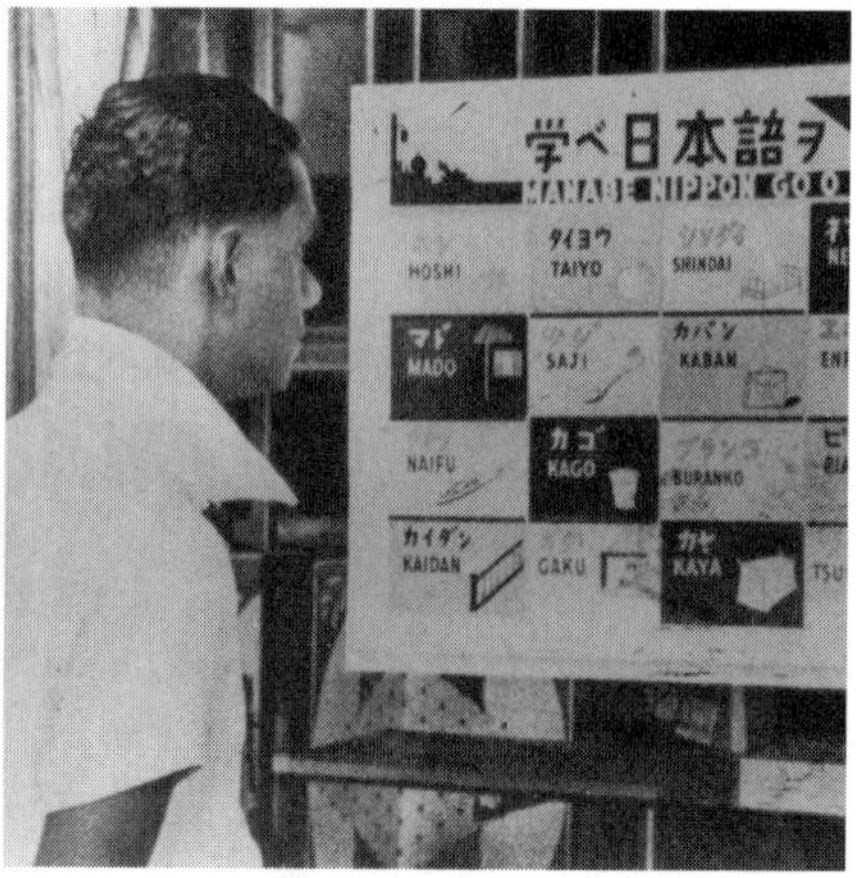

●ショーウインドウに貼られた「学べ日本語ヲ」の絵入りポスター

●インドネシアでの日本の統治法「三亜運動」の発足

連合艦隊のインド洋作戦は何が目的だったか？

「南雲機動部隊の南方遠征は不必要だった」と言われる理由

インド洋作戦というのは、南雲《なぐも》機動部隊の空母五隻がインド洋に進出して、セイロン（現スリランカ）のイギリス艦隊基地を攻撃し、日本軍のビルマ進攻を支援する作戦だった。小型だがイギリス空母を撃沈し、イギリス海軍が事実上、インド洋を放棄するなどの成果があったとされる。

しかしながら、南雲機動部隊の本来の任務は、アメリカ機動部隊を撃退することだった。その観点からすれば、南雲機動部隊はインド洋ではなく、あくまでも西太平洋上で作戦すべきではなかったか、という批判が生まれるのは当然だ。

実際、ハワイの米太平洋艦隊は二月から三月にかけて、空母一、二隻によるヒット・エンド・ランを行なっていた。マーシャル諸島やギルバート諸島、ウェーク島や南鳥島、ラバウルや、ラエ（東部ニューギニア北岸）などで、大半は日本軍が足早に占領したところだ。こっそり忍びより、航空攻撃で一撃を浴びせたら、サッと引き揚げる。

アメリカ軍は、真珠湾奇襲による深手から、まだ本格的な作戦はできないのだ。ヒット・エンド・ランは精一杯の反撃であるとともに、ハワイ～オーストラリアの太平洋交通線を確保するという実際的な目的があった。

ニミッツ大将は書いている。「連合国にとって幸運であったことは、この間、日本がその空母を最大限に活用しなかったことである」と。

日本は一時的に空母「翔鶴《しょうかく》」「瑞鶴《ずいかく》」を西太平洋に派遣したが、それもインド洋作戦投入のため早々に引き揚げた。その間隙をついて空母「エンタープライズ」が西進、途中で空母「ホーネット」も合流してドゥーリットルによる東京空襲を敢行したのは、インド洋作戦の十日後のことである。

●艦艇を上空から護衛するインド洋の艦上機

●1936年当時のイギリス統治下のセイロン島コロンボ

●1936年当時のイギリス統治下のセイロン島コロンボ

「大勝利」のはずのインド洋作戦で失ったもの

〝神の恵み〟か？ 日本海軍からダメ押しの教訓を得た米英の作戦家

「ソマービル艦隊が発見されなかったのは、まったく神の恵みというほかかない」

これはイギリスの『海戦史』（S・W・ロスキル著）のなかの一節だ。ソマービルはイギリス東洋艦隊を率いていた大将。南雲《なぐも》機動部隊がインド洋を支配していた同艦隊を発見できず、セイロンの軍港トリンコマリーやコロンボを空襲し、逃げ遅れの重巡二隻、小型空母一隻のみの撃沈でさっさと引き揚げてくれたからである。ソマービル艦隊は最終的にはモルジブ諸島のアッズ環礁《かんしょう》に逃げ込んだが、その直前、日本軍偵察機は艦隊の一〇〇キロ近くまで飛行していたことが判明している。まさにイギリス軍には〝神の恵み〟だった。

南雲機動部隊は、アッズ環礁がイギリス東洋艦隊の根拠地になっていることに気づいていなかった。それで艦隊本隊がどこか遠くへ逃げ込んだと勘違いし、小型空母と重巡二隻の獲物だけで、大勝利と疑わなかったのである。

しかし、一撃しておきながら敵艦隊を徹底的に攻撃しないという戦術は、日本海軍の悪《あ》しき〝お家芸〟ではあった。ハワイ作戦でも、石油タンク群などへの第二撃はもちろん、港内にいなかった空母の徹底捜索は行なわずにさっさと帰路についた。

インド洋作戦から四カ月後の第一次ソロモン海戦でも、出会い頭の大勝利に満足して早々ときびすを返している。こうした淡泊ともいえる日本海軍の行動は、連合軍の作戦家からは容易に手の内を読まれることにつながった。

失敗しても前回同様の戦術で攻撃をしかけてくる日本海軍の戦法に、相手は何か裏があるのではと最初は疑ったが、結局はそれが日本海軍なのだと納得したそうだ。

◆インド洋作戦

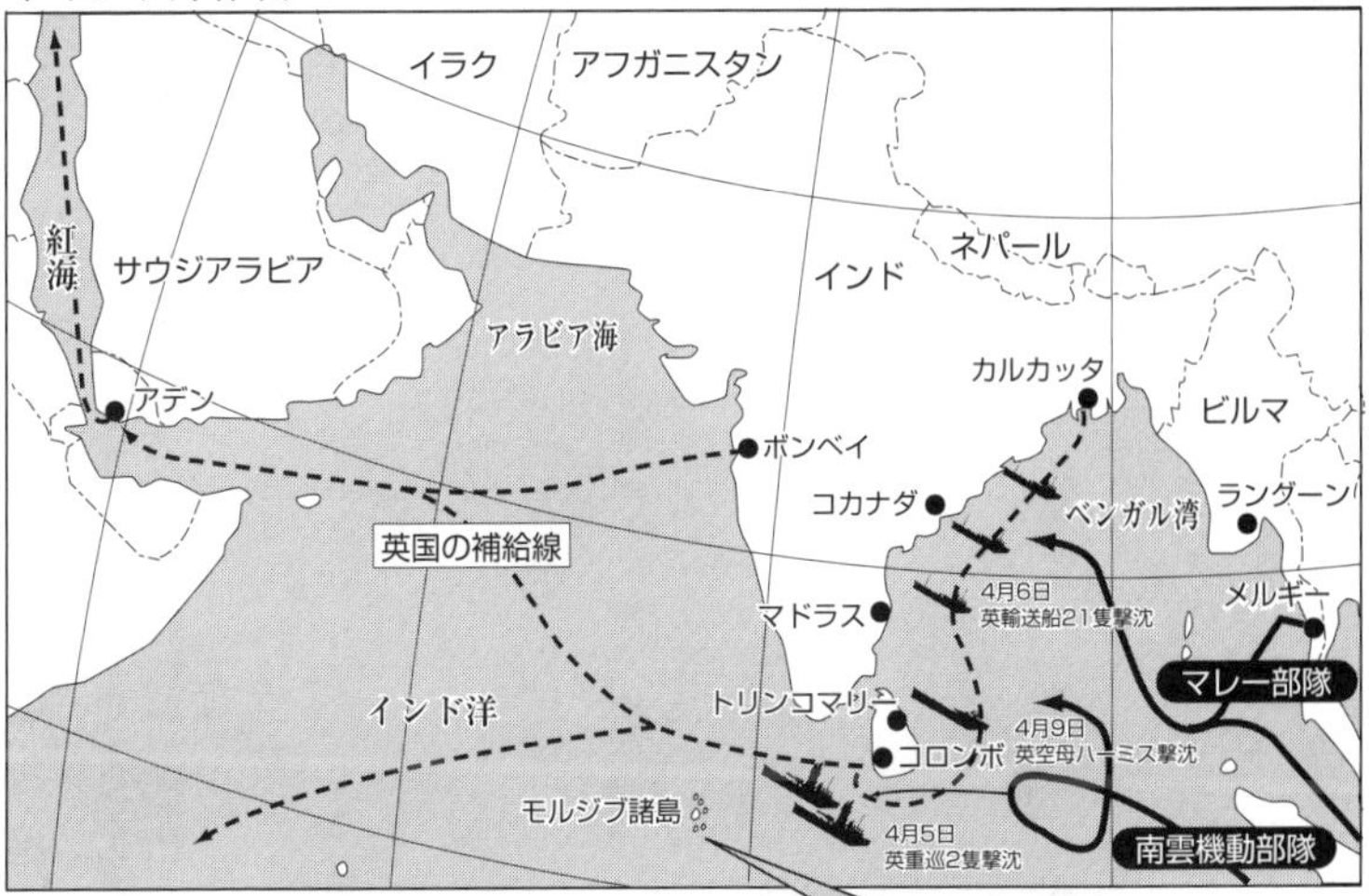
イラク
アフガニスタン
紅海
サウジアラビア
ネパール
インド
アラビア海
カルカッタ
ビルマ
アデン
ボンベイ
コカナダ
ベンガル湾
ラングーン
英国の補給線
4月6日
英輸送船21隻撃沈
マドラス
メルギー
マレー部隊
トリンコマリー
インド洋
4月9日
英空母ハーミス撃沈
コロンボ
モルジブ諸島
4月5日
英重巡2隻撃沈
南雲機動部隊

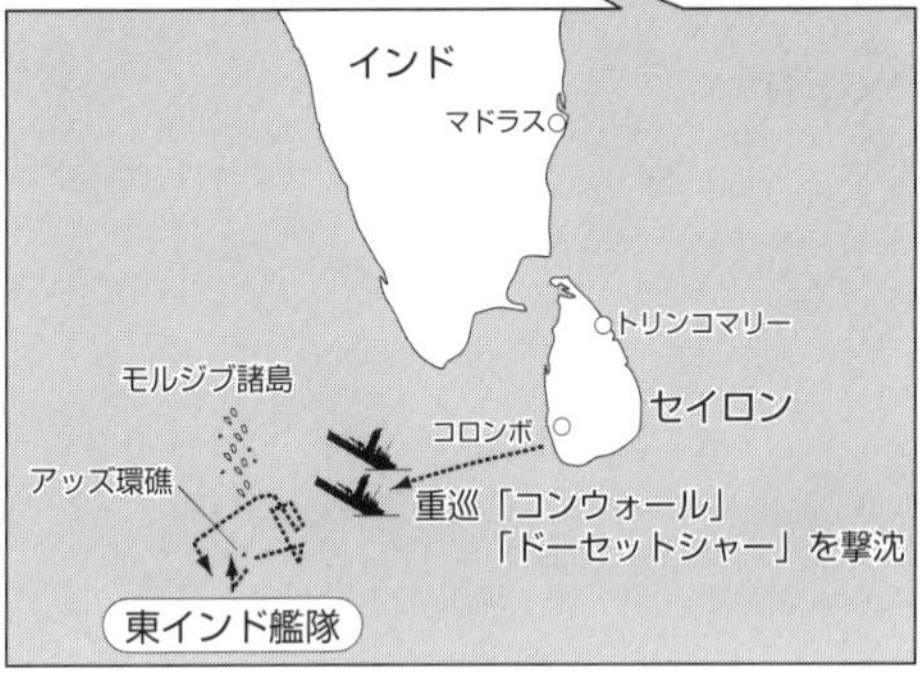
インド
マドラス
トリンコマリー
セイロン
モルジブ諸島
コロンボ
アッズ環礁
重巡「コンウォール」
「ドーセットシャー」を撃沈
東インド艦隊

◆世界に分布するイギリス海軍の根拠地

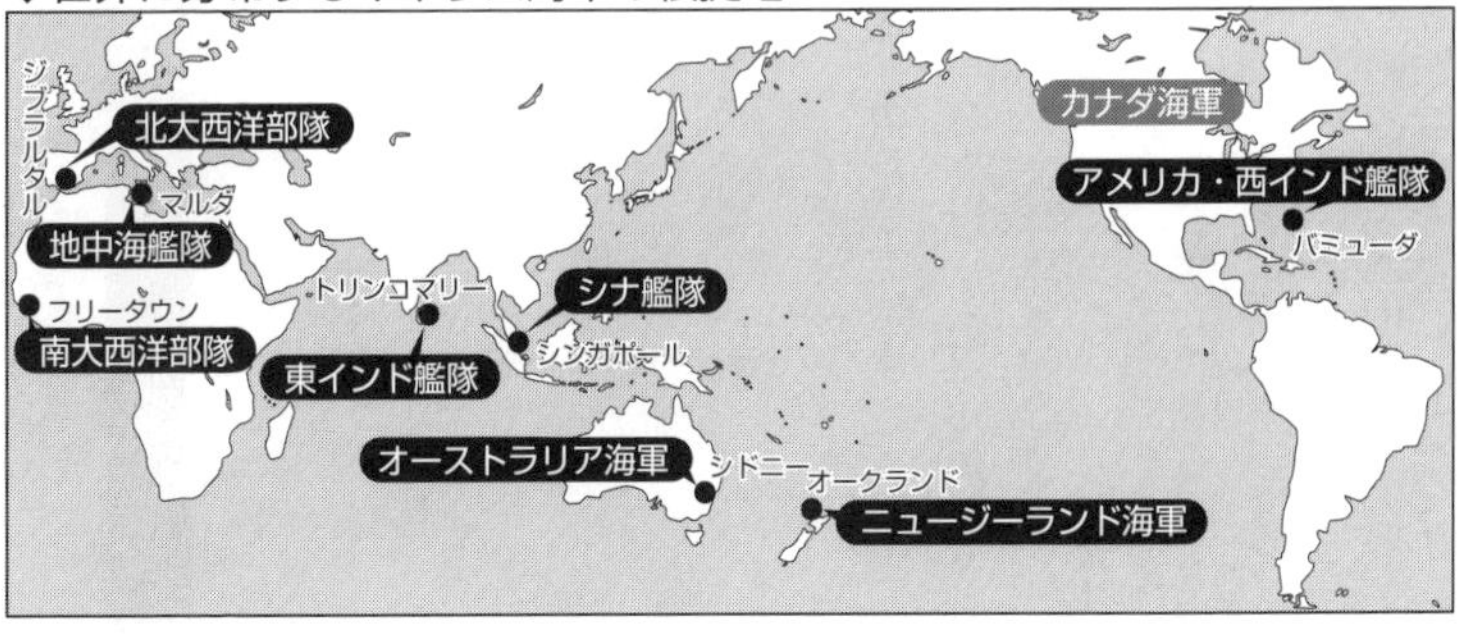
ジブラルタル
北大西洋部隊
マルタ
地中海艦隊
フリータウン
南大西洋部隊
トリンコマリー
東インド艦隊
シナ艦隊
シンガポール
オーストラリア海軍
シドニー
オークランド
ニュージーランド海軍
カナダ海軍
アメリカ・西インド艦隊
バミューダ

残された戦力をフル活用した米太平洋艦隊

「仇討ち達成！」で米国民を驚喜させたニミッツ新司令長官

日本の真珠湾攻撃後、合衆国艦隊司令長官にキング大将が就任し、太平洋艦隊司令長官にはニミッツ少将が大将に仮昇進して就任した。

だが二人に残された戦力は、空母「サラトガ」「レキシントン」「エンタープライズ」、大西洋から回航予定の空母「ヨークタウン」と潜水艦部隊だけだった。しかも一九四二年一月十一日に「サラトガ」がオアフ島の南西で日本潜水艦の雷撃を受けて戦列から離れてしまった。

キングは、日本軍が占領したギルバート諸島のマキン、日本の委任統治領のマーシャル諸島などへの攻撃をニミッツに命じた。真珠湾の戦艦群に続いて空母部隊も失う恐れはあるが、黙っているわけにはいかない。いま日本軍を牽制することは米豪間の通商航路を保護することにもなり、攻撃に成功すれば、軍や国内の士気を回復させるのに大いに役立つと考えたのだ。

ニミッツの作戦に幕僚は全員が反対した。ただ一人、機動部隊指揮官のハルゼー中将だけが賛成し、作戦は強行された。二月一日、フレッチャー少将指揮の「ヨークタウン」隊がマキンとマーシャル諸島のヤルート、ミリを空襲、「エンタープライズ」隊はマーシャル諸島のウォッゼ、マロエラップ、クェゼリンを空爆した。

日本海軍の基地でもあるクェゼリンの被害は甚大で、アメリカの新聞は久々の勝利に熱狂的な報道をした。キングの狙いは当たったのである。

さらに「エンタープライズ」隊は北上して二月二十四日にはウェーク島を、三月四日には南鳥島を空襲した。このため日本の連合艦隊は南雲機動部隊から空母「翔鶴《しょうかく》」「瑞鶴《ずいかく》」を引き抜き、沿岸警戒にあたらせなければならなかったのだ。

●米軍機の爆撃を受けるマーシャル諸島ヤルート島

●ニミッツ海軍大将

●アーネスト・J・キング海軍大将

◆米機動部隊のヒット・エンド・ラン作戦(1942年)

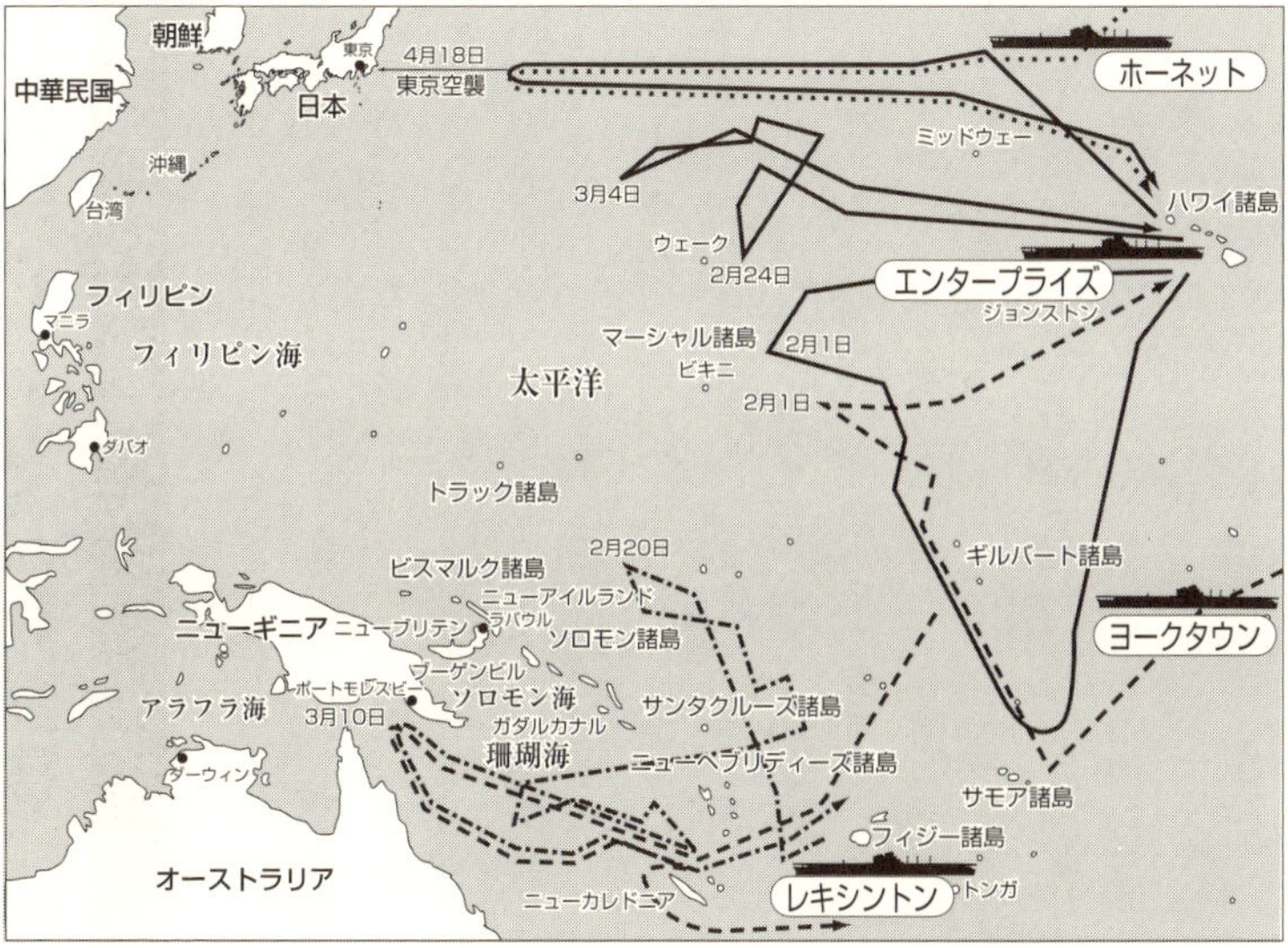

米軍がドゥーリットル空襲を敢行した理由

「心の戦果」と「心のダメージ」を最優先したアメリカの遠大な戦略

開戦以来、日本軍はマレー・シンガポールを席巻、フィリピンを蹂躙《じゅうりん》し、米領のウェーク島とグアム島も占領するなど、まさに破竹の勢いだった。米国民にも兵士たちにも暗鬱《あんうつ》の空気が漂っている。ルーズベルト大統領は米軍首脳に「国民をワッと沸き立たせる作戦を考えてくれ」と要望した。一九四二年一月のことだったという。

ルーズベルトは、これからの長い戦争を戦うには、まずアメリカ国民の心を癒《いや》し、自信を取り戻させる「朗報」が必要であると考えたのである。要望の答は決まっている。真珠湾の報復だ。すなわち「東京空襲」である。

ただ、空母艦載機による東京空襲はあまりにも危険だ。しかし、日米開戦後に合衆国艦隊司令長官に就任したキング大将の作戦参謀ロー大佐が、とんでもない作戦を具申してきた。

空母から航続距離の長い陸軍のB25爆撃機を発進させ、東京を爆撃したあと中国の基地に着陸させるという奇想天外な作戦である。

キングは陸軍航空隊総司令官のアーノルド中将に相談した。アーノルドは乗り気になり、歴戦のパイロット、ドゥーリットル中佐を隊長に指名、一六組のクルーを選ばせて訓練に入った。

その年の四月十八日、一六機のB25爆撃機は空母「ホーネット」を無事飛び立った。そして太平洋を六五〇マイル飛び、一三機が東京を爆撃し、残り三機が名古屋、大阪、神戸を爆撃して中国に飛び去ったのである。

ドゥーリットル空襲が日本軍部に与えた衝撃は大きかった。そしてこの東京初空襲が、米国民を歓喜の渦に巻き込んだのはいうまでもない。ドゥーリットル中佐は二階級特進で准将に昇進した。

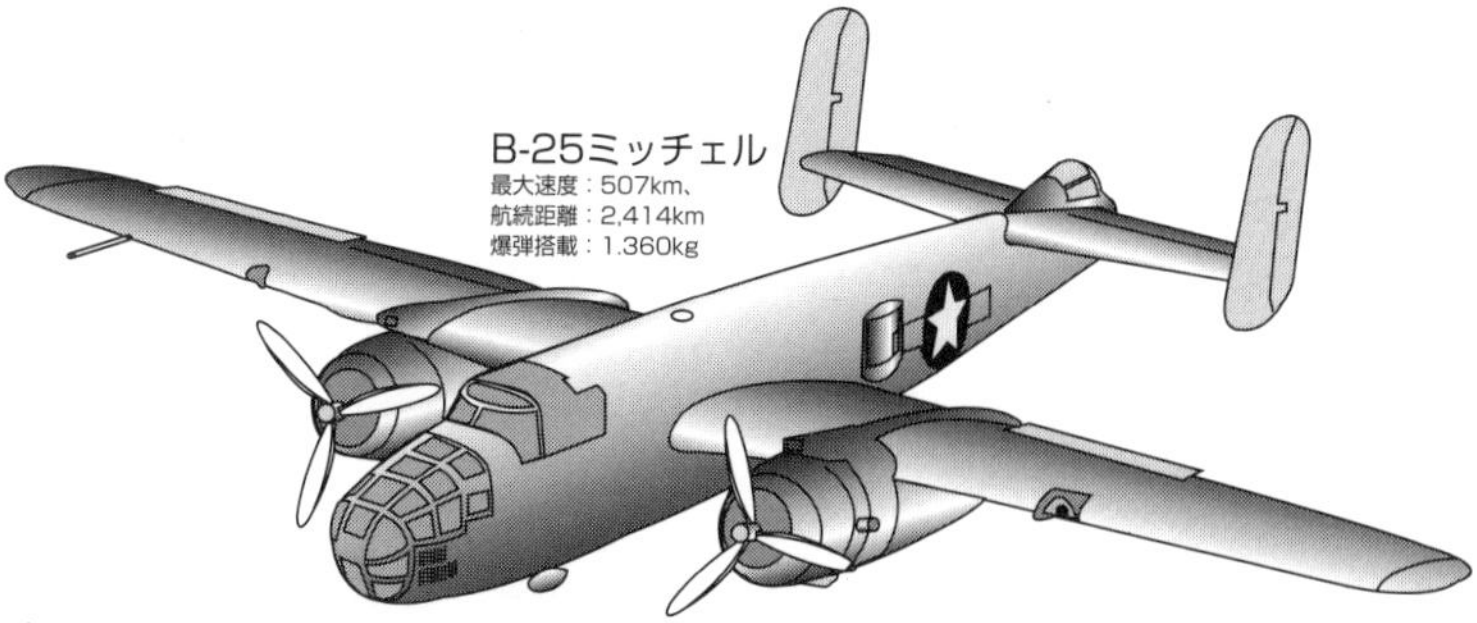
B-25ミッチェル
最大速度：507km、
航続距離：2,414km
爆弾搭載：1.360kg

◆ドゥーリットル隊の飛行経路

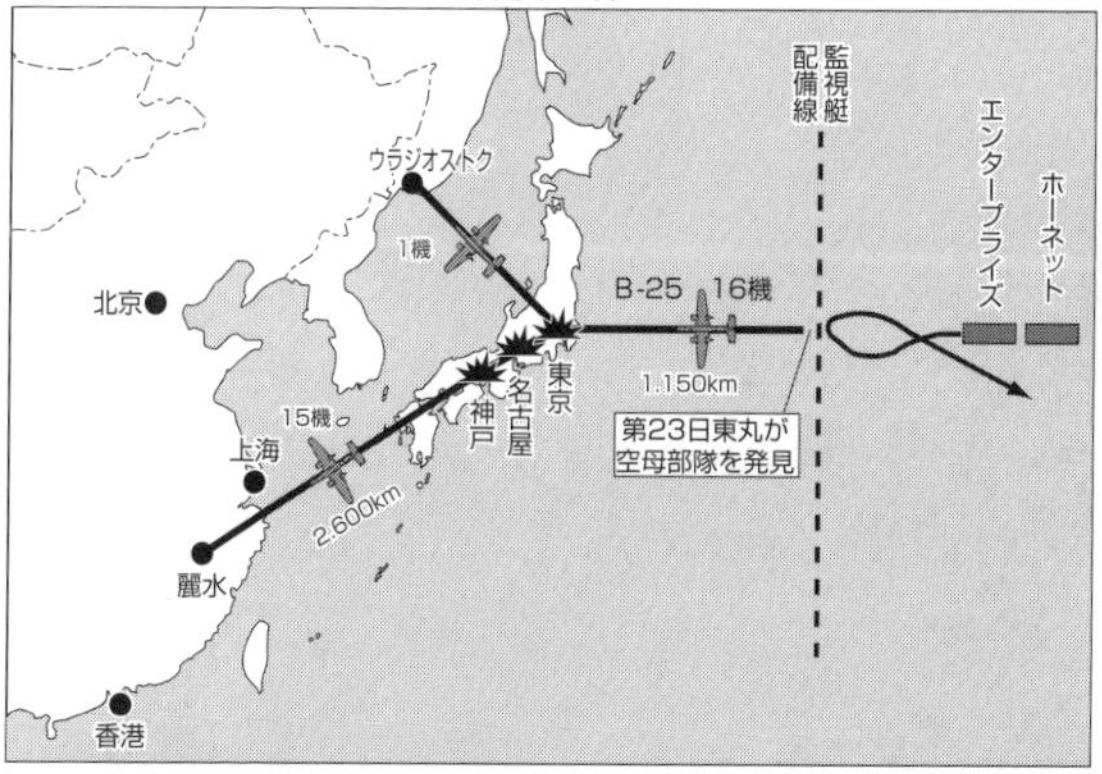
監視艇配備線
エンタープライズ
ホーネット
ウラジオストク
1機
B-25　16機
1.150km
北京
東京
名古屋
神戸
15機
上海
2.600km
麗水
香港
第23日東丸が
空母部隊を発見

●ドゥーリットル隊の空襲で犠牲になった東京・荒川小学校の少年

●空母「ホーネット」に積み込まれたB25爆撃機

油田は確保、それでも石油不足に陥ったのは?

陸軍の石油を海軍へ勝手に回すな! というセクショナリズム

日本軍が占領した〝念願の油田〟は、インドネシアのスマトラ島とボルネオ島に集中していた。全体の年産は約一〇〇〇万キロリットルで、当時の平時消費量の約三倍にあたる。

奇妙だったのは、このうち産出量の八五パーセントの油田を陸軍が管理したことである。その主要生産地はスマトラ島のパレンバン（年産四〇〇万キロリットル）だった。石油消費量が最も多い海軍は量より質とばかり、ボルネオ島東部のタラカン（軍艦用の優良油田）、バリクパパン（インドネシアにおける航空機用高級潤滑油の唯一の生産地）、サンガサンガ（バリクパパンの隣接油田）のみを管理した。油田の管理はその地域の軍政と一体だったので、海軍は、人員も少なく経験もほとんどなかった軍政を避けたかったともいわれる。

結果的にはこれが災いして海軍は石油不足に陥った。海軍は開戦第一年目の石油消費量を二八〇万キロリットルと予測していたが、実際には四八五万キロリットル消費した。ミッドウェー海戦の敗北に続くソロモン海域のたび重なる海戦で、開戦一年もたないうちに上記油田の石油では足りなくなった。

ソロモン海域での戦いで巨大戦艦「大和《やまと》」「武蔵《むさし》」がトラック環礁に係留されたままだったのは、巨艦が出動すれば莫大な石油を消費するという懸念もあったようだ。

こんな海軍の苦境に、陸軍は積極的に手を差し伸べたのか。そんなことはなかった。陸軍の石油は陸軍の石油であって、時間をかけて手続きを踏み、理由をつけて、お百度を踏まなければ陸軍は海軍に石油を回さなかった。パレンバンで見かねた現地指揮官が上部に無断で海軍の油送船に石油を分けたら、たいへんな叱責を受けたそうである。

●蘭印ボルネオ島のサンガサンガ油田

●打ち壊されたボルネオ島バリクパパンの精油所

●海軍が運営したボルネオ島バリクパパンの油送管

●原油を噴き出すボルネオ島バリクパパンのスンポジア油田

シーレーン防衛の発想がなかった大本営

開戦三年目にやっとできた海上護衛総司令部

石油のために開戦したのに、肝心の海軍は開戦一年足らずで深刻な石油不足に悩まなければならなかった。

その理由は前項でふれたように、第一には石油を国家として統一的に管理せず、「陸軍の石油」「海軍の石油」と最初から分けてしまったことである。

第二は、海軍自身の責任もあった。インドネシアの石油を実際の戦力に活用するには、それをタンカーで日本へ運ばなければならないが、そのシーレーン防衛に海軍が失敗したことである。失敗というよりシーレーン防衛を軽く見ていたことである。

シーレーンを妨害する最大の敵は、潜水艦と考えられたが、日本海軍はアメリカ海軍の潜水艦作戦能力を過小評価していた。

実際には太平洋戦争に先だっての二年数カ月、英海軍は大西洋においてドイツ潜水艦と激烈なシーレーン攻防戦を戦った。そしてついに守りきったのだが、その実績を日本海軍はまったく見落としていたのだ。

日本海軍は、インドネシアなどの占領後、形ばかりではあったが、第一護衛隊（南西航路）と第二護衛隊（南東航路）を発足させたが、それを統一指揮する海上護衛総司令部の創設は、開戦三年を迎えようとしていた一九四三（昭和十八）年十一月十五日。すでに日本軍は敗色濃厚となっていた。

海軍がこんなに悠長だったのは、開戦後二年間は、戦前の予想を上回る石油を無事に輸送できたからであろうか（第一年目の予想：三〇〇万キロリットル、実績：二〇〇万キロリットル、実績：二六五万キロリットル。第二年目の予想：二〇〇万キロリットル）。

しかし、第三年目以降はシーレーンは壊滅的打撃を受け、タンカーのほぼすべてが撃沈された。

●銃後は頑張っていたが…

●飛行機生産に励むが、ガソリンは…？

●精製されて搬出を待つ豊富な石油

◆海域別に見た日本船舶の被害

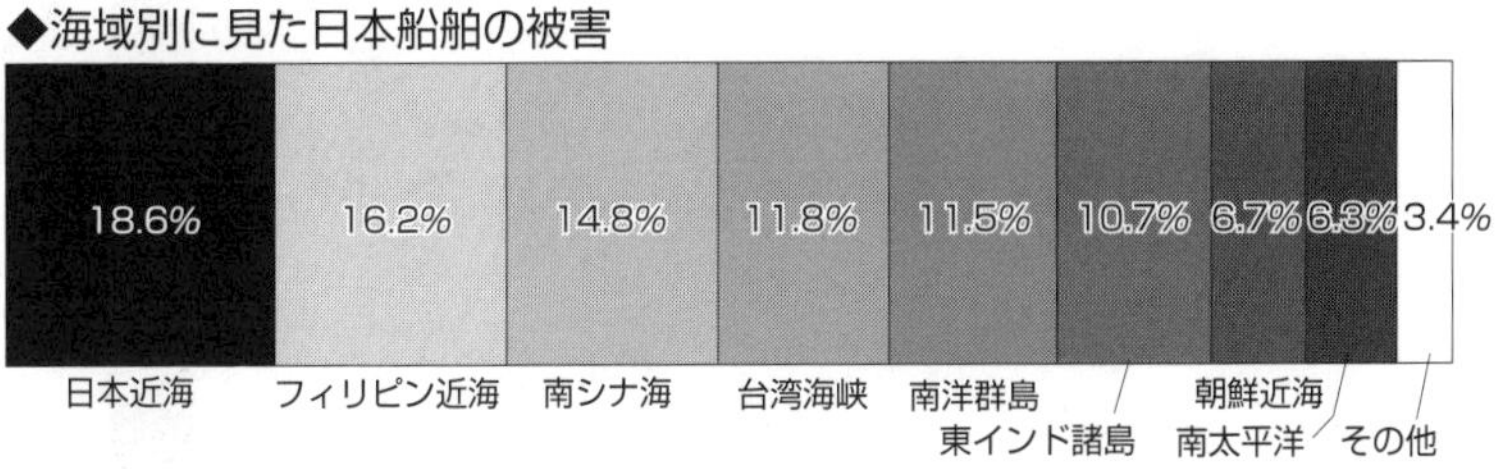
18.6%
16.2%
14.8%
11.8%
11.5%
10.7%
6.7%
6.3%
3.4%
日本近海
フィリピン近海
南シナ海
台湾海峡
南洋群島
東インド諸島
朝鮮近海
南太平洋
その他

インドネシアの日本領土編入で露呈した野心

労働力、食糧、石油に目がくらみすぎた軍部と政府

蘭印、すなわちインドネシアは、日本が占領した地域としては最も資源が豊富なところだった。インドネシアでは、独立インドネシア委員会が日本軍への協力を謳《うた》い、早期独立達成への夢をふくらませ、実際、日本軍に積極的に協力し、オランダ軍降伏に大きく貢献した。

はたしてインドネシア人は希望どおりに独立できたのだろうか。答は「否」である。

日本は一九四三（昭和十八）年五月三十一日の御《ご》前《ぜん》会議で、ビルマとフィリピンに独立を認め、インドネシアとマレーは日本領土に編入することを決定した（「大東亜政略指導大綱」）。名目だけとはいえ独立させると、石油をはじめ豊富な資源を自由にできなくなることを恐れたのである。

かつて統一国家が存在しなかったマレー半島はともかく、インドネシアにはハッタやスカルノなどを指導者とした、しっかりとした政権の受け皿があったのだから、資源に目がくらんだとしか思えない。

この決定が、〃アジアの解放〃と〃大東亜共栄圏の建設〃という、建て前としての戦争目的に外れていることは誰がみても明らかだったので、日本領土編入の件は公表しないと決定した。

もともと占領地においてはその独立を促進するという政策は二の次で、まず日本のために資源を使うことを決めて、戦争に入ったのである。

「国防資源取得と占領軍（日本軍）の自活のため、民政に及ぼさざるを得ざる重圧（必然的に占領地住民の生活に及ぶ重圧）は、これを耐え忍ばせ……」（「南方占領地行政実施要領」の第七項目）とあるとおりだった。

だから、早くから独立運動が燃えさかることは避ける（同第八項目）としていたのである。

◆蘭印（インドネシア）の資源

蘭領東インド
ボーキサイト：年産40万トン
鉄鉱：埋蔵量10億トン
ビンタン島
シンケプ島
バンカ島
ビリトン島
ボルネオ島
ハルマヘラ島
スマトラ島
セレベス島
セラム島
ニューギニア
石油：年産1000万トン
ニッケル
錫：年産3〜4万トン
マンガン：年産1万2000トン
ジャワ島
バリ島
フロレス島
スンバワ島
スンバ島
チモール島
ゴム：年産約45万トン
キニーネ：世界総生産の93%
カポック綿：世界総生産の78%
砂糖：世界三大生産のひとつ
石炭：年産150万トン、硫黄、タングステンなど

●日本を訪れたインドネシア
指導者の第一人者スカルノ

●ジャワ島チャルバンで現地民から親指を立てて
歓迎される日本軍

◆第二次大戦後に独立したアジア各国

ソ連
蒙古人民共和国
1945国民政府が承認
(1924独立)
日本
朝鮮民主主義人民共和国
1948.9新政権成立
アフガニスタン王国
大韓民国
1948.8新政権成立
中華人民共和国
1949.10中国共産党政府成立
パキスタン
1947.8独立（英連邦内自治領）
宗教の相違によってインドより分離
1953.10独立
ラオス王国
中華民国
中国本土より追われる
インド共和国
1947.8独立（英連邦内自治領）
1950.1共和国成立
東パキスタン
1947.8独立（英連邦内自治領）
宗教の相違によってインドより分離
現バングラデシュ
タイ王国
ヴェトナム民主共和国
1945建国宣言
フィリピン共和国
1946.6独立
ヴェトナム共和国
1955.10独立
ビルマ共和国
1948.1独立
現ミャンマー
カンボジア王国
1954.7独立
1948.2連邦結成
セイロン
1948.2独立（英連邦内自治領）
現スリランカ
マラヤ連邦
シンガポール
1959.6独立
インドネシア共和国
1945.8独立（オランダ連邦内）
1954.8完全独立
オーストラリア

コラム3

上空でドゥーリットル隊とすれ違った東条機

日本中が連戦連勝に沸く昭和十七年四月十八日昼頃、大日本帝国のナンバー・ワン東条英機《とうじょうひでき》陸軍大将（首相・内相・陸相）は、秘書官たち随員とともに宇都宮飛行場からMC二〇輸送機に搭乗、水戸の航空通信学校へ視察に赴いた。

気楽な国内視察とあって、護衛の戦闘機など付けない単機の飛行だった。

空はどんよりした花曇りだった。MC二〇機が水戸に近づくと、防空戦闘機がさかんに飛び立つのが見えた。実戦さながらの演習ぶりに、機内のご一行は感心して眺めていた。

やがてMC二〇機は水戸近郊の基地に着陸した。飛行場の司令をはじめ、関係者が血相を変えて走り寄ってきた。

聞けば、十数機の米軍爆撃機が鹿島灘上空から侵入、正午から約三〇分間にわたって東京を空襲し、北方へ飛び去ったという。

米軍機の飛行ルート、航行時刻などからみて、東条機は関東平野の上空で敵編隊とすれ違っていたことになる。

一同はギョッとして、しばし顔を見合わせたまま言葉を失っていたという。

●東京空襲に飛び立つドゥーリットル隊のB25爆撃機

●戦意高揚に各地を視察した東条首相

第4章 補給なき最前線

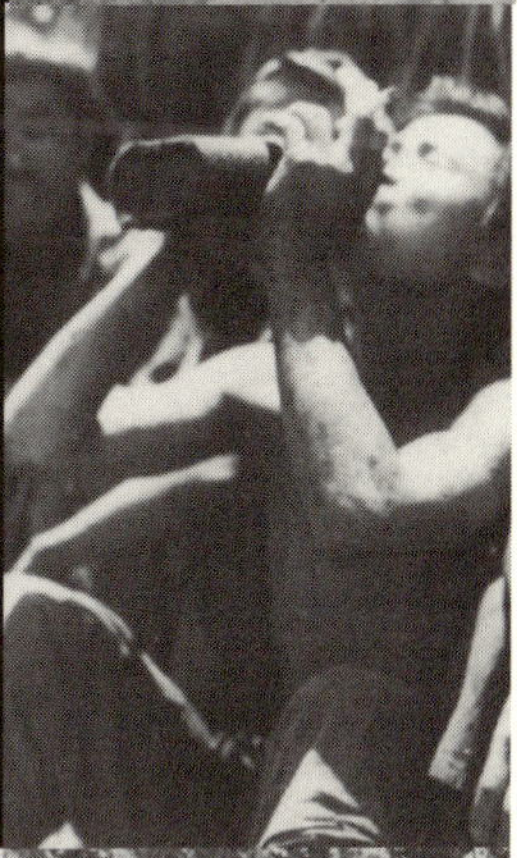

ガダルカナル島を知らなかった大本営陸軍部

陸・海軍バラバラで作戦を遂行していた信じられない実態

ガダルカナル島は当初、日本海軍が飛行場を造ろうとして三〇〇〇人程度の設営隊を送り込んでいたところだ。海軍の作戦だから、陸軍は知らなかった。いや、一応はガ島が南東方面の東端に近く、米豪遮《べいごう》断戦略の要《かなめ》としての飛行場建設だったから、大本営海軍部から大本営陸軍部へ、何らかのかたちで通知はしてあったという。

しかし、飛行場ができた頃を見計らってアメリカ軍が上陸したという第一報がもたらされた際、大本営陸軍部作戦課長（服部卓四郎《はっとりたくしろう》大佐）は、海軍がガ島に飛行場を造っていたことを知らなかった、と述べている（「ガダルカナル島作戦計画」『実録太平洋戦争2』）。

日中戦争以来、太平洋戦争でも陸軍は陸軍の、海軍は海軍の思惑《おもわく》で戦争をしていたのである。ごく初期、南方地域の占領作戦では、それなりに緊密な協力関係が生まれたが、それが終わるともう真の連携プレイはなかったといってよい。

そもそも、陸軍はラバウル占領にも反対だった。資源もなく遠すぎたからである。したがって、ポートモレスビーの攻略戦も気が進まなかった。

陸軍は、海軍が提案したオーストラリア上陸作戦だけは〝兵力なし〟を理由に猛烈に反対し、ついに断念させた。ポートモレスビー攻略にしろ、FS作戦（フィジー、サモア、ニューカレドニア諸島の占領。実際には作戦は行なわれなかった）にしろ、オーストラリア上陸作戦の代替案として渋々認めただけのことだった。

そのガ島奪還第一陣として、一木《いちき》支隊が送り込まれたが、この部隊は海軍の要請で仕方なく編成したミッドウェー島上陸部隊だった。

ミッドウェー作戦も、陸軍は反対だったのである。

◆ソロモン諸島と東部ニューギニア

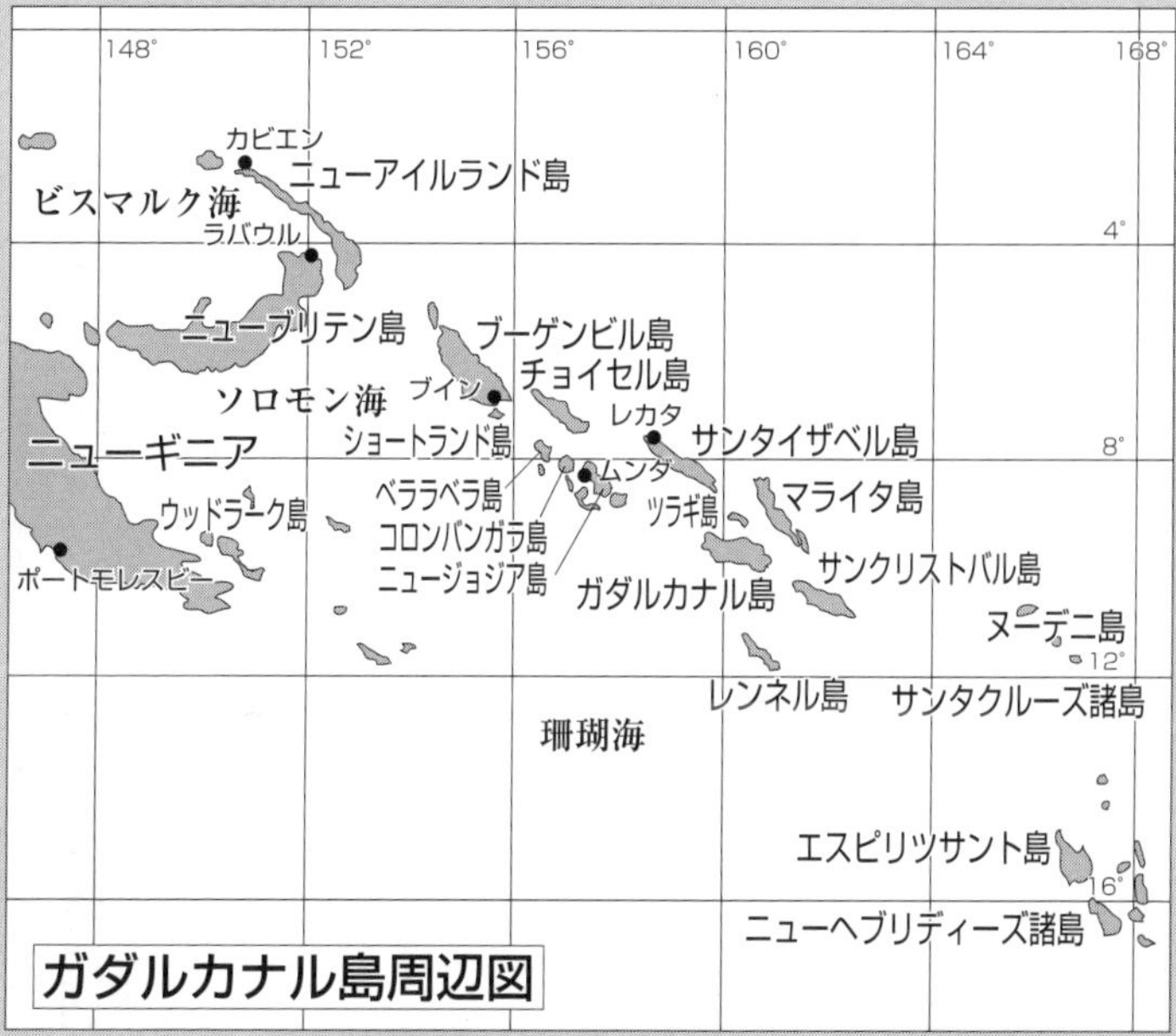
148°
152°
156°
160°
164°
168°
4°
8°
12°
16°
カビエン
ニューアイルランド島
ビスマルク海
ラバウル
ニューブリテン島
ブーゲンビル島
チョイセル島
ブイン
ソロモン海
レカタ
ショートランド島
サンタイザベル島
ニューギニア
ムンダ
ベララベラ島
マライタ島
ウッドラーク島
ツラギ島
コロンバンガラ島
ポートモレスビー
ニュージョジア島
サンクリストバル島
ガダルカナル島
ヌーデニ島
レンネル島
サンタクルーズ諸島
珊瑚海
エスピリツサント島
ニューヘブリディーズ諸島
ガダルカナル島周辺図

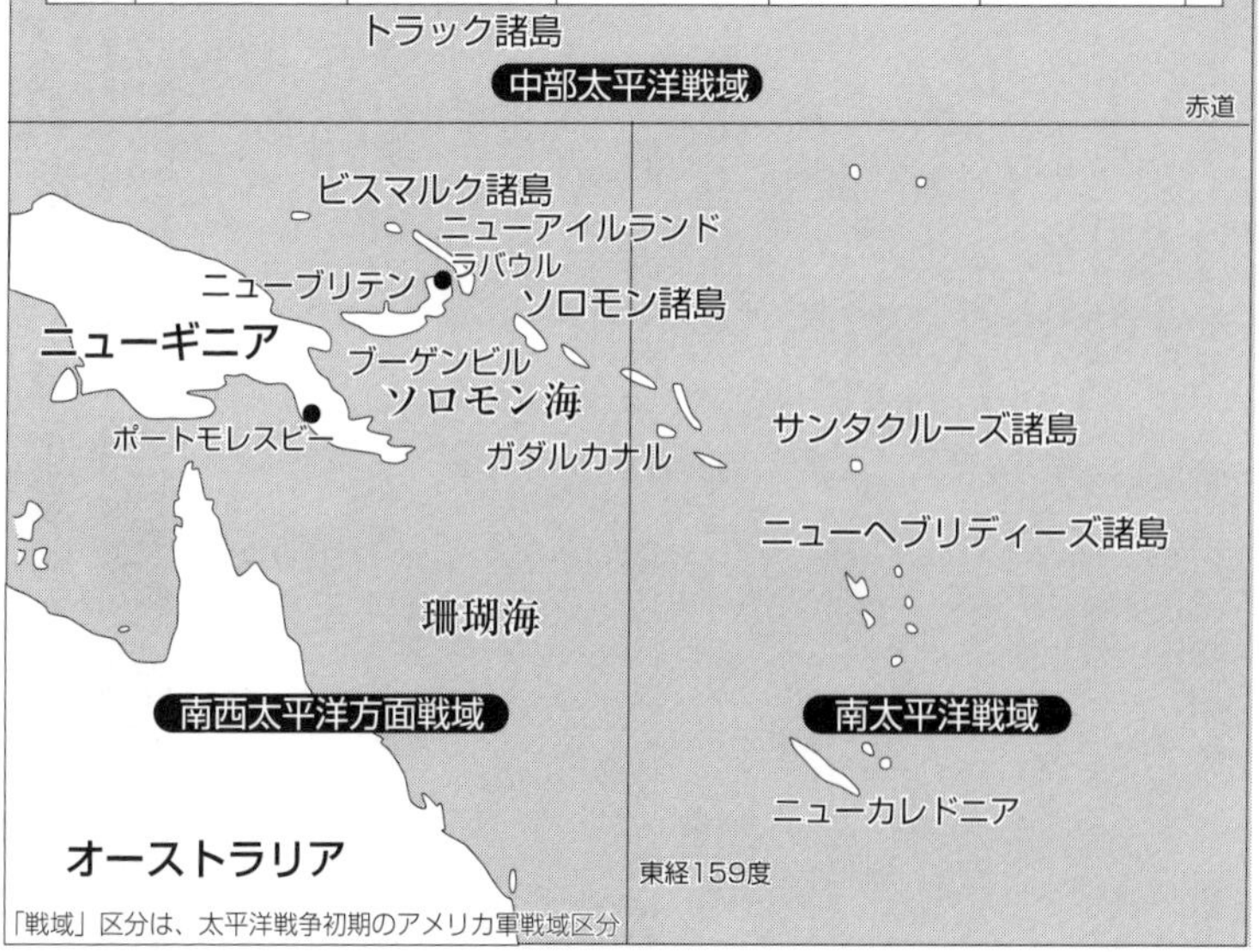
トラック諸島
中部太平洋戦域
赤道
ビスマルク諸島
ニューアイルランド
ラバウル
ニューブリテン
ソロモン諸島
ニューギニア
ブーゲンビル
ソロモン海
ポートモレスビー
ガダルカナル
サンタクルーズ諸島
ニューヘブリディーズ諸島
珊瑚海
南西太平洋方面戦域
南太平洋戦域
ニューカレドニア
オーストラリア
東経159度
「戦域」区分は、太平洋戦争初期のアメリカ軍戦域区分

米軍上陸前夜に消えた現地住民と残置諜者

実は日本軍の一挙手一投足を監視していたガ島の「親日的住民」たち

ガダルカナル島は現在、ソロモン諸島という立憲君主制国家の中心となっている。イギリス連邦に加盟しているのは、ここが長くイギリスの保護領だったからだ。

日本海軍が上陸して飛行場を造り始めたときのガ島の人口は、約三万人といわれる。そのごく一部は、日本海軍の要請に従って土木工事を手伝った。しかし、これが巧妙なワナだった。

ガ島には、すでに第一次世界大戦が終わった直後から、沿岸監視員が置かれていた。何を監視しようとしたのか。日本軍を、である。

日本は第一次世界大戦の結果、赤道以北の旧ドイツ領だった南洋群島を国際連盟委任統治領とした。事実上の日本領土である。それを機に、同じように東部ニューギニアを委任統治領としたオーストラリアと、ソロモン諸島を保護領とするイギリスは、連携して東部ニューギニアからソロモン諸島をめぐる広大な監視網を組織したのである。

赤道を〝国境〟として米豪と日本は太平洋戦争が始まる二十年も前から対峙《たいじ》していたのだ。だが日本側は、そんな監視網の存在は知らなかった。

沿岸監視の指揮はオーストラリア軍がとり、要所には海軍士官を派遣したが、現地住民を積極的に協力者に仕立て上げた。太平洋戦争が始まったとき、この監視網が底知れぬほど威力を発揮した。

ガ島の住民が積極的に飛行場建設に協力したのは、少なくとも三人のベテラン残置諜者《ちょうしゃ》の指導によった。こうして飛行場建設状況は着々と無線で報告されたのだ。

そして八月七日（一九四二〈昭和十七〉年）の上陸に備え、工事に協力していた住民は一人残らず日本軍の前から消え去ったのである。

●日本軍のガ島上陸後も島に残って諜報活動を続けたマーチン・クレメンス大尉と6人の現地人警官

●ジャングルの奥の監視地点に立つ沿岸監視隊員

●オーストラリア沿岸監視隊の隊員たち

●オーストラリア沿岸監視隊が任務に使用した「ワイワイ号」

ガ島の米軍二万人をなぜ二〇〇〇人と誤ったのか

根拠なき推測と「だろう」で決められた一木支隊の派遣

ガダルカナル島に上陸した米海兵隊は一万七〇〇〇人だった。その他の部隊を入れると約二万の大部隊である。が、ガ島奪還をめざす日本軍の推定では約二〇〇〇人だった。現地の参謀で最も多く見積もった者でも七、八〇〇〇人だった。しかし、東京の大本営海軍情報部は海兵一個師団（兵力約一万五〇〇〇人）と正確に判断していた。

ところが、この〝東京の判断〟は作戦に生かされなかった。その疑問に正確に答えている戦史はいまのところない。

当時、ガ島に最も近い日本軍根拠地は約一〇〇〇キロ北北西のラバウルである。そこには海軍の航空部隊も進出していた。飛行機を飛ばして泊地の艦船の写真撮影などをもとにすれば、上陸の兵力規模も真実に近い数値が得られたはずだが、それが行なわれたという記録はない。

最も大きな影響を与えた情報は、なんとモスクワのソ連駐在武官から寄せられたものだったという。それは「米軍のガ島方面作戦の目的は日本軍の飛行基地破壊であって、この目的を達成した米軍は目下日本海軍の勢力下にある同島より脱出に腐心している」というものだった。

これが正しい情報かどうかは、偵察機をガ島飛行場上空まで飛ばしてみたらすぐわかったろう。飛行場を破壊したのなら、そこから反撃の飛行機は出撃してこないはずである。しかし、ラバウルの航空隊がそれを実行した形跡はない。そこに派遣されていた陸攻（陸上攻撃機）なら、悠々とラバウル～ガ島間を往復できる性能をもっていた。

米兵約二〇〇〇人と確信していた一木《いちき》支隊長は、約九〇〇人で行動を開始したが、飛行場に達するはるか前方で待ち伏せされ、ほぼ全滅した。

●米陸軍部隊のガダルカナル上陸

●ガダルカナルの沿岸を哨戒する米戦車部隊

◆ソロモン諸島要図

9°
10°
160°
フロリダ島
マライタ島
インディスペンサブル海峡
サボ島
エスペランス岬
ツラギ
マタニカウ川
クルツ岬
ルンガ川
テナル川
イル川
シーラーク水道
タイポ岬
タサファロング
コカンボナ
ヘンダーソン飛行場
アウステン山
ガダルカナル島
ニューアイルランド島
アンビドル島
ラバウル
クィーンカロラ
ブカ島
ニューブリテン島
イヌマ
ブーゲンビル島
ヌマヌマ
タロキナ
トイモナブ
チョイセル島
ショートランド島
ハウロ島
スンビ
レガタ
ソロモン諸島
ベララベラ島
コロンバンガラ島
イサベル島
ニュージョージア島
アルンデル島
ムンダ
レンドバ島
フロリダ島
ラッセル島
ツラギ
ルンガ
ガダルカナル島

●小休止する米海兵隊員

●物資を揚陸する米海兵隊員

ガ島でも見せた部隊の逐次投入という愚策

「作戦の神さま」が指導した総攻撃という名の稚拙な戦術

日本陸軍は一木《いちき》支隊だけでガ島奪還が成功するとは思っていたが、念のため兵力三五〇〇人程度の新たな部隊（川口支隊）を用意していた。部隊はとりあえずラバウルをめざした。

一木支隊全滅の報に、焦る日本海軍は途中の洋上で六〇〇人ほどを駆逐艦に乗せて、ガ島へ急行した。ところが、この駆逐艦隊は空襲を受けてガ島にたどりつけなかった。ガ島の飛行場が米軍によって利用され始めたのである。

ラバウルに着いた川口支隊がガ島で戦うには、大量の兵器・弾薬と食糧を携行しなければならないが、それには輸送船が必要だ。しかし、海軍は約一〇〇〇キロ航程の輸送船団護衛に自信がなく、駆逐艦に分乗させようとした。

ところが、それでも不安だった陸軍部隊は蟻《あり》輸送を希望した。

蟻のように小さな舟艇《しゅうてい》（数十人乗りの発動機付大型ボート）で島伝いに行こうというものだ。駆逐艦は小さいがスピードがありチョロチョロ動けるのでネズミ輸送、舟艇のそれは蟻輸送と呼んだが、この蟻輸送は三分の二が途中で沈められた。

川口支隊は上陸できた兵力だけで米軍と壮烈な死闘を演じるが、兵力が少なすぎた。

大本営も大部隊を一挙に送るべきだったが、とりあえず一万人規模の第二師団を送り、総攻撃失敗後さらに第三八師団を送るという、小兵力の逐次投入に終始した。第三八師団などは輸送船の大半が途中で沈められ、ガ島海岸に乗り上げた数隻も米軍の空襲でやられてしまった。

陸軍首脳には一個師団は大兵力だったのだろうが、それ以上の兵力で固めているガ島では小兵力、ということに気づかなかったのだろうか。

◆ガダルカナル島要図

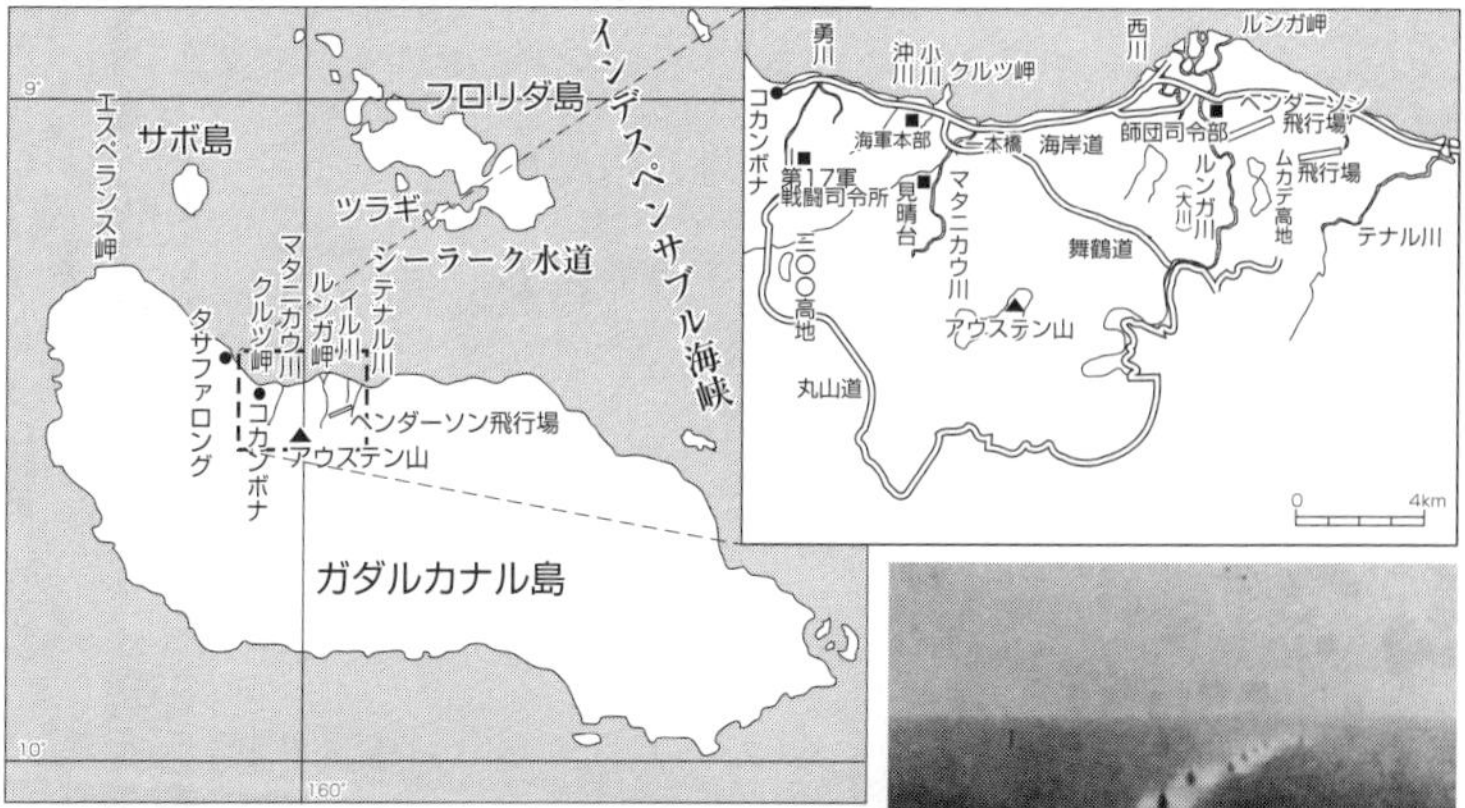

●川口支隊激闘の地、ムカデ高地

●日本海軍駆逐艦隊の輸送作戦

●小銃と機関銃程度の装備で突撃した日本軍に対して、圧倒的火力で攻撃する米軍

輸送船攻撃を怠った日本海軍の戦術思想

機動部隊が輸送船団を護衛する米軍の補給作戦

ガ島奪還作戦の最後は第三八師団を送り、合わせてすでに上陸している部隊の食糧や武器弾薬も送り届けるというものだった。輸送船一一隻が用意され、空母「隼鷹《じゅんよう》」、戦艦「霧島《きりしま》」「比叡《ひえい》」のほか駆逐艦を加えて三一隻を投入した。何がなんでもガ島に上陸させる作戦である。

ところがちょうど同じ頃、アメリカ軍も大輸送船団を組み、空母「エンタープライズ」のほか、戦艦「サウスダコタ」「ワシントン」など三〇隻を動員した。

日米艦隊の目的は輸送船団を無事にガ島に送り届けるのが第一である。同時に米艦隊には日本軍の輸送船団を空襲して沈めるという目的があった。実際、「エンタープライズ」から出撃した航空隊はガ島ルンガ飛行場から発進した航空部隊と協同して、輸送船団を襲ったのである。

六隻が沈没、一隻が航行不能となった。直接護衛が八隻いたが、すべて駆逐艦とあってはとうてい航空攻撃を防げなかった。

では、日本の空母からも米軍の輸送船団を空襲するために出撃したのか。答は「ノー」だ。日本海軍には伝統的に輸送船を沈めるのが戦争に勝つ早道、という戦略はなかった。目標はあくまでも敵軍艦であり、敵空母だったのだ。

ところがアメリカ軍はまるで違っていた。このとき沈没を免れた日本輸送船五隻は、傷つきながらも前進し、タサファロング海岸に船体ごと乗り上げた。これを発見したルンガ飛行場では、残り少なくなった飛行機を全力出撃させ、必死になって爆撃したのである。

その結果、上陸日本軍が手にした物資は、コメ一五〇〇俵とわずかな弾薬だけだった……。

●ガ島に乗り上げ、空襲された輸送船「鬼怒川丸」

●ガ島海岸に乗り上げた輸送船「山月丸」

●ガ島に乗り上げ、空襲され大破した輸送船「山月丸」

◆ガダルカナル攻防戦

サボ島沖海戦
第2次ソロモン沖海戦
サボ島
フロリダ島
マライタ島
インディスペンサブル海峡
ツラギ
エスペランス岬
第1次ソロモン沖海戦
ルンガ沖海戦
第3次ソロモン沖海戦
シーラーク水道
タイボ岬
一木支隊進撃路
第2師団進撃路
クルツ岬
ルンガ岬
タサファロング
コカンボナ
ヘンダーソン飛行場
アウステン山
川口支隊進撃路
ルンガ川
ガダルカナル島

解読されていたニューギニアの日本軍作戦計画

待ち伏せ、置いてきぼり、先回り……日本軍を自在に操った連合軍

『日本の暗号を解読せよ』には、「（一九四二〈昭和十七〉年）五月十八日、ベルコネン班は陸路からのモレスビー攻略を意味する暗号通信を傍受した」（ロナルド・ルィン著　白須英子訳　草思社）との記述がある。モレスビーとはポートモレスビーで、東部ニューギニア南岸の連合軍航空基地があるところだ（現在はパプアニューギニアの首都）。

約二週間前に、日本軍はこのモレスビーをめざして輸送船団に陸軍部隊を満載し、敵前上陸を試みようとしたのだが、珊瑚《さんご》海《かい》海戦で護衛の軽空母が撃沈され、他の大型空母二隻も、沈まなかったものの作戦続行は不可能として、上陸作戦は中止されたのだった。

しかし、日本軍はポートモレスビー攻略をあきらめず、第一七軍を新設して、敵前上陸を果たせずにラバウルに戻っていた南海支隊をその傘下に入れた。

それがなんと、五月十八日のことだった。

軍司令部は東京で編成されたが、ラバウルの南海支隊に「陸路攻略」を示唆する何らかの電報が飛んだのだろうか。それとも、第一七軍は海軍と協力してフィジー、サモア諸島を攻略する任務も与えられたから、海軍部隊関係の電報が解読されたのかもしれない。

南海支隊が実際に作戦を開始したのは、ちょうど三カ月後である。連合軍（米軍と豪軍が中心。マッカーサー大将が総指揮官）は、日本軍の準備状況に合わせながら充分に待ち伏せする余裕があった。待ち伏せどころか、追撃戦に移ってからは日本軍の先を越して進撃することもあった。

置いてきぼりの日本軍は空き腹に耐えつつ退却したが、その先には米豪軍が先回りしていた。ブナ、ギルワ、パサブアなどの戦場がそうだった。

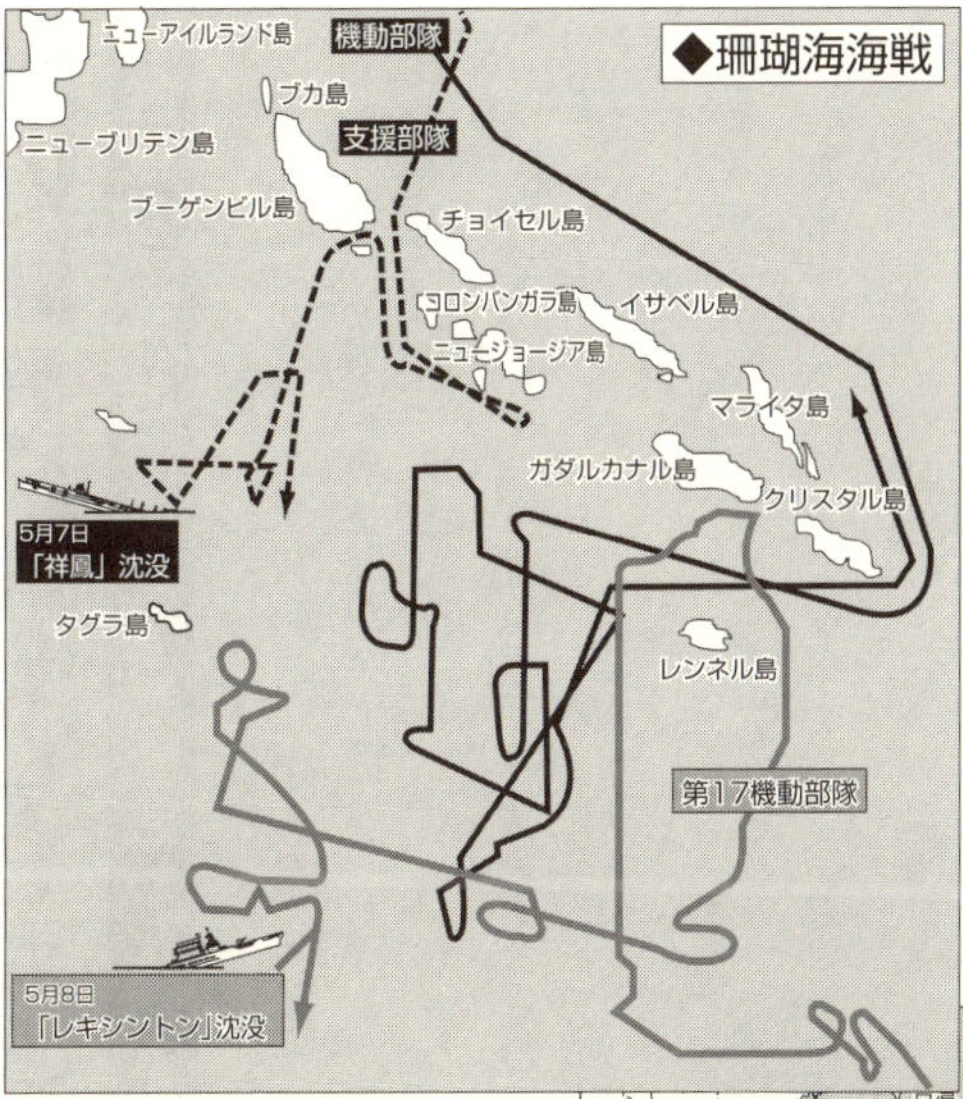

◆日本空母

空母名	基準排水量	搭載機数
翔鶴	26,575 t	54機
瑞鶴	26,575 t	63機
祥鳳	11,200 t	20機

◆アメリカ空母

空母名	基準排水量	搭載機数
レキシントン	36,000 t	70機
ヨークタウン	19,800 t	71機

◆ニューギニアと周辺

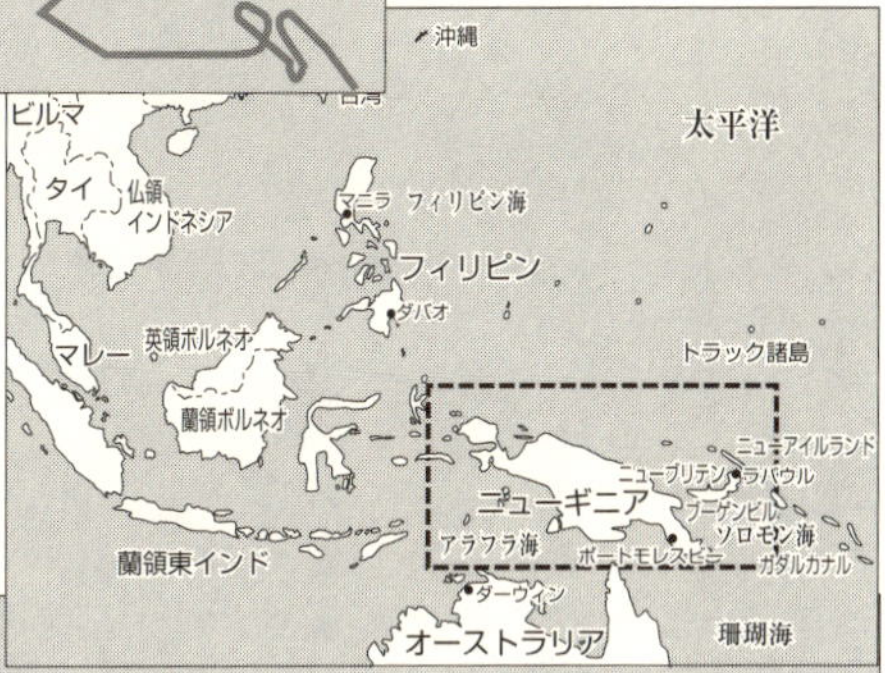

敵の暗号解読者もあきれた南海支隊の山脈越え

連合軍の読みどおり攻撃を断念した日本軍

「ポートモレスビーを背後から攻撃するため、七月二十一日、日本陸軍の一隊がブナ付近に上陸し、オーエンスタンレー山脈越えの進撃を計画していた。ニューギニアのジャングルについて初歩的な知識をもっている者にとってはこの作戦計画はとうてい信じられないものであった」

日本軍の暗号解読に携わっていたW・J・ホルムズは『太平洋暗号戦争史』のなかでこう驚いている（妹尾作太男訳　朝日ソノラマ）。

ここに出てくる七月二十一日（一九四二〈昭和十七〉年）は攻略部隊の主力である南海支隊の上陸ではない。本隊の上陸に備えてジャングルでの進撃路を探り、できれば道路まで造るという目的で上陸した工兵部隊の先遣隊だった。本隊の上陸はそれからちょうど一カ月後である。

連合軍の暗号解読者もあきれた山越え作戦。三〇〇〇メートル級の山々が連なり、予想行程約三〇〇キロのジャングルを踏破しようとした南海支隊は約五〇〇〇人。食糧二週間分は全将兵が背負っての進撃で、本格的な補給計画はない。

オーストラリア軍が要所要所で待ち伏せし、激戦を交わしては退却した。一カ月かかってようやく、遠くにポートモレスビーの街が見えるイオリバイワに達した。しかし、すでに日本軍の食糧は二週間以上も前から尽きていた。

モレスビーを占領したら飯にありつける可能性もあったが、堀井富太郎支隊長は、現状の兵の体力では占領は難しいと判断、撤退を命じた。

迎え撃つマッカーサー司令部では、南海支隊の兵力が意外に小さいのに驚き、日本軍はポートモレスビーまで来る予定はないのではないかと、最初から怪しんでいたという。

◆ポートモレスビー攻略経路

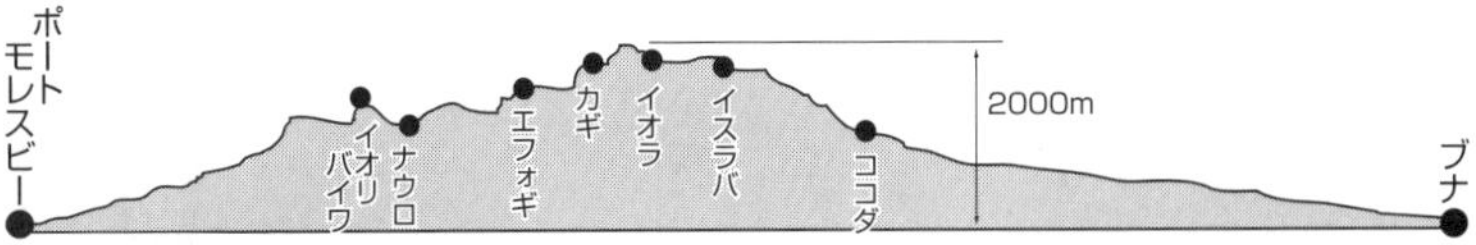
ポートモレスビー
イオリバイワ
ナウロ
エフォギ
カギ
イオラ
イスラバ
ココダ
2000m
ブナ

ゴナ
バサブア
ギルワ
ブナ
マンバレー川
クムシ川
ポポンテタ
サンボ
▲4100
ヴィクトリア山
ココダ
オイビ
イリモ
イスラバ
カギ
エフォギ
バナパ川
ナウロ
イオリバイワ
▲3100
ブラウン川
ポートモレスビー

●ポートモレスビー近くのワーシ飛行場の高射砲陣地

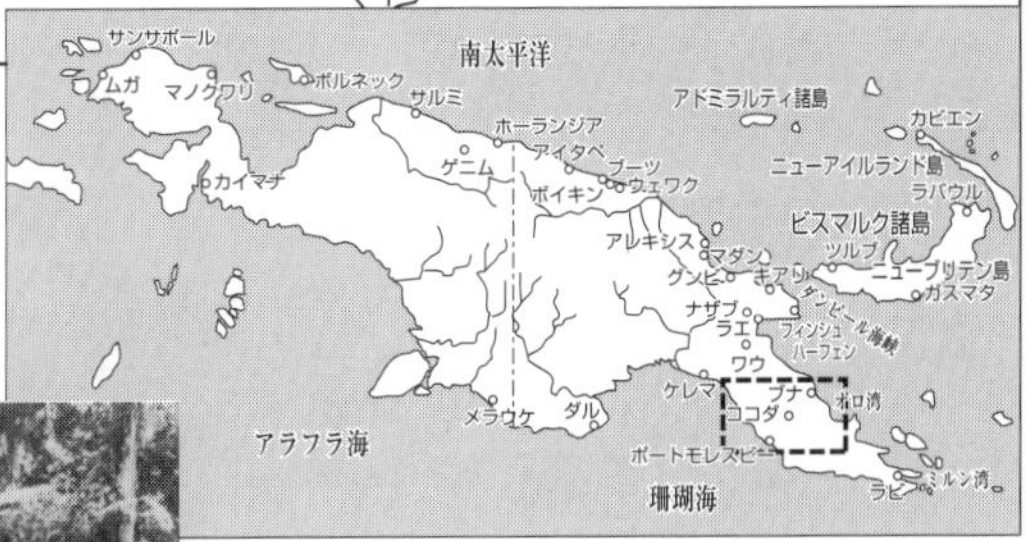
サンサポール
ムガ
マノクワリ
ボルネック
サルミ
南太平洋
ホーランジア
アイタペ
ブーツ
ウェワク
ゲニム
ボイキン
カイマナ
アドミラルティ諸島
カビエン
ニューアイルランド島
ラバウル
ビスマルク諸島
アレキシス
マダン
ツルブ
ニューブリテン島
グンビ
キアリ
ガスマタ
ダンピール海峡
ナザブ
ラエ
フィンシュハーフェン
ワウ
ケレマ
ブナ
オロ湾
ココダ
メラウケ
ダル
アラフラ海
ポートモレスビー
ミルン湾
ラビ
珊瑚海

●南太平洋の最前線で米軍の猛爆にも耐えジャングルを進む日本軍

●ジャングルの中で小休止する日本軍

救援部隊は送らず最後は〝逃げろ〟の無策戦術

ブナの戦いで見せたガダルカナル島攻防戦とのこれだけの違い

ガダルカナルは有名だが、東部ニューギニアのポートモレスビーやブナを知る者は少ない。二つの戦場はまったく同じ時期に始まり、ほとんど同じ時期に日本軍の敗退で決着がついた。

ガ島からは大がかりな撤退作戦が行なわれ、約一万人が撤退できたが、東部ニューギニアには救援部隊は差し向けられず、ただ西に向かって逃げろとの命令が出されただけである。

しかしアメリカでは、ブナの戦場はガダルカナルと同じくらいに有名だ。なぜなら、ガダルカナルではアメリカ軍は戦死者は一六〇〇人、負傷者四二四五人だったのに対し、ブナでは戦死者二〇九五人、負傷者五四五一人にものぼったからである。それは、ブナの日本軍が上陸米豪軍に対し、死にものぐるいで戦ったからだ。

ガ島の日本軍も死にものぐるいで戦ったことは同じだが、戦略と戦術の間違いから、飛行場を守るアメリカ軍の最前線まで進めず、直接に戦闘を交える機会がほとんどなかった。それだけ米兵を倒す機会が少なかったのである。

ブナなど東部ニューギニアでは、どの戦場も（ブナの近くのギルワ、パサブアなど）日本軍と米豪軍は数百メートル、ときには数十メートルの距離で撃ち合い、白兵戦を展開したので、双方の損害も多かった。最初に日本軍が占領し、奪還にやって来た米豪軍の侵入を防げなかったのである。

生き残りの日本軍が逃げた方向に、新たな日本軍はいたのか？　いや、まだ到着していなかった。敗残兵を収容し、陣容を立て直すための援軍はブナなどの戦いが終わったあと一カ月後に送られたが、ラバウル発の輸送船八隻は、到着予定地のラエにつく前にすべて米軍の空襲で沈没した。

●ブナ進撃の途中の山道で休止する米兵たち

●ブナの戦闘でオーストラリア軍の捕虜になり情報班へ連行される日本兵

●ブナ付近で米軍に投降し、飲食物を与えられる朝鮮人軍夫たち

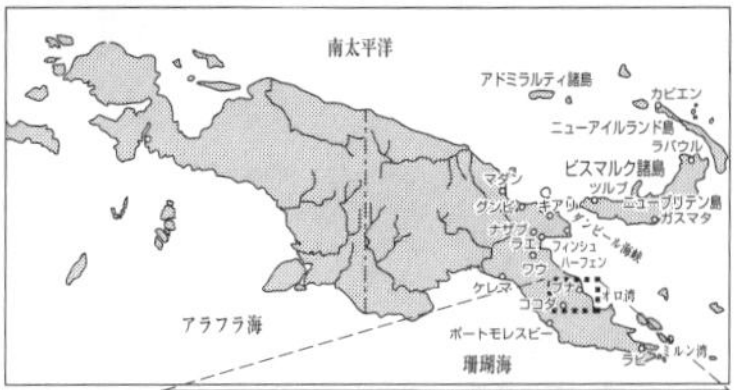

◆ブナ周辺詳細図

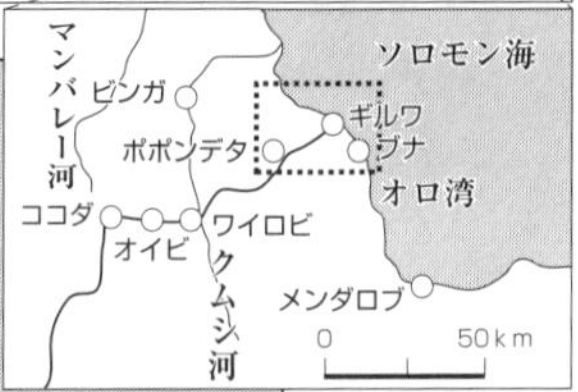

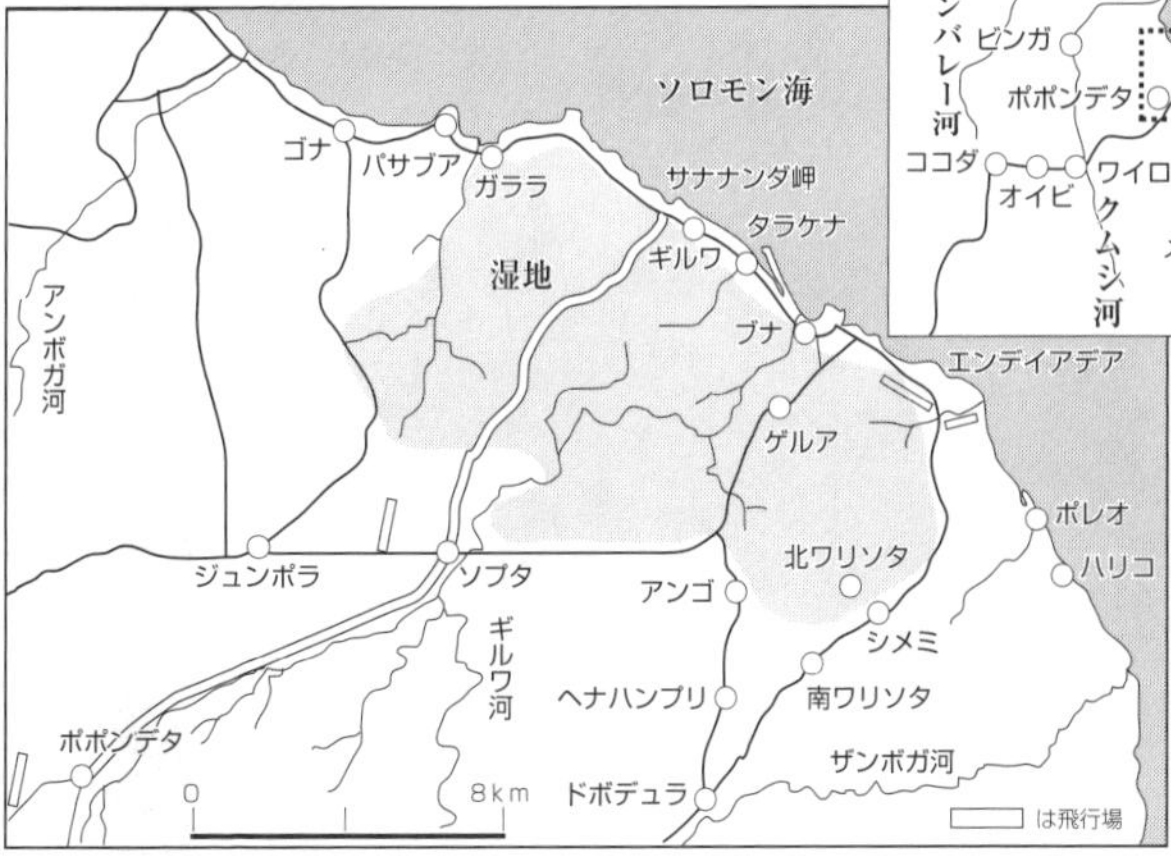

サラワケット山に挑んだ八五〇〇人の運命

東部ニューギニアの密林で玉砕を禁じられた部隊の悲惨な撤退

東部ニューギニアのブナ一帯を占領した連合軍は、約四カ月、じっくり腰を落ち着けて、物資を集積し、兵員を交替させ、日本軍に対する本格的な反攻の準備を行なった。これはガダルカナル島を完全に確保した部隊でも同じだった。

ブナのマッカーサー軍はニューギニアの北岸沿いに西進し、要所に上陸して兵站《へいたん》（補給基地）を築く戦略だったし、ガ島のニミッツ軍はソロモン諸島を西に進み、各島の日本軍を潰しながらラバウルをめざそうというのである。

六月末日（一九四三〈昭和十八〉年）、東部ニューギニアとソロモン諸島で一斉に連合軍の反攻が開始された。東部ニューギニアにはサラモアとラエに上陸、日本軍も敢闘したが、約二カ月後、進退に窮した。兵力も装備も違いすぎたのである。

指揮官・中野英光《ひでみつ》中将（第五一師団長）は各部隊に玉砕を覚悟させ、一同その気になって最後の突撃命令を待っていた。

そこへ上級司令部（第一八軍）から撤退命令が出た。直線で一二〇キロ西のキアリへ退くのだが、途中は四〇〇〇メートル級の山脈が東西に三〇キロ走っている。そこをよじ登って越えるしかない。最高峰がサラワケット（聖なる山）である。

各自一〇日分ほどのコメを持ってジャングルに分け入り、急流を越え、絶壁をよじ登り、細い尾根を歩いた。食糧は尽き、自決する者、崖から転落する者、川に流される者が相次ぎ、八五〇〇人中約四割が命を落とした。無慈悲な撤退命令ではあったが、玉砕のほうがよかったともいえまい。

早い者で約一カ月後、ボロ同然の姿でキアリに着いた。支給されたコメの飯とみそ汁に、将兵一同、やっと生気を取り戻したのだった。

●サラモアの連合軍戦闘司令所

◆サラワケット越え

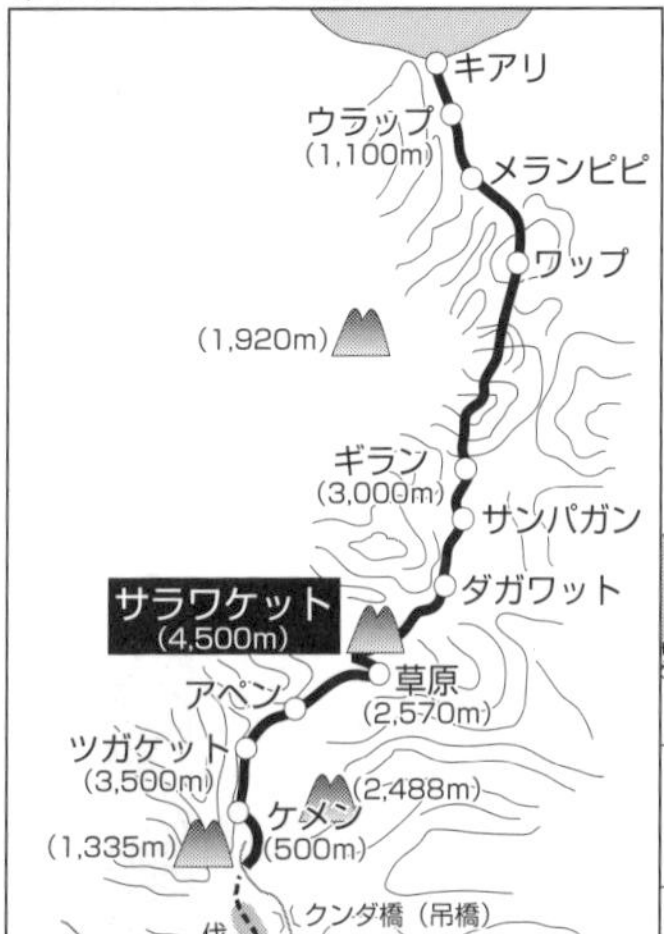
キアリ
ウラップ
(1,100m)
メランピピ
ワップ
(1,920m)
ギラン
(3,000m)
サンパガン
ダガワット
サラワケット
(4,500m)
草原
(2,570m)
アペン
ツガケット
(3,500m)
(2,488m)
ケメン
(500m)
(1,335m)
クンダ橋（吊橋）
伐開前進
宮川
ブス河
マーカム河
ラエ

●75ミリ曲射砲の照準を合わせる米落下傘部隊

◆ニューギニア東部

南太平洋
サルミ
ホーランジア
アイタペ
ゲニム
ブーツ
ウェワク
ボイキン
アドミラルティ諸島
カビエン
ニューアイルランド島
ラバウル
ビスマルク諸島
アレキシス
マダン
ツルブ
グンビ
キアリ
ニューブリテン島
ガスマタ
ナザブ
ラエ
フィンシュハーフェン
ダンピール海峡
ワウ
ケレマ
ブナ
オロ湾
メラウケ
ダル
ココダ
ポートモレスビー
珊瑚海
ラビ
ミルン湾

四〇〇キロを徒歩で〝進撃〟した日本軍の功罪

東部ニューギニア、フィンシュハーフェンの苦闘

東部ニューギニアを西進するマッカーサー軍は、フィンシュハーフェンに上陸した（一九四三〈昭和十八〉年九月二十二日）。サラワケット越えの日本軍がたどり着いたキアリの近くである。山越え部隊はまだ戦力は回復していない。そこで、はるか西、マダン付近で道路を建設中の別の部隊（第二〇師団）に、フィンシュ急行の命令が出た。

急行せよといっても、マダンからフィンシュまでは四〇〇キロもあった。この時あるを想定して道路建設を急いでいたのだが、間に合わなかった。

「連合軍の絶対制空下、四〇〇キロを超す重装備を背にひたすら歩くしかない。砲兵部隊はもっと大変だ。砲を分解搬送しての夜を日につぐ急進で約一カ月かかった。駆けつけたはよかったが、地理も敵情も不明である。攻撃準備期間も支援火力もほとんどないまま、一足先にたどり着いた歩兵部隊から順々に戦闘に投入された」（福家隆「フィンシュハーフェンの激闘」森山康平編著『米軍が記録したニューギニアの戦い』草思社）。

兵力は日本軍二万人（名目上）、連合軍三万人だったが、日本軍は半分以上を食糧探しに割かなければならなかった。砲兵力は連合軍数十門で一門一日当たり五〇〇発、日本軍は「全期間、全火砲の弾薬五〇〇発」と推定されている。大砲を撃つと百倍ぐらいの反撃がくるから、歩兵部隊は「大砲など撃ってくれるな」と懇願した。

食糧は日本軍は一日平均七勺《しゃく》（一合《ごう》の七割）、しかも夜間、ひそかに飯を炊いた。昼間炊くと煙を見つけられ、集中砲火を浴びるからだった。

こんな状態で約二カ月も抵抗した。信じられない精神力である。連合軍に日本軍のような蛮勇《ばんゆう》があれば、日本軍は早々と全滅していたに違いない。

●連合軍のフィンシュハーフェン上陸

●フィンシュハーフェンで建設中の桟橋

●フィンシュハーフェンで客車・貨車に
早変わりできる自動車の組み立て

◆ニューギニア東部要図

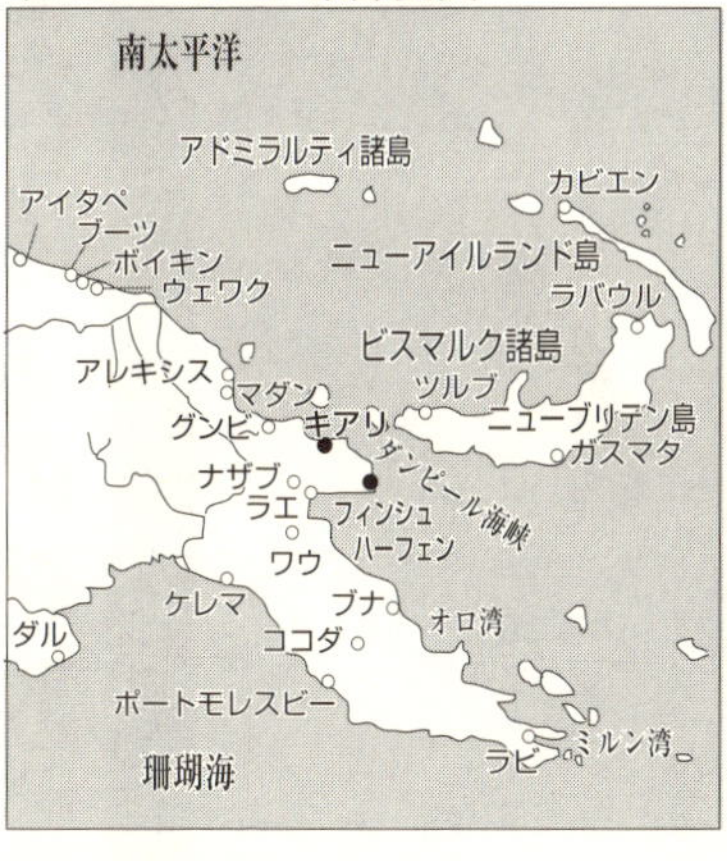
南太平洋
アドミラルティ諸島
カビエン
アイタペ
ブーツ
ボイキン
ウェワク
ニューアイルランド島
ラバウル
ビスマルク諸島
アレキシス
マダン
ツルブ
グンビ
キアリ
ニューブリテン島
ガスマタ
ダンピール海峡
ナザブ
ラエ
フィンシュ
ハーフェン
ワウ
ケレマ
ブナ
オロ湾
ダル
ココダ
ポートモレスビー
ミルン湾
ラビ
珊瑚海

●フィンシュハーフェンの米軍共同墓地

待ち伏せ米豪軍に敢えて突進したアイタペ総攻撃

東部ニューギニア・第一八軍の最後の総攻撃

東部ニューギニアはニューギニア島の東経一四一度から東を指しているが、その東寄りで最も大きな町がアイタペである。ここに連合軍が上陸した。さらに二〇〇キロ西寄りのホーランジア上陸と同時である（一九四四〈昭和十九〉年四月二十二日）。ホーランジアは現在インドネシアのイリアンジャヤ州都ジャヤプラ。

アイタペ上陸を迎えて日本軍はここを奪還しようとした。兵力は五万五〇〇〇人いたものの、相次ぐ難路の行軍と上陸連合軍との戦闘で、戦力は極端に落ちていた。だから、補給も自由自在という連合軍に勝てるあてはなかった。

しかも、食糧は切りつめても百日分を切っていた。戦闘をしなくても日本軍の運命は三カ月で尽きることがはっきりしていた。後方にはジャングルが広っていたが、ジャングルは意外に食糧は乏しい。耕作する平地もない。

日本軍はアイタペ東方のドリニュモール河（日本軍は坂東河と命名）周辺に物資を集め始め、陣地を構築した。そのようすは制空権のある連合軍からは手に取るようにわかった。連合軍は兵力を増強し、陣地を構築した。連合軍の目的地はフィリピンだったから、日本軍が攻撃しないかぎり相手にしない、という戦略をとっていた。

そこへ敢えて日本軍は突撃した。軍司令官・安達《あだち》二十三《はたぞう》中将は、「戦略戦術的に解決すべき合理的万全の方策を求め得ず」と部下に訓示した。要するにアイタペ攻撃は戦略にも戦術にも理屈に合わないが……と述べたのである。激闘二〇余日、直接戦闘参加者一万七〇〇〇人の半数が戦死した。

負けるとわかっているこんな戦いを、当時の日本軍は楠公《なんこう》精神、大和《やまと》魂《だましい》の発露として称賛していた。

◆南方攻略の経過

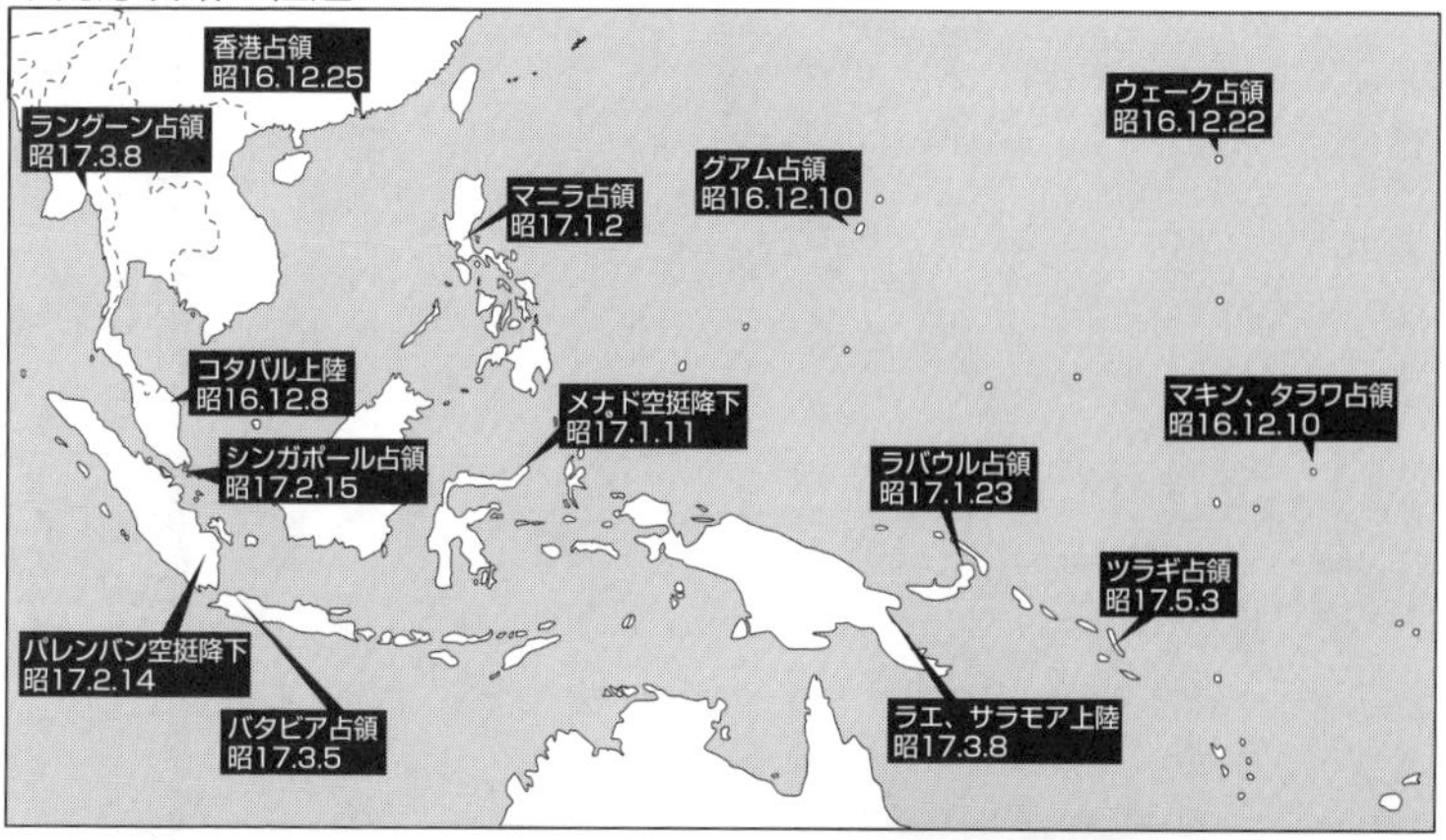
香港占領
昭16.12.25
ラングーン占領
昭17.3.8
マニラ占領
昭17.1.2
グアム占領
昭16.12.10
ウェーク占領
昭16.12.22
コタバル上陸
昭16.12.8
メナド空挺降下
昭17.1.11
マキン、タラワ占領
昭16.12.10
シンガポール占領
昭17.2.15
ラバウル占領
昭17.1.23
ツラギ占領
昭17.5.3
パレンバン空挺降下
昭17.2.14
バタビア占領
昭17.3.5
ラエ、サラモア上陸
昭17.3.8

●アイタペのマッカーサー

●アイタペの戦いで捕虜になり尋問される日本兵

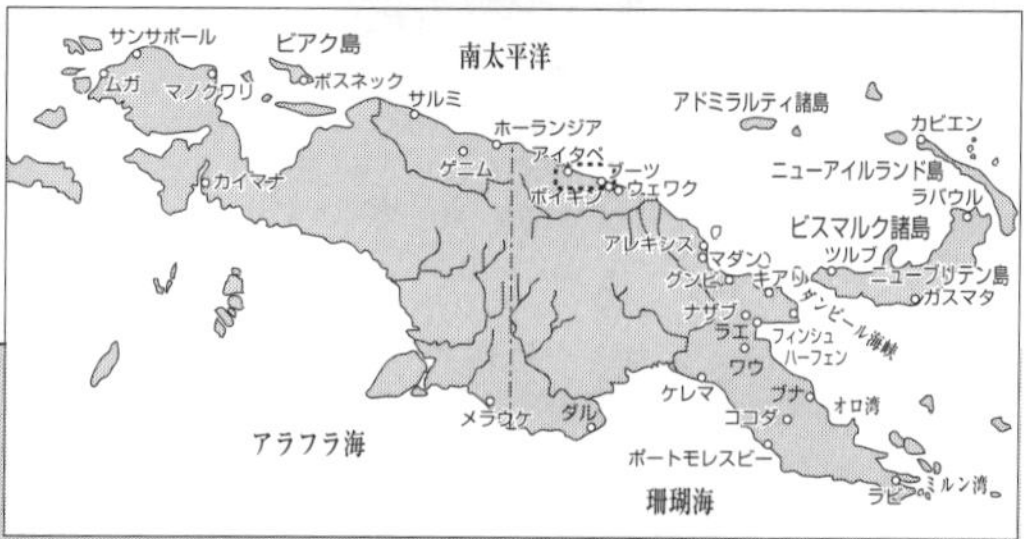
南太平洋
サンサポール
ビアク島
ムガ
マノクワリ
ボスネック
サルミ
ホーランジア
ゲニム
アイタペ
ブーツ
ボイキン
ウェワク
カイマナ
アドミラルティ諸島
カビエン
ニューアイルランド島
ラバウル
ビスマルク諸島
アレキシス
マダン
グンビ
キアリ
ツルブ
ニューブリテン島
ガスマタ
ナザブ
ラエ
ダンピール海峡
フィンシュハーフェン
ワウ
ケレマ
ブナ
オロ湾
ココダ
メラウケ
ダル
アラフラ海
ポートモレスビー
ラビ
ミルン湾
珊瑚海

◆アイタペはどこか？

ネギル川
アイタペ
坂東河(トリニュモール河)
チナペリ
パラウル
アファ
坂井川
ヤカムル
大石村
桃川
花川
戸里川
金泉村
ウラウ川
ウラウ
竜山
マルジップ
ウマレイ川
サルップ
鶏川
マリン
旗山
ソナム川
トリニホク川
パラム
ブーツ
ロアン
ユワカス
トリセリー山系

計画すらなかった東部ニューギニア軍の救出策

ジャングルに見捨てられた三個師団将兵の末路

東部ニューギニア軍（第一八軍）が絶望的なアイタペ攻撃を行なう直前に、大本営は救出軍を送ることはできなかったのだろうか。

実際のところ、無理だった。補給でも潜水艦でこっそりと近づき、ほんの少し海岸に打ち上げる程度しかできなかったのだから。東部ニューギア軍救出作戦は、一度も検討されたことはない。

第一八軍というのは三個師団の編成である。一個師団二万人として約六万人、それに軍直轄の各種部隊があって、上陸した人数は約九万七〇〇〇人といわれる。

しかし、東部ニューギニアで戦った部隊は、このほか航空部隊や船舶関係、初期作戦の南海支隊、海軍部隊なども含めると約一〇万人がいた。

こうした生き残りも、最後の段階ではすべて第一八軍司令官の指揮のもとにあった。合計で約二〇万人上陸したと推定されるが（一二万人という資料もある）、アイタペ攻撃の頃には、それが五万七〇〇〇人までに減っていたわけである。

実は同じ時期、ラバウルにも約七万人、ブーゲンビル島にも約三、四万人の日本軍がいたが、こちらもまったく救出作戦は考えられなかった。

さて、アイタペ攻撃のあと第一八軍は山に入って地元住民の教えを受けながらサゴ椰子《やし》を植え、自活に入ったが食糧事情が好転したというわけではない。同胞相食《は》む修羅場《しゅらば》が生まれ、他人の食事を盗んだ者が銃殺刑になるなど、飢餓状態が続いた。

そのような状況でも、散発的に攻撃を行なったりしたので、終戦時の兵力は一万三〇〇〇人にも減っていた。一年間で三万人以上が死亡したのである。

終戦から復員船に乗るまでにも次々と絶命し、結局帰国できたのは一万人弱だった。

●米従軍記者たちが作った「ブーゲンビルは東京へのメインストリート」の看板

●ラバウルに閉じこめられた海軍の総指揮官草鹿任一中将

●ラバウルに閉じこめられた陸軍の総指揮官今村均大将

●東部ニューギニアの総指揮官・安達二十三第18軍司令官

◆船舶の喪失に追いつかない新造船

※船舶は500トン以上のもの

	喪失(隻)	新造(隻)
1941(昭16).12	12	4
1942(昭17).1〜6	78	35
.7〜12	124	42
1943(昭18).1〜6	175	84
.7〜12	262	170
1944(昭19).1〜6	444	347
.7〜12	525	352
1945(昭20).1〜6	502 (138)	170
.7〜8	137 (137)	
合　計	2259隻 807.7万トン	1204隻 329.3万トン

(　)内は終戦までに修理不可能なもの

西部ニューギニア・サルミの悲劇

ホーランジア脱出組はサルミ守備隊に追い払われた

西部ニューギニアは、ニューギニア島の東経一四一度から西方を指す。オランダ領東インドの一部であり、戦後はインドネシア領となっている。オーストラリアの北にあたるので、戦史では豪北《ごうほく》地区などとも呼んでいる。

日本占領後、二年半は平穏無事な地域だったが、マッカーサー軍のホーランジア上陸後からにわかに修羅場《しゅらば》と化した。ホーランジアには約一万五〇〇〇人ほどの日本軍がいたが、大部分は翼をもぎ取られた陸軍航空部隊の後方部隊と、陸軍野戦輸送関係部隊だった。まともな戦闘部隊はなく、ジャングルのなかをひたすら逃げた。

めざすは二〇〇キロ西方の友軍のいるサルミだ。

しかし、一ヵ月以上かかって、サルミまで達した者は二〇〇〇人程度だった。大部分が爆撃を避けるため海岸沿いではなくジャングルに分け入ったので、出るに出られなくなった。ジャングルに呑み込まれたのだ。

武器もなく、腹を空かしたホーランジア脱出組を、サルミの日本軍は冷たく突き放した。サルミの日本軍(第三六師団二個連隊基幹で一万二〇〇〇人。一個連隊はビアク島に派遣されていた)は、おりから上陸作戦を始めた連合軍と、これから一戦を交えようとしていたからである。

友軍から追い払われたホーランジア脱出組は、ジャングルに入って自活を始めたが、戦後生還できたのは約四〇〇〇人だった。

サルミの日本軍も上陸連合軍と死闘を演じ、一万二〇〇〇人上陸したうち、五七〇〇人が戦死した。そのなかの一個連隊は三三〇〇人上陸してわずか六〇〇人しか生還しなかった。玉砕したビアク島の歩兵連隊と同じ程度の損害を受けたのである。

●ホーランジアのマッカーサー

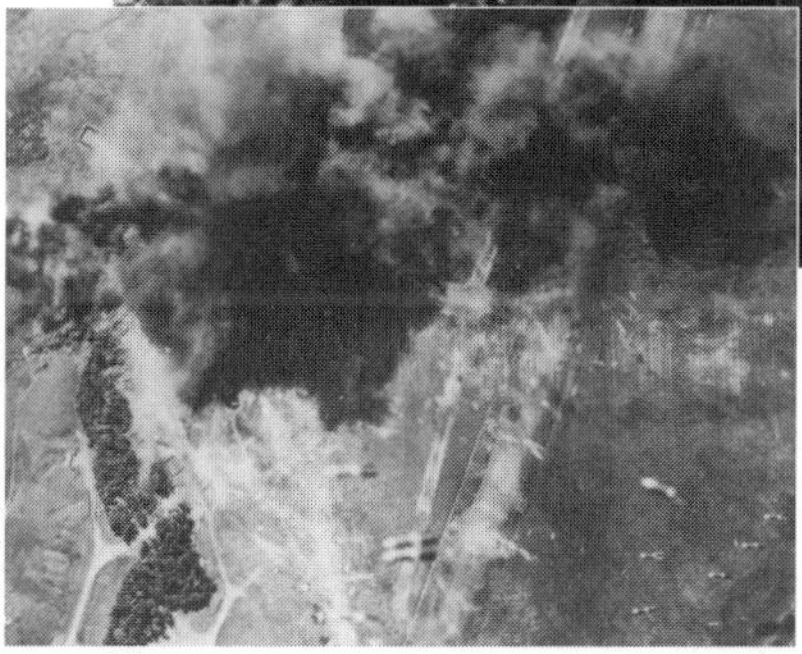

●米軍の猛爆撃で壊滅的な打撃を受けた日本軍のホーランジア飛行場

◆豪北地域

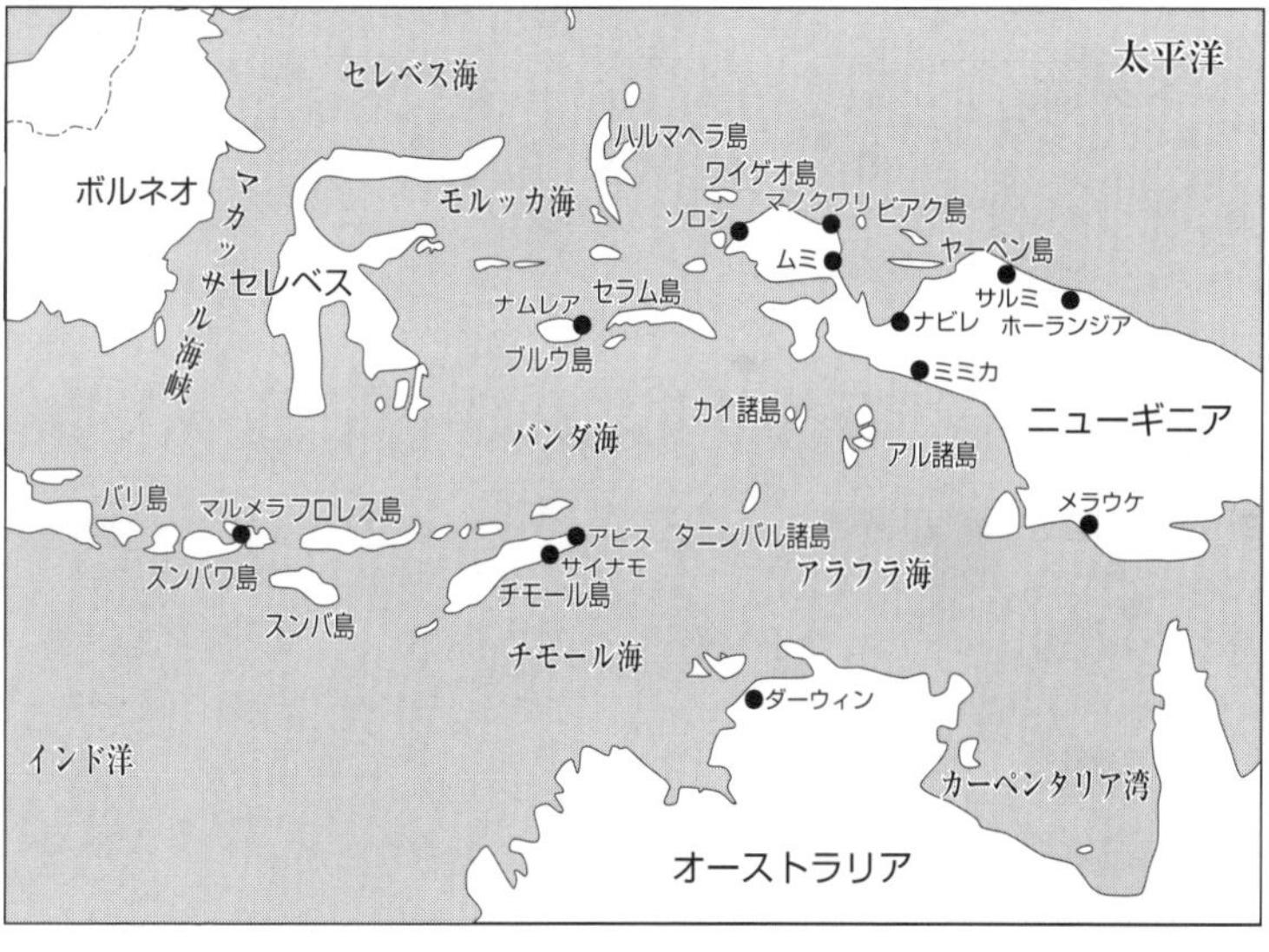

コラム4

東条首相を「バカヤロー」と怒鳴った田中中将

昭和十七年十一月――ガダルカナル島の戦闘は悲惨さを増していた。のちにガ島をもじって餓島《がとう》（餓死の島）といわれたように、悲劇の最大の原因は軍需物資を輸送できないことだった。日本軍は輸送船が次々撃沈され、造船が追いつかなくなっていたのだ。

参謀本部は、船舶三七万トンの増加を陸軍省に申し入れた。

回答は約半分だった。要望どおり作戦用に振り向けたら、鉄鉱石輸入に充てる民需用が減り、翌年の鉄鋼生産が二〇〇万トンを切ってしまう。参謀本部は増加を求めた。陸軍省軍務局長の佐藤賢了少将は断固拒否した。参謀本部第一部長の田中新一中将も引き下がらない。

そんな日の翌日の深夜、陸軍省の木村兵太郎次官と佐藤局長、参謀本部の田辺盛武次長と田中部長が東条首相を囲んで膝詰め談判を重ねた。

しかし陸相を兼ねる東条大将は頑として応じない。業《ごう》を煮やした田中は大声を張り上げた。

「このバカヤロー！」

顔面蒼白の東条首相がすっくと立ち上がった。

「君は何事を言いますか！」

その冷たい声音に、一座の人間は声を呑んだ。翌日、東条は参謀本部の要求に若干の色をつけたが、同時に田中部長の転出命令も出した。

南方軍総司令部付という左遷だった。

●田中新一中将

●ガ島に乗り上げた輸送船「鬼怒川丸」

第5章
極限の戦場

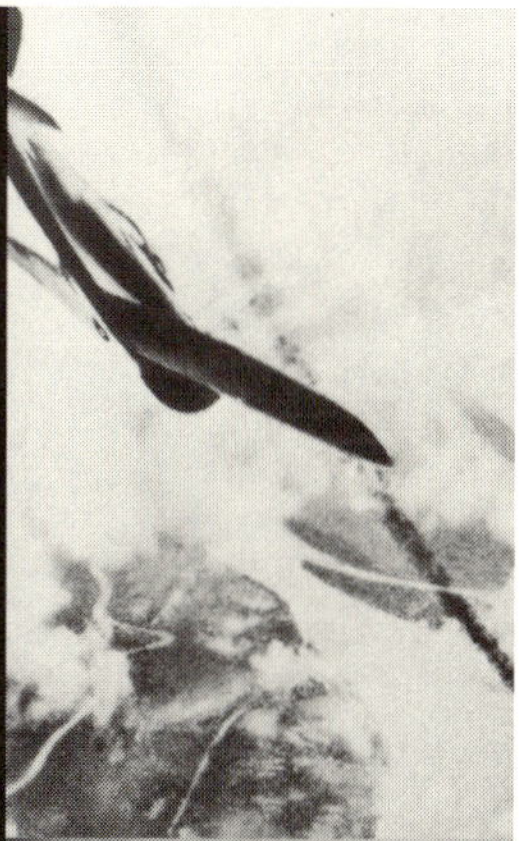

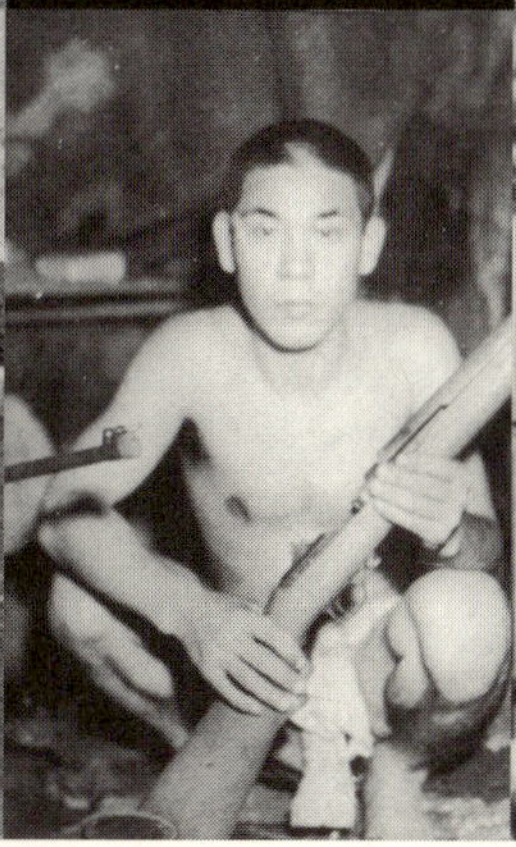

「北からの空襲」を恐れて実施されたAL作戦

ミッドウェーとアリューシャンを同時攻略しようとした理由

アッツの玉砕、キスカの撤退は有名だ。前者は太平洋戦争最初の玉砕であり、キスカは日本軍としては珍しく完全な撤退作戦が成功したからである。アッツもキスカも、アリューシャン（AL）列島のアメリカ領土の小島であることはいうまでもない。

アッツもキスカも、日本の空母部隊が完敗したことで有名なミッドウェー海戦の数日後に占領した。ミッドウェー海戦の目的の大半はミッドウェー島を占領することだったが、海戦の敗北でアッツ、キスカだけの占領に終わったわけである。

ミッドウェー、アッツ、キスカを同時に占領しようとした目的は、これらの島を結んだ海域を、哨戒《しょうかい》の最前線にしようとしたことだった。

ミッドウェーだけを占領しても、アメリカ機動部隊は千島列島・北海道・東北地方の東方海上から日本へ接近できるではないか、という軍令部の言い分を連合艦隊司令長官・山本五十六《いそろく》大将が認めたわけである。

このもっともな理屈を、なぜ山本長官が思いつかなかったのか。

それは、山本の戦略はミッドウェー占領のあと、ハワイにより近いパルミラ島、ジョンストン島を攻略して前進基地とし、最後はハワイそのものを占領することだったからである。

アメリカ太平洋艦隊の根拠地ハワイを占領すれば、軍令部が心配したような北東海域からの米機動艦隊の侵入はなくなり、アメリカの反攻ルートはオーストラリア経由一本に絞られる。

山本にとってミッドウェー作戦とは、ハワイ攻略作戦の最初のステップにすぎなかったのだ。

山本と軍令部の戦略は、まったく違っていたのである。

●キスカに上陸した
海軍陸戦隊

●濃霧の晴れ間に米偵察機が撮影したアッツ島

●アッツ島に翻った日章旗

◆アリューシャン列島

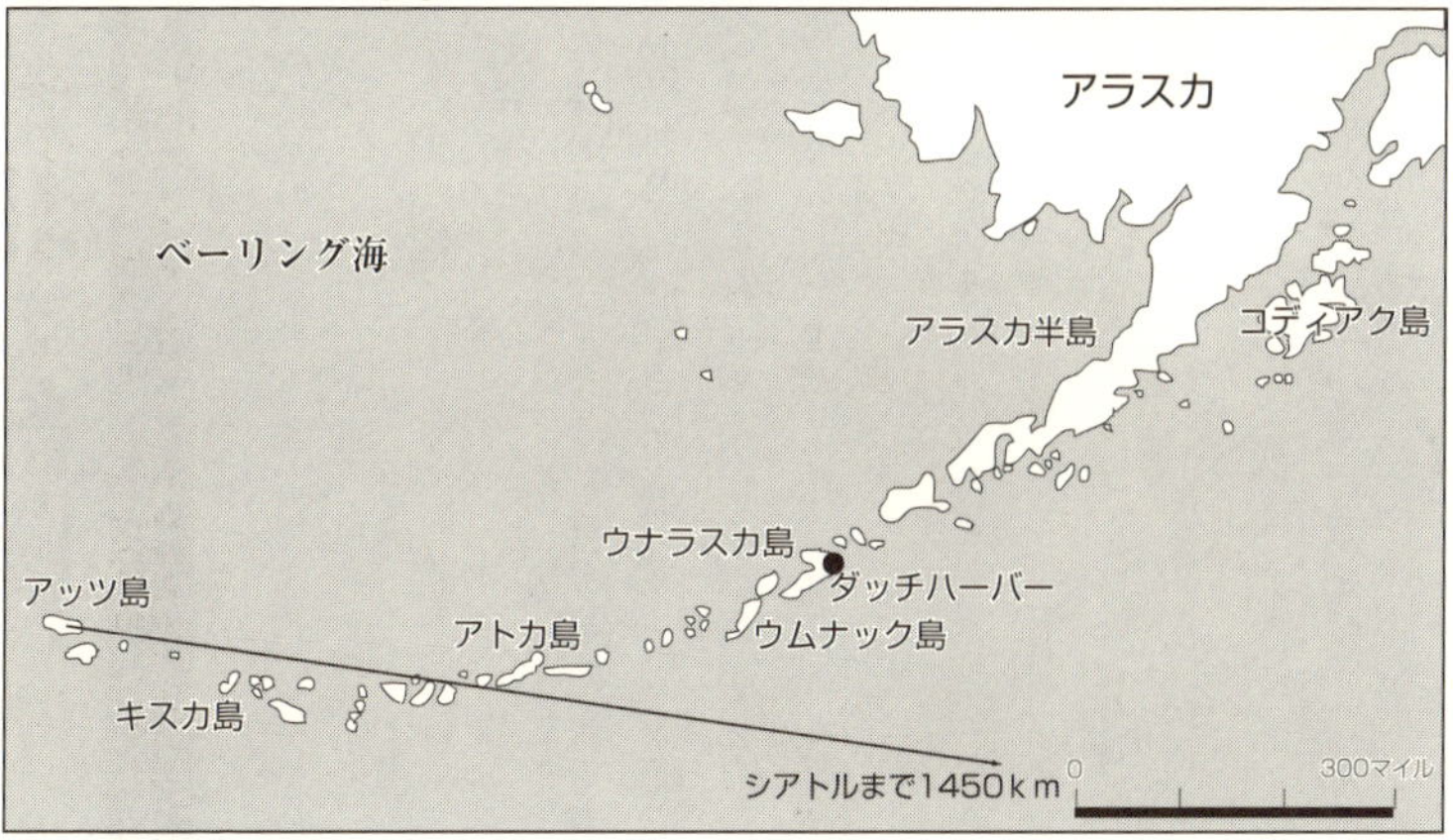
アラスカ
ベーリング海
アラスカ半島
コディアク島
ウナラスカ島
ダッチハーバー
アッツ島
アトカ島
ウムナック島
キスカ島
シアトルまで1450km
0
300マイル

ミッドウェーの敗戦で帰れなくなった北方部隊

一時的な占領から永久占領へ転換されたアッツ島、キスカ島

アッツ島へ上陸したのは陸軍部隊約一二〇〇人、キスカ島へ上陸したのは海軍部隊約一三〇〇人だった。海軍部隊がなぜ？　と思うかもしれないが、海軍陸戦隊といって、地上戦専門の部隊も数多く編成されていたのだ。

両島へ上陸した部隊は、その島に駐屯するつもりはなかった。ミッドウェー島を占領したあとには陸軍部隊を配置し、海軍航空部隊も進出してアッツ、キスカとを結ぶ広大な海域を哨戒《しょうかい》する予定だった。そうなると、アッツ、キスカには数千人規模の部隊を置く必要がない。通信部隊程度で充分である。

しかし、ミッドウェー海戦に敗れた結果、最も肝心なミッドウェー島占領に失敗した。

日本軍の北東海域最先端の航空基地として、キスカ島があらためて重要視された。そして、アッツ島占領の陸軍部隊もキスカに移された。アッツ島には新たな占領部隊が送り込まれ、ここでも飛行場造成が始まったのである。

のちに上陸アメリカ軍と戦って玉砕したのは、二回目に占領した部隊だ。

アッツ、キスカ両島の占領前は、日本軍の北東海域の最先端は千島列島の東端占守《シュムシュ》島だった。海峡を隔てて幌莚《パラムシル》島という大きな島があり、ここが北方部隊の根拠地となっていた。海軍の第五艦隊の基地でもあった。

それが一挙に東へ直線で九〇〇浬《カイリ》（約一七〇〇キロ）伸びた。アリューシャン列島一帯は五月から十月までは濃霧でおおわれ、十一月から以降は荒天（風速二〇メートルが常風）がふつうという気象条件。アッツ、キスカへの補給活動も難渋した。

そういう条件下で、アメリカ軍は意地にかけても自国領土を奪還しにやってきたのだ。

●アリューシャン沿いの北太平洋では
冬季には艦船も凍る

●雪原を進むアッツ島の陸軍部隊

●キスカ島に上陸した海軍陸戦隊の行軍

●アッツ島に上陸し92式歩兵砲を引く日本軍

◆キスカ島、アッツ島位置関係図

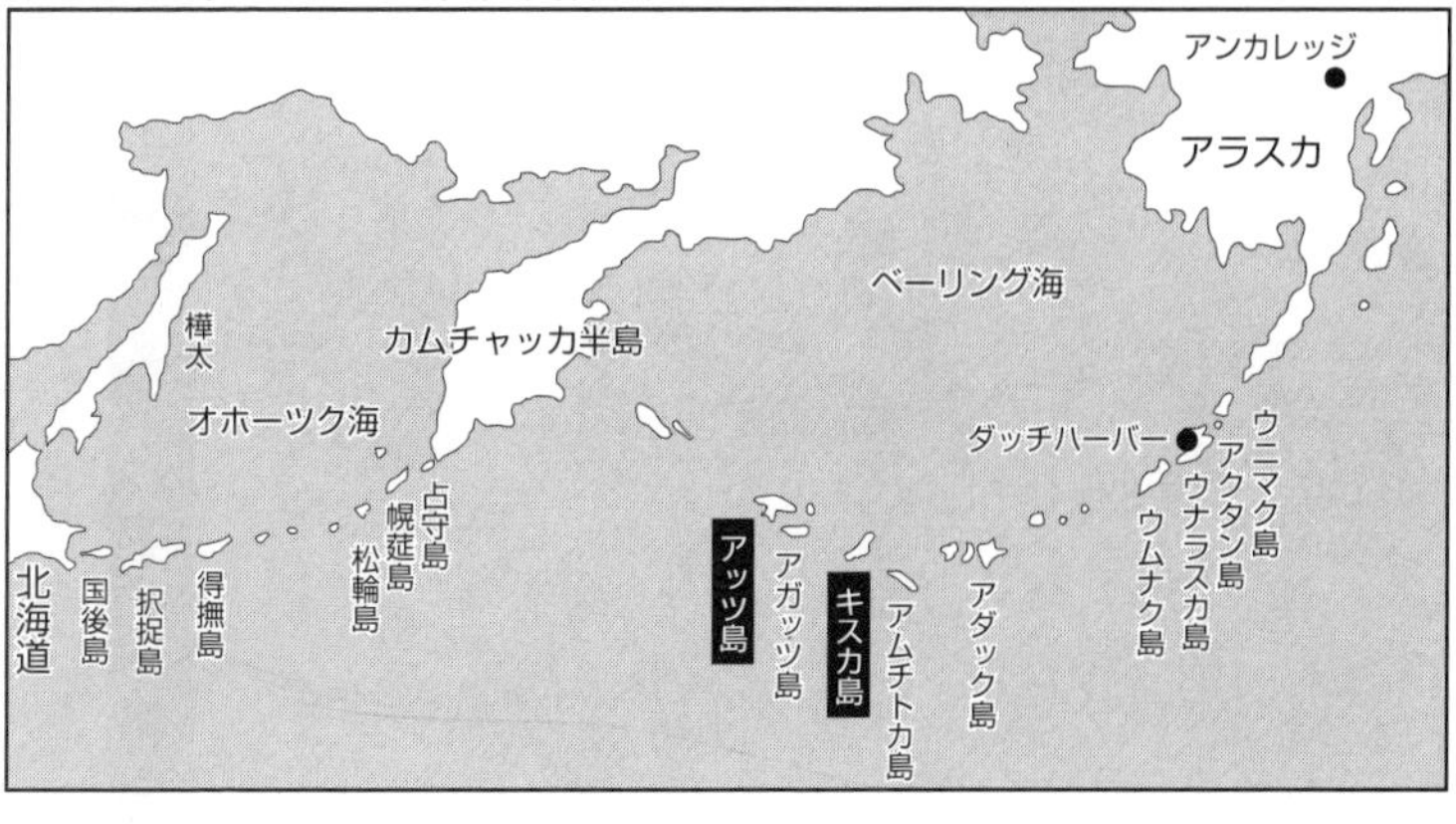

アッツは玉砕、キスカは救出の明暗

濃霧の有無が孤島守備隊の生死を分けた海軍作戦

アメリカ軍がアッツ島に上陸したとき（昭和十八年五月十二日）、大本営は増援部隊を送ることや、上陸艦隊を攻撃する連合艦隊主力の派遣も検討した。

しかし、どちらも海軍の積極的賛成が得られず、「アッツ島は放棄、守備隊（当初兵力約二六〇〇人）は玉砕」の方針が確認された。

海軍が増援に消極的だったのは、発見されて逆に攻撃され、上陸成功の可能性は非常に少ないからだった。アリューシャン方面は五月から十月の半年間、ほとんど濃霧におおわれる。米軍上陸時、すでに濃霧の季節に入っていたが、まだ初期であり「相当晴れ間がある」（参謀本部作戦課長「真田日記」）ので、隠密行動は困難と判断されたのだ。

一方、空母主体の連合艦隊主力を派遣しての攻撃は、一〇数万トンの燃料を消費するが、当時内地には三〇万トン程度しか備蓄がなく、失敗すれば連合艦隊そのものが動けなくなると、軍令部作戦課長（山本親雄大佐）は説明した。

こうして、アッツ救出は見送られた。

いまだ米軍が上陸していないキスカ島からの救出作戦は、アッツ検討と並行して研究された。濃霧を利用して駆逐艦隊（第一水雷戦隊）を派遣するのだ。うまくいけば往復するだけの作戦だから、燃料はあまりいらない。

その代わり、確実に「連続一週間の濃霧」を予想して幌筵島《パラムシル》（千島列島最北端）を出港するのだ。そこからキスカまで直線で一七〇〇キロ、南を迂回して二二〇〇キロ。

日本列島がすっぽり入るほどの濃霧でおおわれた七月下旬、軽巡「阿武隈《あぶくま》」と駆逐艦一一隻は将兵五三〇〇人を救出した。前回、霧が晴れたので引き返し、厚い濃霧を待った甲斐があったのだ。

アッツ島に皇軍の神髄

山崎部隊長ら全将兵
壮絶・夜襲を敢行玉砕
敵二萬・損害六千下らず

一兵も増援求めず
谷萩報道部長放送 烈々・戦陣訓を實践

●アッツ島の玉砕を報じる新聞

●日本軍が撤退したとは知らず砲撃したあとにキスカ島に上陸した米・加軍

●キスカ島で上陸してくる米軍へ、撃墜された米パイロットの遺体を埋めてあると、日本軍はメッセージを残した

●玉砕を求めてヨロヨロと突撃するアッツの日本軍に米軍は投降を呼びかける

南海の孤島にばらまかれた守備隊の任務は？

タラワ、マキン、クエゼリン……二万人を超える餓死者の総数

太平洋戦争の主戦場の一つとなった地域に中部太平洋がある。赤道以北のカロリン諸島（パラオ諸島やトラック諸島など）、マリアナ諸島、マーシャル諸島、ギルバート諸島が存在する。

このうち、ギルバート諸島とグアム島（マリアナ諸島）を除くと、戦争前から事実上の日本領（国際連盟委任統治領）だった。

そのなかで日本軍の大部隊が駐屯していたのが、マリアナ諸島のサイパン島、ペリリュー島のあるパラオ諸島、トラック諸島だったが、このほかの小さな島々にもまんべんなく小部隊を配置し、たいていの島には飛行場を造った。

アメリカ軍は根拠地ハワイから、まずギルバート諸島とマーシャル諸島を攻略し、艦隊泊地（クエゼリン環礁）と飛行場を確保した。その結果、マキン、タラワ、クエゼリン環礁、ブラウン環礁の日本軍各守備隊が玉砕した（合計約一万七七〇〇人）。

その西方には点々と多くの島があったし、トラック諸島には連合艦隊の泊地があった。が、トラックには空母は進出していない。アメリカ軍は空母群を機動させ、これら島々を空襲し、無力化させた。トラック諸島も、わずか一回の大空襲（昭和十九年二月十七日）で、パラオ諸島も同年三月三十日の大空襲で大損害を被った。

この間、アメリカ軍はどの島にも上陸はしなかった。そして、最後にサイパン、グアムなどマリアナ諸島に上陸して日本軍を全滅させ（八万九〇〇〇人玉砕）、B29（東京を往復できる重爆撃機）の基地を築いて日本全土の大空襲作戦を展開する。

米軍が上陸しなかった諸島の守備隊は脱出もできず、補給も受けられず、飢餓が広がった。餓死の総数は二万人を優に超える。

●マキン島を占領した米軍は飛行場を整備して中部太平洋の前進基地にした

◆太平洋諸島間の距離

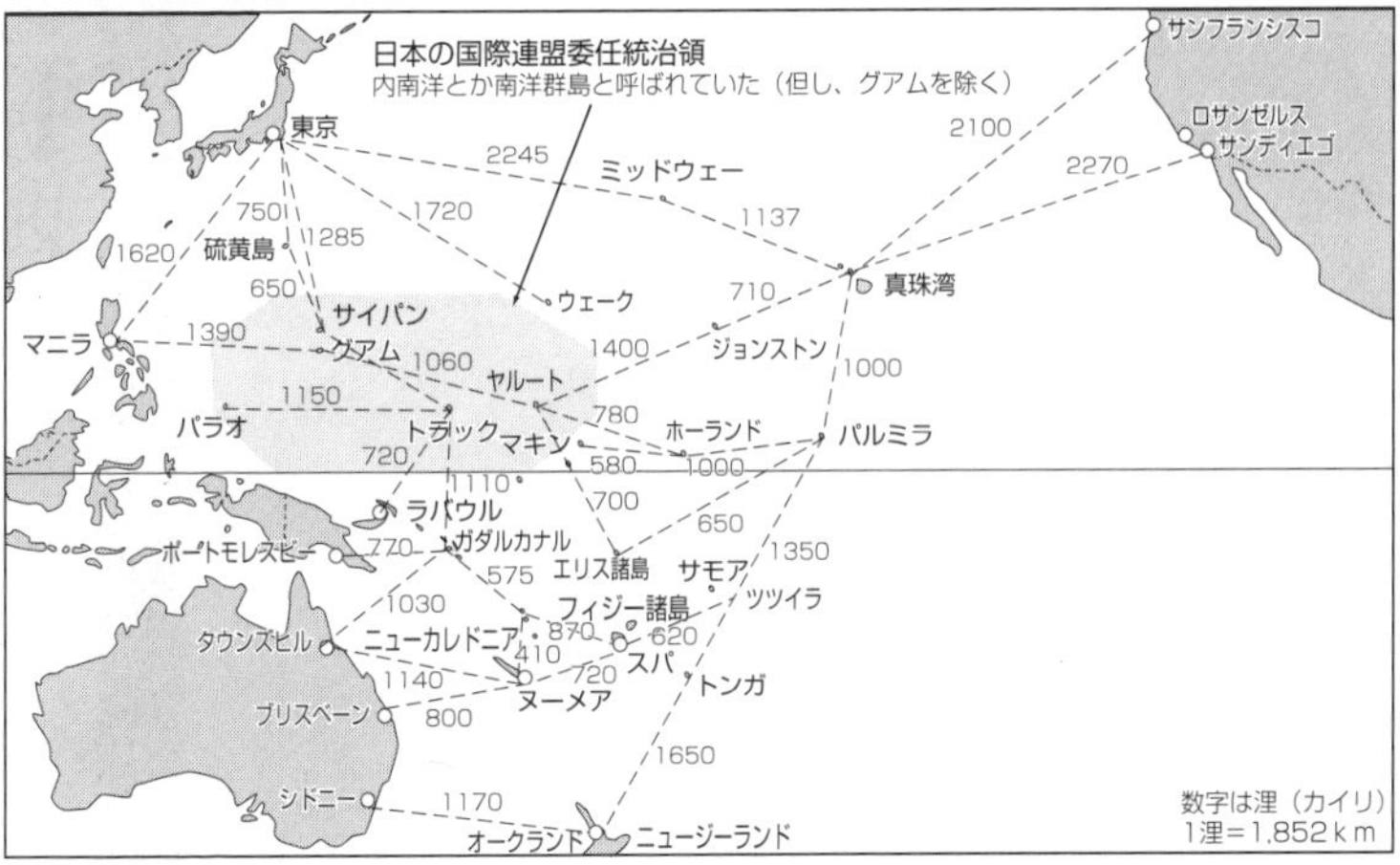
日本の国際連盟委任統治領
内南洋とか南洋群島と呼ばれていた（但し、グアムを除く）
東京
2245
ミッドウェー
1720
1137
750
1285
1620
硫黄島
650
ウェーク
710
真珠湾
サイパン
マニラ
1390
グアム
1060
1400
ジョンストン
ヤルート
1000
1150
780
パラオ
トラック
マキン
ホーランド
パルミラ
720
580
1000
1110
700
ラバウル
650
ポートモレスビー
770
ガダルカナル
1350
575
エリス諸島
サモア
1030
ツツイラ
フィジー諸島
タウンズビル
ニューカレドニア
870
620
410
スバ
1140
720
トンガ
ヌーメア
ブリスベーン
800
1650
シドニー
1170
オークランド
ニュージーランド
サンフランシスコ
2100
ロサンゼルス
サンディエゴ
2270
数字は浬（カイリ）
1浬＝1,852km

戦後まで戦い続けた三四名の日本兵

昭和二十二年に投降した玉砕の島ペリリューの陸海軍将兵

マリアナ諸島のサイパン、テニアンを占領、グアムを奪還した米軍は一九四四（昭和十九）年九月十五日、パラオ諸島のペリリュー、アンガウルに上陸を敢行した。南北九キロ、東西三キロの孤島ペリリューには、東洋最大の日本軍飛行場があった。

米軍にとってペリリューを放置することは、フィリピン奪還をめざしているマッカーサー軍の頭上にゼロ戦を舞わせることになり、逆にペリリューを手中にすれば、フィリピン爆撃の重要なB29の基地になる。ペリリューの戦いは、この飛行場をめぐる攻防戦だった。

ペリリュー島を守備していたのは、陸軍の第一四師団（パラオ集団）麾下《きか》のペリリュー地区隊（隊長・歩兵第二連隊長中川州男大佐）で、その兵力は歩兵第二連隊と歩兵第一五連隊第三大隊、独歩第三四六大隊、海軍の西カロリン航空隊など九八三八名だった。

これに対し米軍は二個師団、約四万二〇〇〇名の兵力をつぎ込んできた。

大軍に取り囲まれた孤島の守備隊にとって、補給は弾丸一発、米一粒さえ望めない。日本軍守備隊は、最初から全滅覚悟で全島を洞窟要塞化して米軍を待ち構えた。目的は一日でも長く保持し、一人でも多くの敵を倒すことだったから、サイパン守備隊のような万歳突撃などは行なわなかった。

それだけに戦闘は熾烈《しれつ》をきわめ、七四日間にわたった組織的戦闘で、米軍は戦死一六八四名、戦傷七一六〇名、合計八八四四名と、日本軍守備隊に匹敵する損害を出した。

日本軍は軍属を含め生還者は四四六名で、このなかには捕虜になった兵と、戦後の昭和二十二年四月二十二日まで、洞窟に潜んでゲリラ戦を続けた山口永少尉を含め三四名の陸海軍兵士たちもいる。

●昭和22年4月22日に投降した34名の日本兵

◆パラオ諸島

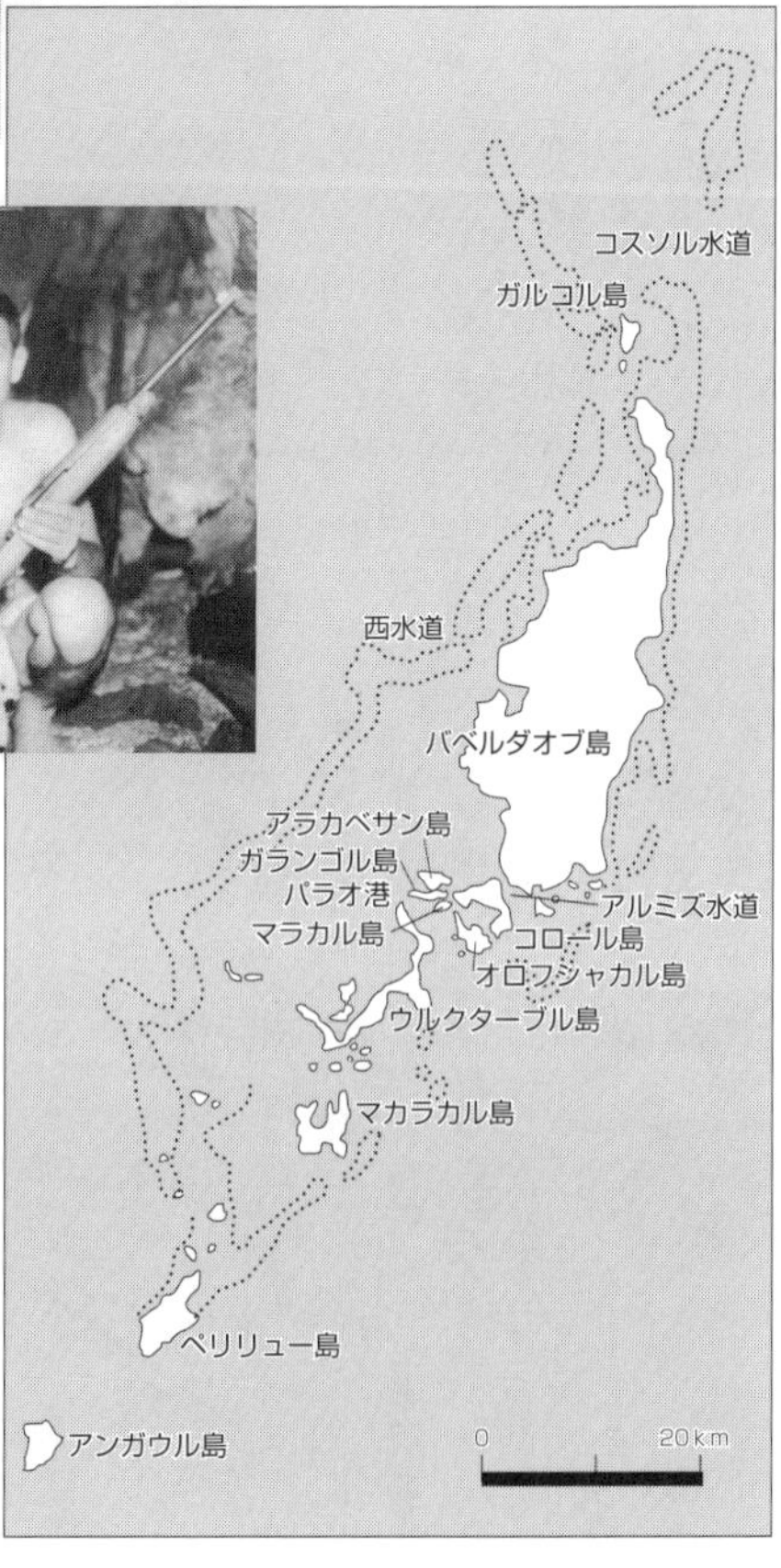
コスソル水道
ガルコル島
西水道
バベルダオブ島
アラカベサン島
ガランゴル島
パラオ港
マラカル島
アルミズ水道
コロール島
オロプシャカル島
ウルクターブル島
マカラカル島
ペリリュー島
アンガウル島
0
20km

●米軍のMIライフルで再武装し、洞窟に潜んでいた日本兵

●ペリリュー島で負傷し二人の戦友に付き添われて前線を離れる米兵

海軍は特殊潜航艇に何を期待した？

シドニー港とディエゴスワレス湾に散った乗組員

「特殊潜航艇、シドニー港攻撃から60年」として、『朝日新聞』がオーストラリアにおける回顧の表情を大きく伝えた（平成十四年五月三十一日）。

これは、日本海軍が太平洋戦争の初期（昭和十七年六月一日）に行なった特殊潜航艇（特潜）を用いた作戦で、魚雷攻撃によってオーストラリアの補給艦「カタバル」が沈没し、二一人が死亡した。

多数の犠牲者が出たにもかかわらず、防潜網で仕切られていた警戒厳重なシドニー港に、小さな潜水艦で進入し作戦を成功させた、死も厭《いと》わない勇敢な日本軍人を称賛する声が当時からあがった。

引き揚げられた四人の日本軍人（三隻進入、二人は行方不明）は、豪軍の海軍葬で敬意を表され、その後の日英交換船で遺体も日本に送り届けられた。

特潜は二人乗りで、作戦地近くまで大型潜水艦で運ばれたが、魚雷攻撃後、脱出することになっていた。しかし、現実には脱出は不可能で、いわば捨て身の作戦ではあった。真珠湾奇襲の際、五隻の特潜が参加し、未帰還の九人が軍神として讃えられた例もある（一人は捕虜となった）。

シドニー港攻撃の前日、特潜二隻がインド洋のマダガスカル島ディエゴスワレス湾に進入して魚雷を発射、英戦艦「ラミリーズ」を浸水傾斜させ、タンカー一隻を沈没させた。特潜一隻は海底で座礁《ざしょう》、一隻からは乗組員二人が脱出して上陸逃亡したが、その後、捜索隊との撃ち合いで死亡した。

機動部隊による華やかな作戦の裏で、日本海軍がしかけた特潜作戦は、総合力で劣勢な態勢を少しでも補おうとした「必死」に近い「決死」作戦だった。

その後も特潜はガダルカナル、ラバウル、セブ（フィリピン）、トラック、沖縄などで出撃し、特潜関係の戦没者は四四〇人にのぼった。

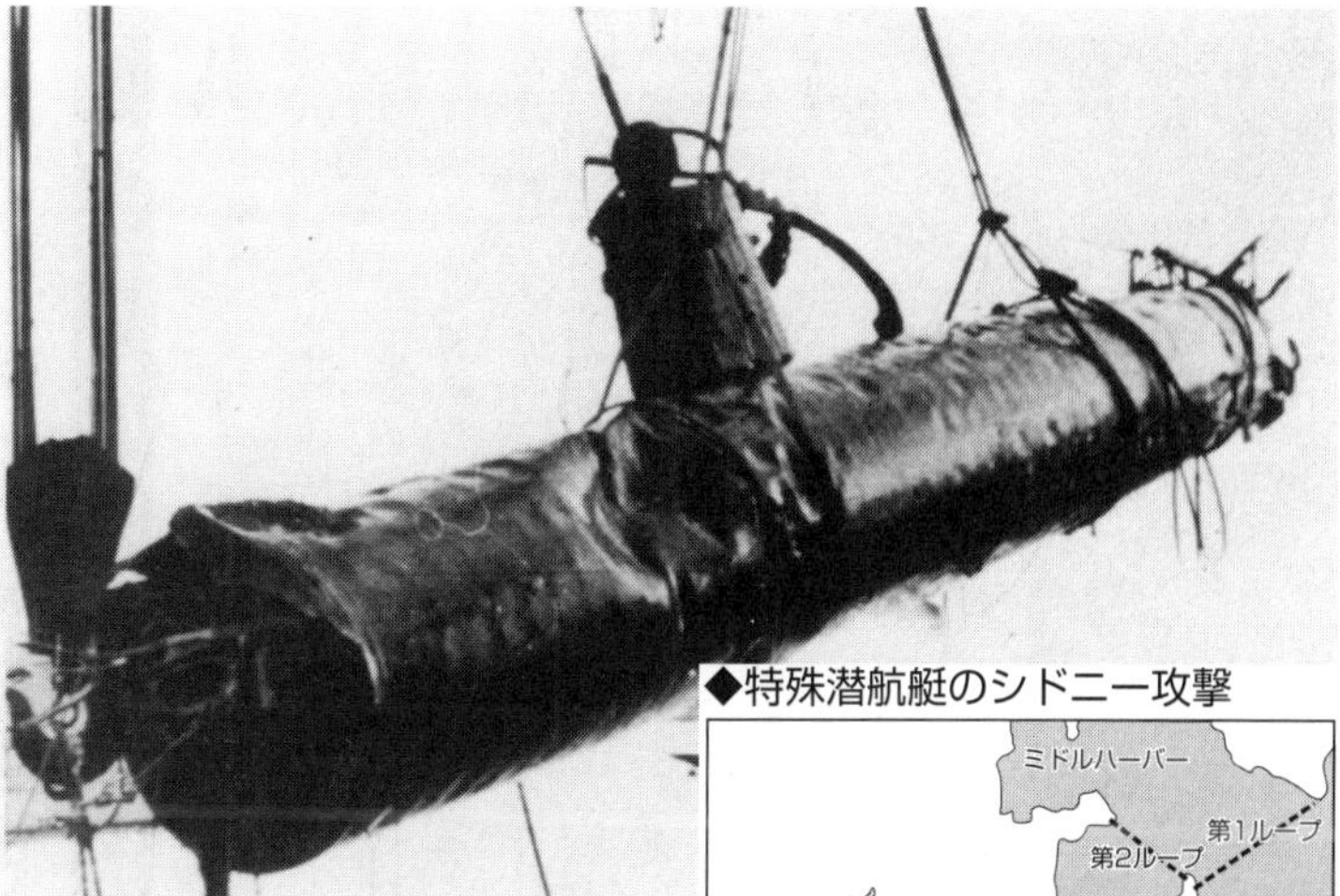

●シドニー港から引き揚げられた二人乗りの特殊潜航艇

◆特殊潜航艇のシドニー攻撃

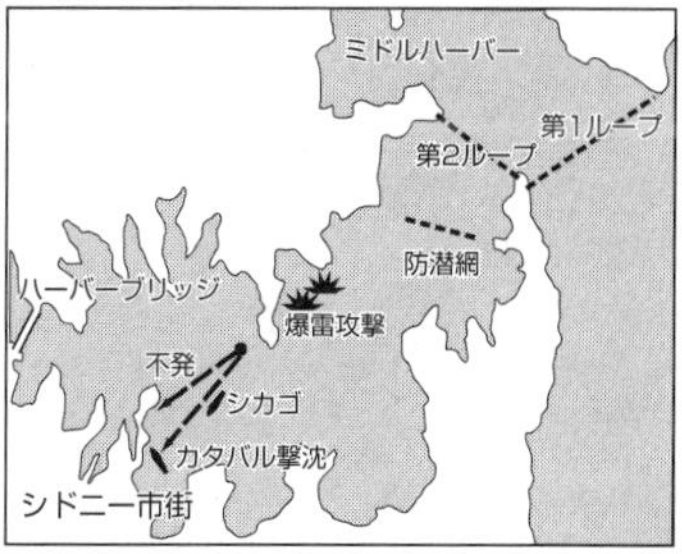
ミドルハーバー
第1ループ
第2ループ
防潜網
ハーバーブリッジ
爆雷攻撃
不発
シカゴ
カタバル撃沈
シドニー市街

◆特殊潜航艇(甲標的)構造図

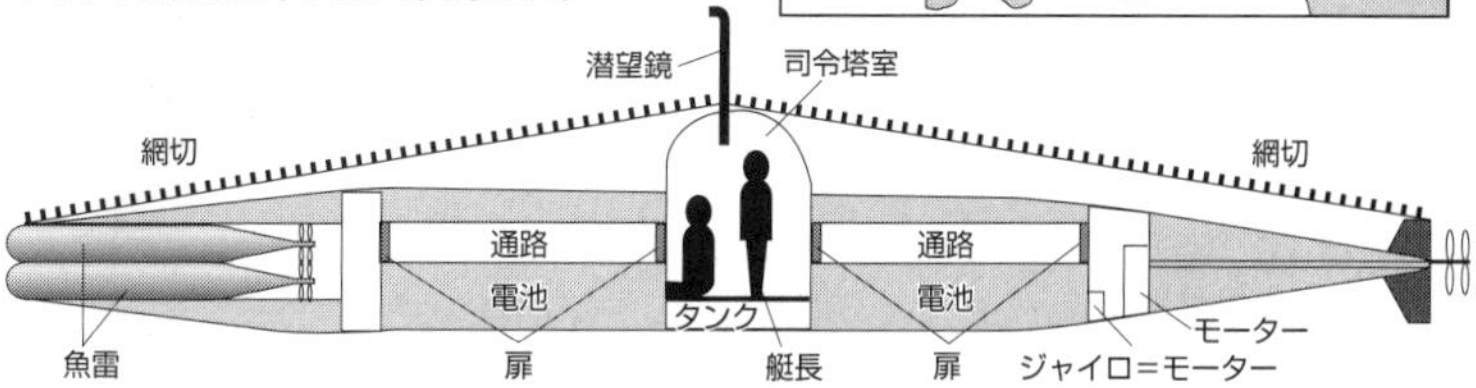
潜望鏡
司令塔室
網切
網切
通路
電池
通路
電池
タンク
魚雷
扉
艇長
扉
ジャイロ=モーター
モーター

全長：23.9m　直径：1.85m　排水量：43.75トン　計画速度：25ノット
航続力：21.5ノットで50分、7ノットで16時間　魚雷：2本

●日英交換船で日本に帰還したシドニー港攻撃特殊潜航艇乗員の葬儀

●シドニー港で日本軍の特殊潜航艇に撃沈された「カタバル号」

ビアク島で果てた日本軍一万三〇〇〇人

マッカーサー軍に真っ向から刃向かった知られざる孤島の奮戦

ビアク島はニューギニア島北西のサレラ湾口に浮かぶ小さな島（淡路島の三倍）である。

ニューギニア北岸沿いに西進し、フィリピン奪還をめざすマッカーサー軍の通り道にあたっており、日本軍はビアク島支隊（一万三〇〇〇人、葛目直幸《くずめなおゆき》大佐指揮）を編成して防備を固めていた（陸海軍各部隊。主力は岩手県編成の歩兵第二二二連隊）。ビアク島からは、フィリピン南部が爆撃圏内だ。

アメリカ軍約三万人の上陸作戦開始は、一九四四（昭和十九）年五月二十七日。日本軍は猛烈に反撃し、五日後にいったんは撤退させたが、アメリカ軍は翌日から再上陸を始め、ついに橋頭堡《きょうとうほ》を築いた。

それに対して守備隊は、海岸に近い大きな洞窟を指揮所として夜戦、斬り込みを反復、約二週間にわたり必死の抵抗を繰り返した。

抵抗は峠を越え、葛目支隊長は玉砕命令を発したが、ちょうど小部隊とはいえ救援部隊が上陸したことがわかり、抗戦を再開した。指揮所となっていた洞窟には二八〇〇人ほどの将兵の遺体を残し（ほとんどが自決）、小部隊ごとの遊撃戦が展開された。支隊長はほどなく拳銃自決、各将兵は思い思いにゲリラ戦を続行した。

ゲリラ戦の途中で捕虜となった者、日本降伏後に捕虜となった者などを合わせて、生還者はわずかに五二〇人。戦いの途中で山野に斃《たお》れた将兵の多くが、真っ黒い小さな虫の大軍に襲われ、五、六日で白骨化したという。

ビアク島の戦いの半ばから、米ニミッツ軍がサイパンに上陸した。日本軍は、米軍のサイパン上陸を直前まで探知できず、ビアク島全面救援の構えだったが、敵のサイパン上陸を知るや、ビアク島救援をあきらめたのだった。

●ビアク島の西にあるヌンホル島に降下する米軍。日本軍守備隊500人は玉砕した

●砲撃で丸裸にされたビアク島沿岸

◆ニューギニア西部要図

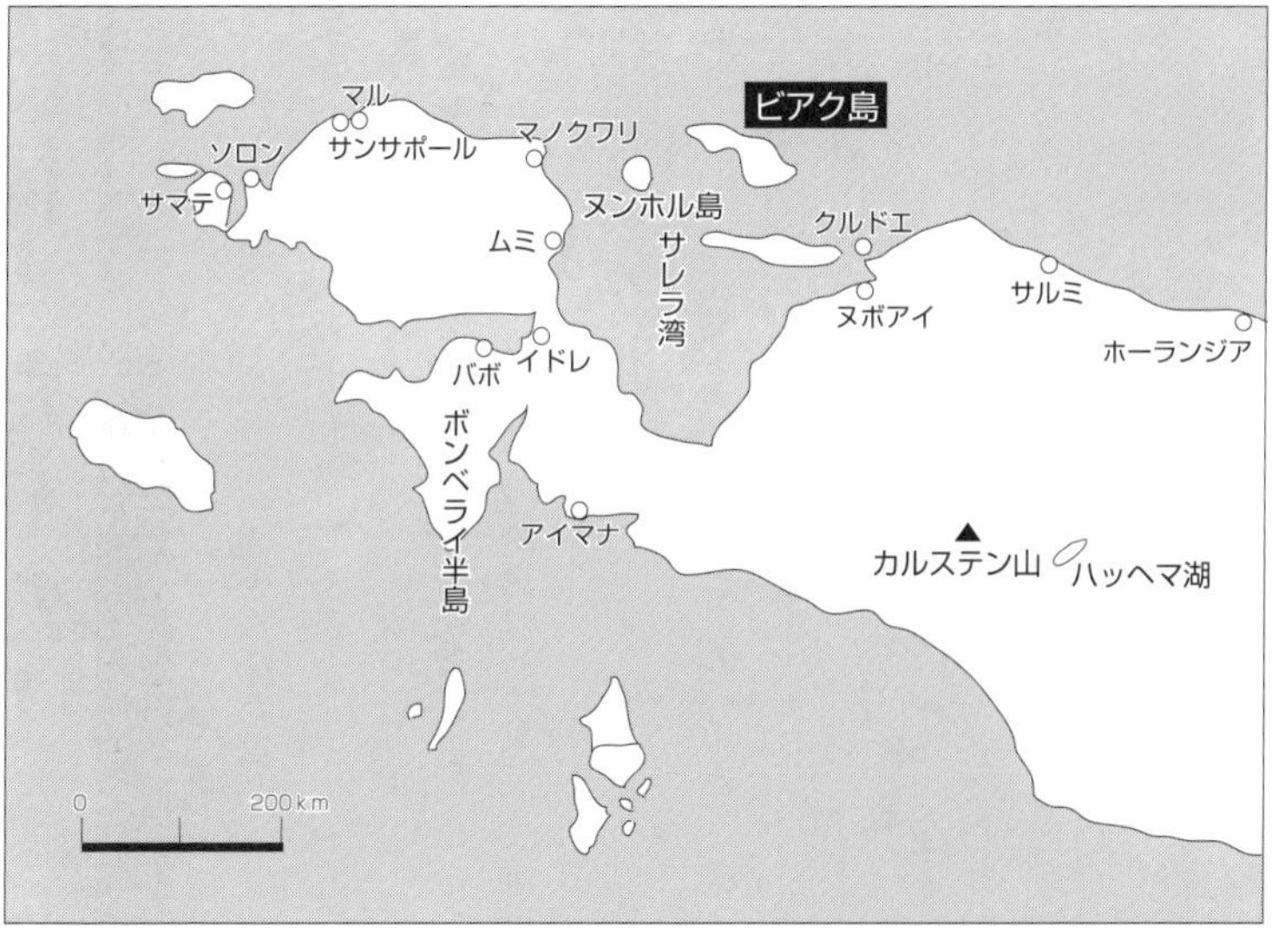
ビアク島
マル
サンサポール
マノクワリ
ソロン
サマテ
ヌンホル島
ムミ
サレラ湾
クルドエ
ヌボアイ
サルミ
ホーランジア
バボ
イドレ
ボンベライ半島
アイマナ
カルステン山
ハッヘマ湖
0
200km

肉弾突撃でよいのか、戦車に体当たりだ！

現地参謀長の反問で回避されたブーゲンビル島の玉砕戦

赤道から少し南に位置し、ほぼ東西に伸びるソロモン列島は、日本陸海軍にとって太平洋戦争の主戦場だった。その最大の海軍基地だったラバウルや、多数の餓死者を出して撤退したガダルカナル島はよく知られている。

しかし、ソロモン諸島で最大の戦死者を出したのは、ガ島ではなくブーゲンビル島だった。

戦争が終わって九年目の政府集計では、生還者約二万七〇〇〇人（陸軍一万六〇〇〇人、海軍一万一〇〇〇人）、戦没者約四万二〇〇〇人（陸軍三万人、海軍一万二〇〇〇人）である。戦没者はガダルカナル島のほぼ二倍にのぼっている。

一九四三（昭和十八）年十一月、アメリカ軍の上陸地点はタロキナといい、日本軍が陣地を築いていない場所だった。日本軍主力（熊本編成の第六師団）はジャングルを切り開いて道路を造り、砲弾（約一〇〇〇発）や食糧（一万人二週間分）を集積して、翌年三月、背後から本格的に攻撃した。

しかし、アメリカ軍はジャングル内に戦車を投入、日本軍を蹂躙《じゅうりん》した。約一カ月で戦死者が五〇〇〇人近くなり、いよいよ最後の段階になったとき、師団参謀長（山之内二郎大佐）は上級司令部（第一七軍）にあえて質問した。

「明日からまた攻撃するが、精神力だけでは突破できない。アメリカ軍は戦車で逆襲してくるが、それ（体当たり戦法を指す）でよいか」と。

日本軍としては珍しく、この時点で攻撃中止命令が出た。以後終戦までの約一年四カ月、名ばかりの遊撃戦を戦ったが、真の敵は飢餓だった。餓死者が続出し、かつてドイツ領だった頃の呼び名「ボーゲンビル島」から連想させて、ボ島、すなわち「墓島」と呼ぶようになった。

●ジャングルに戦車を投入し、日本軍を追いつめる米軍

●ソロモン諸島攻略の指揮官ハルゼー海軍大将（左から二人目）

成功したコロンバンガラの撤収作戦

中部ソロモン諸島における知られざる大発の大作戦

コロンバンガラ島は中部ソロモン諸島のなかの小さな島の一つで、まん丸い地形をしている。この島から、約一万二五〇〇人の日本軍撤退作戦が行なわれた。

状況は違うとはいえ、ガダルカナル島からの撤収人員一万六五〇人より多かった。しかも大発《だいはつ》（大型発動機付舟艇）を使ったのだから驚く。

大発は定員は八〇人、特大発は定員一七〇人。これを何十隻も準備して、島から島の兵員・補給品輸送の任務についていたのが、陸軍の船舶工兵連隊だった。終戦時まで五七個連隊編成された。

コロンバンガラ島に送り込まれていた日本軍は、そこへ上陸してくるはずのアメリカ軍を迎え撃つのが目的だった。すでに、東隣のニュージョージア島に上陸した（昭和十八年七月）アメリカ軍は、同島日本軍を追いつめつつあった。

次はコロンバンガラ島かと予測していると、アメリカ軍は手薄なベララベラ島に上陸した。コロンバンガラ島の日本軍は孤立しようとしていた。ならば、万難を排して、次の主戦場と予想されるブーゲンビル島へ兵員を移さなければならない。

こうして大発による大撤収作戦が始まった。作戦は海軍の機動舟艇部隊も参加して、二回に分けて行なわれた。米軍も察知して駆逐艦や魚雷艇で攻撃した。

「撤退部隊はまったくノコノコと海の中に沈められに行くようなもので、悪くいけばほとんど全滅、うまくいっても半分ぐらいの損害があるだろう」（撤退輸送最高指揮官・芳村正義少将）との予想だった。

参加大発は延べ約一〇〇隻。大損害を覚悟したものの、沈められたのは一〇隻にとどまり、戦死者も三七〇人に抑えられたという。

●アルンデル島で155ミリ曲射砲に装填する米軍。日本軍は米軍が感嘆するほど巧妙に戦ったが…

●ベララベラ島に上陸する米軍。この島の日本軍守備隊の残存589名は撤退に成功した

◆ソロモン諸島要図

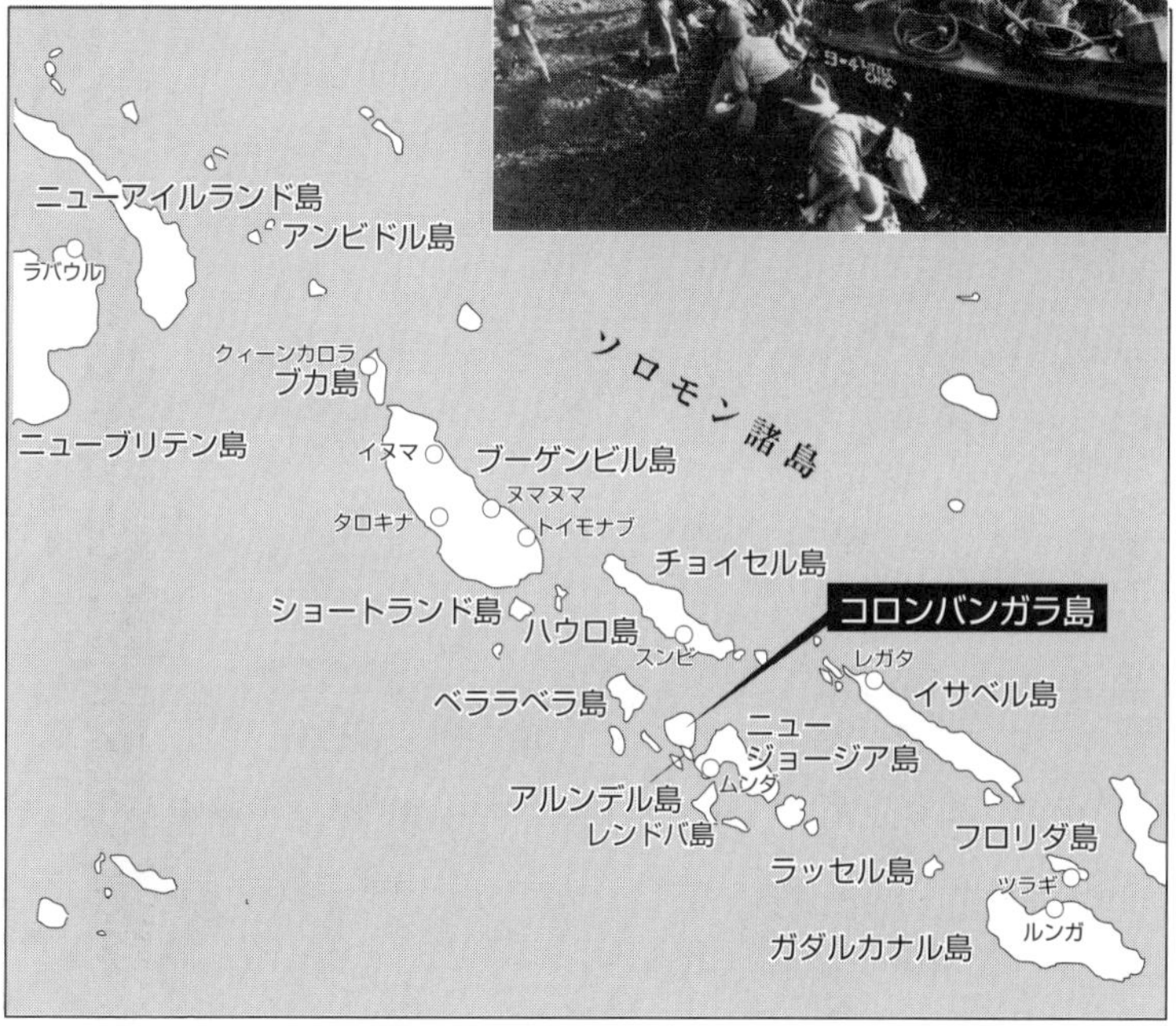
ニューアイルランド島
アンビドル島
ラバウル
クィーンカロラ
ブカ島
ニューブリテン島
イヌマ
ブーゲンビル島
ヌマヌマ
タロキナ
トイモナブ
ソロモン諸島
チョイセル島
ショートランド島
ハウロ島
スンビ
コロンバンガラ島
レガタ
イサベル島
ベララベラ島
ニュージョージア島
ムンダ
アルンデル島
レンドバ島
フロリダ島
ラッセル島
ツラギ
ルンガ
ガダルカナル島

ラバウルの遊兵、忘れられた二年間

撃滅よりも効果があった米軍の「立ち枯れ作戦」

アメリカ軍は、ガダルカナルを基地としてソロモン諸島を西進しつつ考えた。——最終目標はラバウルの占領だが、一〇万近い日本軍が配備されているこの基地を、占領せずに無力化できないか、と。

アメリカ軍の戦略・戦術は非常に柔軟だ。大部隊が駐屯する場所へ無理に上陸すれば、損害も大きくなるからだ。ラバウルそのものは、日本本土を直接攻略する基地にしては遠すぎる（東京から約五〇〇〇キロ）からなおさらだ。

現実には昭和十八年秋頃から、ラバウルの日本軍戦力は極端に落ちていた。空襲のためである。それでも、アメリカ軍がブーゲンビル島に上陸したとき（同年十一月）、果敢に航空攻勢をしかけた。

アメリカ軍にほとんど実害はなかったが、日本側は六次にわたる攻撃で空母九隻撃沈などと「大本営発表」を繰り返したので、ニューヨークの株価が一時的に下落したほどだった。

アメリカ軍はブーゲンビル島の航空基地から大々的なラバウル空襲を実施した。一九四四（昭和十九）年一月、八回にわたり延べ約一三〇〇機、翌二月六回にわたり延べ約一一〇〇機。

たまりかねたラバウルの日本海軍航空隊は、すべてトラック諸島（一三〇〇キロ北方）へ撤収。ラバウルは無力化した。

アメリカ軍はさらに念を入れて周囲の小島をいくつか占領し、ラバウルのあるニューブリテン島南端北岸グロセスターに上陸して、日本軍を蹴散らした。こうしてラバウルは外部との連絡を断たれ孤立する。補給船も入れない。

ラバウルの陸海軍将兵はしかたなく畑を耕しはじめ、自滅を避け、他日を期すことになった。戦後ラバウルから日本に戻ったのは、約九万人だった。

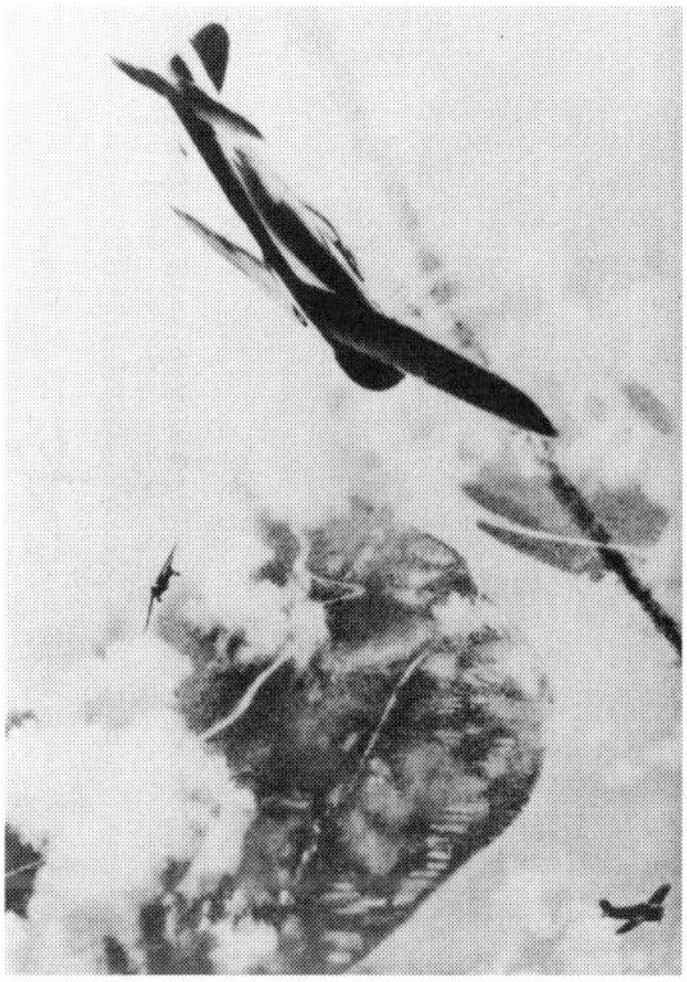

●ラバウル上空の空中戦

●日本軍の西飛行場に新考案の
落下傘爆弾を投下する米軍

●ラバウル港内で空襲を受ける
日本輸送船と波止場の建物

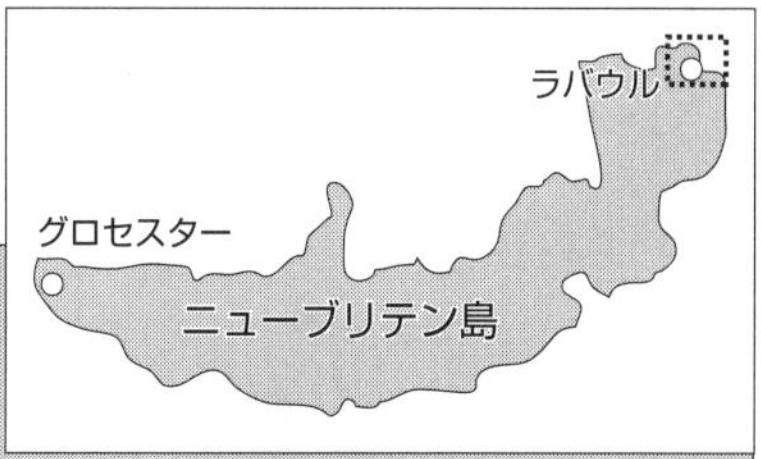
ラバウル
グロセスター
ニューブリテン島

◆ラバウル基地

東飛行場
水上機基地
▲花吹山
ラバウル港
北飛行場
西飛行場
南飛行場
トベラ飛行場

●遊兵となり終戦までラバウルで
戦った海軍部隊。中央は指揮官・
草鹿任一中将

連合艦隊の根拠地トラック環礁のあえなき最期

海軍指揮官の甘い判断で飢餓戦線をさまよった将兵四万三〇〇〇人

トラック諸島（トラック環礁）は、現在独立国のミクロネシア連邦の一部を構成し、チューク諸島と呼ばれている。首都はかつてポナペ島と呼んでいたポーンペイ島のパリキールに置かれている。いずれも、第一次大戦後、日本の国際連盟委任統治領となり、事実上の日本領土になった。

トラック諸島は直径約六四キロの大環礁《かんしょう》で、太平洋戦争中は日本海軍の連合艦隊泊地として利用されていた。しかし、昭和十九年一月になると、アメリカ空母艦隊の攻撃を恐れて連合艦隊の主力（空母なし）はパラオに後退した。残されたのは第四艦隊と、ラバウルから退却してきた航空部隊のみ。そのような状況のところへ、アメリカ空母航空隊が大規模な空襲をかけてきた（二月十七日〜十八日）。

前日、大空襲の予兆を探知しながら空母群を発見できず、日本軍は油断していたので、飛行機の大部分（約二七〇機）は地上で破壊された。警戒心が足りないとして、第四艦隊司令長官（小林仁海軍中将）はクビになった。

この大空襲を境にしてトラック諸島も孤立した。付近の制海権・制空権を米軍に握られたからだ。

トラック諸島の陸海軍部隊約四万三〇〇〇人は十個以上の島に分散駐屯していたが、自活するにも耕地がまったく足りなかった。ほぼ同数の住民もいたからである。貯蔵の食糧が尽きると、猛烈な飢餓が各部隊を襲う。さらに、飢餓の部隊にときおり米航空部隊が空襲をかけた。

一本のサツマイモを盗むだけで死ぬまでリンチという厳しい掟《おきて》が生まれた。マラリアが蔓延《まんえん》し、弱者から命を奪っていった。終戦までに約六〇〇〇人が餓死。日本への生還者は軍属・民間人一万四七七五人を含む三万七三七〇人という。

◆トラック諸島の位置関係図

朝鮮
東京
日本
沖縄
フィリピン海
トラック諸島
ビスマルク諸島
ニューアイルランド
ラバウル
ニューブリテン
ソロモン諸島
ニューギニア
ブーゲンビル
ソロモン海
アラフラ海
ポートモレスビー
ガダルカナル
ダーウィン
珊瑚海
オーストラリア

春島
夏島
水曜島
月曜島
冬島
君島諸島
◆トラック諸島

●米戦闘機「ヘルキャット」の
攻撃を受ける日本の駆逐艦

●猛烈な砲火の中を米艦に
突っ込んでいく日本の雷撃機

●米軍の攻撃を受けるトラック泊地

ルソン島で頻発した戦友相食む飢餓地獄

処刑に臨んで「戦死扱い」を懇願した部隊長

太平洋戦争の戦場で、最も日本軍の戦死者が多かったのがフィリピンである（約五〇万人）。

開戦初期の占領当初から、北のルソン島から南のミンダナオ島まで、大小の島に万遍なく部隊を配置していた日本軍だったが、奪還にやってきたマッカーサー軍は、決して降伏しない日本軍を随所で全滅させていった。

勢力一〇〇万という抗日ゲリラ部隊も住民の協力のもと、ジャングルの奥へ奥へと逃げる日本軍を容赦しなかった。

日本軍はどの部隊も飢えに苦しんだ。そして、ついには戦友を殺して食うという、極限の戦場ではいずこでも見られた惨状が多発した。

人肉食の記録はなかなか表には出ない。見聞したことを率直に語るには、やはりはばかられる。

そのなかで、ある病院部隊関係者による追想録集には、仲間を食ってしまった〝犯人〟を捕らえて、自決させたり銃殺にしたりした話が記録されている。

食われた仲間は、いずれも部隊のために食糧を探しに出かけ、帰ってこなかった兵隊たちだった。

捜索隊に不意を急襲され、観念した三人グループの指揮官格の大尉は、銃殺される前に頼みごとをした。一つは部下の功績表を預かってほしいこと、一つは戦死と報告してほしいこと、だった。

「人道に背いたわしがこんなことを言うのは矛盾しているようだが、家郷に残した妻子が、わしのこの卑劣な行為の真相を知ったら、どんなに嘆き、またどんな迷惑を蒙るか知れないだろう。それが唯一わしの心残りなのだ」

と言ったと、記録者は書いている。そして、すべてを了解して銃殺したそうだ。だから、この一文には戦友を食った軍人の名前は伏せてある。

●日本の降伏後フィリピンで捕虜となり、収容所内で食事の用意をする日本人看護婦

●フィリピンのゲリラ部隊婦人隊員に勲章を授与する米軍ブラウン准将

●日本降伏を喜ぶフィリピンの人たち

●アドバルーンをあげて日本軍に投降を呼びかける

ジャングルに消えた日本兵一万と捕虜三〇〇〇

北ボルネオに展開された戦略なき指揮官の多大な犠牲

ボルネオ島北部を防衛する部隊は第三七軍（旧称ボルネオ守備軍）と称した。軍司令部は西海岸にあったが、昭和十九年末、兵力のほとんど約二万人を東海岸に集中させた。フィリピンのレイテを奪ったアメリカ軍は、次にはルソン島とともに、日本海軍が占領している重要産油地タラカンなどを奪還すると思ったからだそうだ。

ところが、年が明けて早々、第三七軍司令部があったアピ（ゼッセルトンとも）が、B29三〇機による大空襲を受けた。あわてた三七軍の上級司令部・南方軍は、東海岸に展開している全兵力を西海岸に移動させる命令を下した。敵の狙いは西海岸だと思い込んだからという。

しかし、現地司令部は同意しないだろうから、この際、軍司令官も参謀長も交代させ、そのどさくさにまぎれて部隊を移動させせようとした。まことに隠微で現場を混乱させる指揮ぶりだった。

ともかくこうして二万人の軍隊は西に向かった。直線距離三五〇キロだが、途中に一〇〇〇メートル級の山脈が二本、三〇〇〇メートル級の山脈が一本走っている。行程の大部分がジャングルで、当然食糧も乏しい。移動を命じた南方軍の参謀は、ジャングルを念頭に入れず、一〇日間で移動できると計算したという。

移動の途中で約一万人がジャングルで息絶えた。ボルネオ北部サンダカンの沖合ベルハラ島には約三〇〇〇人の英豪軍捕虜がいた。ついでにこの捕虜集団も西海岸に移動させた。当然のごとく捕虜集団はジャングル内でバタバタ斃《たお》れた。生き残りは逃亡した三人という。

第三七軍司令官・馬場正郎中将は、戦後、その責任を問われ、ラバウルで絞首刑となった。

●ロケット攻撃を浴びるブルネイの街。
ラブアン島はこの北沖合にある

●ラブアン島攻略後のインドネシア人とオーストラリア兵

◆ボルネオ周辺

独立歩兵第371大隊（大隊長・奥山七郎大尉）もボルネオ東海岸から西海岸へ死の行軍を行ない、約400人を失い、残存の440人でラブアン島に上陸。昭和20年6月10日、同島に連合軍が上陸し、奥山大隊は約10日間の奮戦で玉砕した

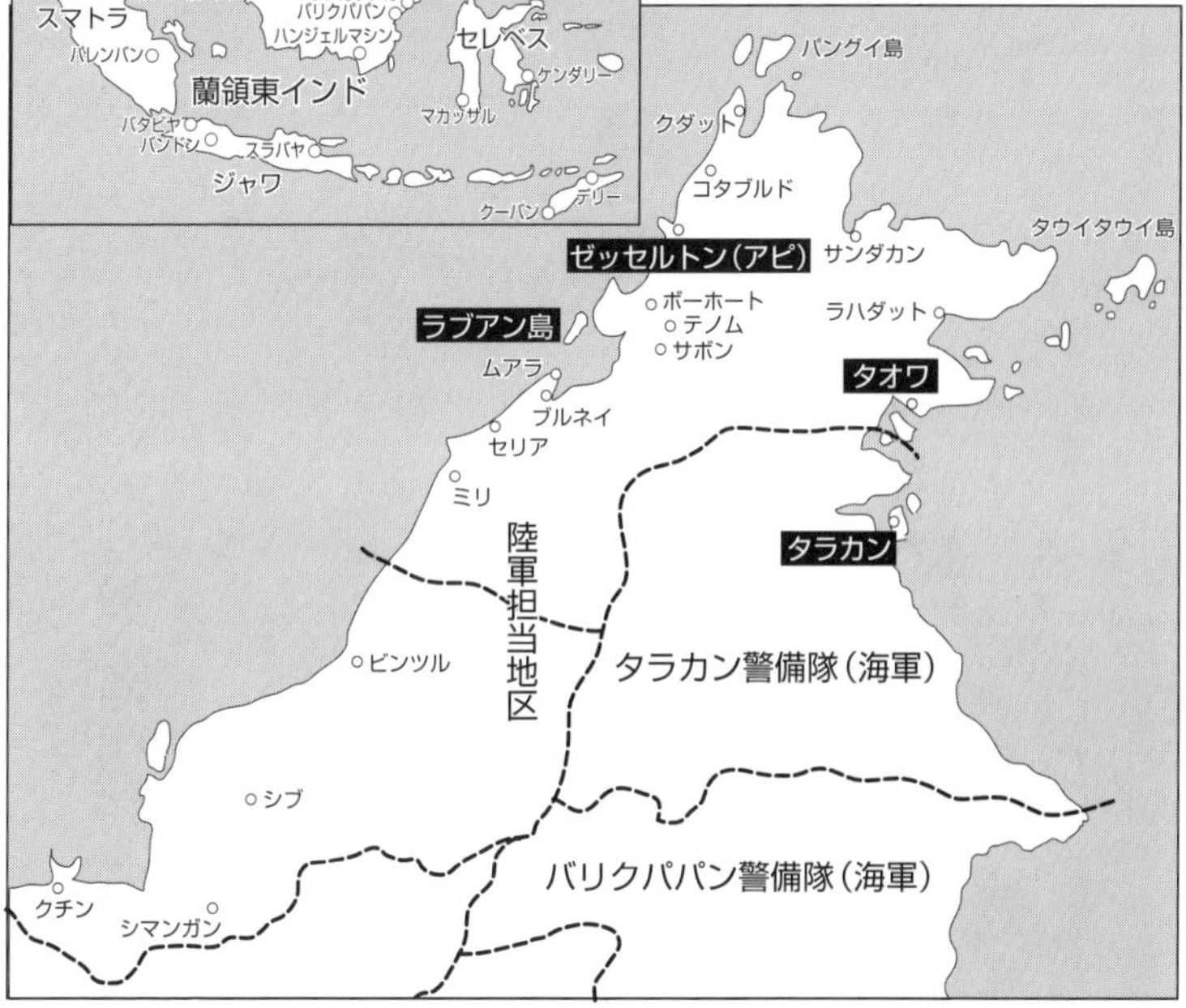

コラム5

軍旗も玉砕すべし

昭和十八年初めの軍事参議官会議で、前線での軍旗の処置が問題になった。発端はガダルカナル戦だった。兵力と軍需物資不足から飢餓に見舞われ、敗退したガダルカナルの戦場で、軍旗の護衛に一個中隊も割《さ》いていたからである。

旧軍隊で軍旗（連隊旗）は兵士の命より重い存在だった。軍旗は天皇が歩兵と騎兵の連隊設立に際して下賜《かし》したもので、部隊の精神的結合の象徴とされていた。そのため、軍旗を敵に奪われたり行方不明になったりしたならば、旗手や隊長は切腹ものだった。だから、ガ島が餓島《がとう》（餓死の島）になっても、各連隊は軍旗を必死に守った。

これが問題になったのである。軍旗のために部隊の行動がしばられ、戦闘が思うようにできないとあっては、本末転倒だからだ。

そこで会議では、部隊が全滅のときは、軍旗も処置してよい、すなわち、部隊とともに「軍旗も玉砕すべし」となったのである。

●歩兵第6連隊（第2師団）旗。ガダルカナル戦も経験した軍旗は房だけになっている

●軍旗も御下賜間もなくは原形をとどめている

第6章 日米の勝敗を決した戦術情報

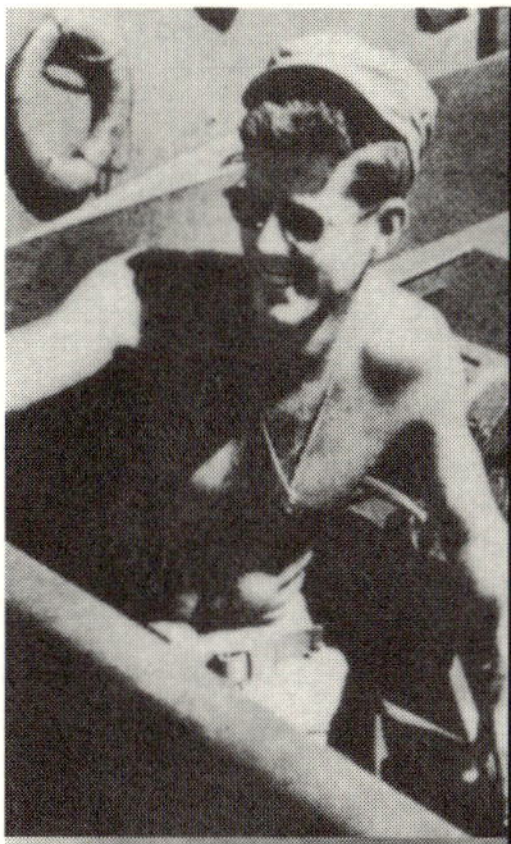

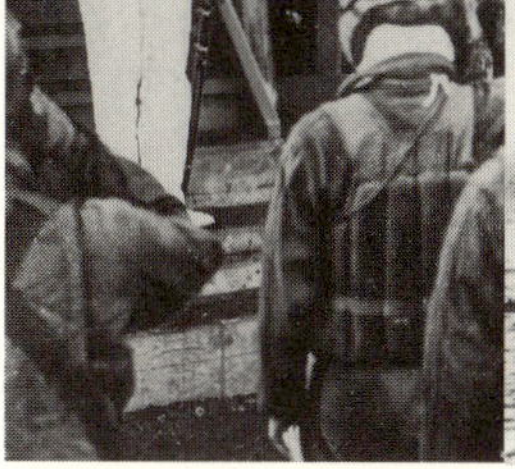

珠灣以來の大海戦
珊瑚海の大海戦
敗敵の退路を断つ
恵通橋附近

日本のMO作戦を盗んでいた米海軍

日本の海軍暗号解読と通信諜報でポートモレスビー攻略作戦を知った米太平洋艦隊

　日米戦が始まったとき、米太平洋艦隊に直属する真珠湾の通信諜報《ちょうほう》隊は、わずか三〇名前後にすぎなかったが、半年後の一九四二年五月までには、早くも一二〇名を超えるまでに増強されていた。そして、日本海軍の「海軍暗号書D」（米軍は「JN—25」と呼称）の解読に専念していた。

　その四月二十二日、真珠湾の太平洋艦隊司令部で参謀会議が開かれた。ここで情報参謀のエドウィン・T・レイトン中佐が重要な報告をした。

「多くの情報を要約すると、敵がニューギニア、ニューブリテン、ソロモン方面で攻撃をかけてくることを示す多くの徴候があります」

　レイトンは、暗号解読や通信諜報を担当する第一四海軍区（ハワイ）戦闘情報班のジョセフ・J・ロシュフォート中佐からの報告で、日本軍の動きは間違いなく、その最大のターゲットはポートモレスビー攻略にあると判断していた。そして戦局を逆転するチャンスがきたことを確信した。

　レイトンを信頼しているニミッツ大将は、南太平洋に展開している空母部隊に合流を命じ、日本軍撃滅態勢をとらせた。これが世界初の空母対空母の戦いになる珊瑚海《さんごかい》海戦の初動だった。

　ところで、この年の一月二十日の夕方、日本の潜水艦「伊一二四」が米駆逐艦とオーストラリア軍のコルベット艦三隻の包囲攻撃を受け、ポートダーウィン沖で沈没した。

　すぐさま米海軍は、海底五〇メートルに沈む一二四潜の艦内から何種類かの暗号書を引き揚げた。まさに日本の海軍暗号解読の宝物だった。

　これらの宝物も加わり、米戦闘情報班は四月十七日までに、日本軍のMO作戦（ポートモレスビー攻略作戦）の概要をほぼ突きとめていたのである。

●アメリカ空母「ヨークタウン」

●アメリカ空母「レキシントン」

◆連合軍の戦略分担地域（1942年3月）

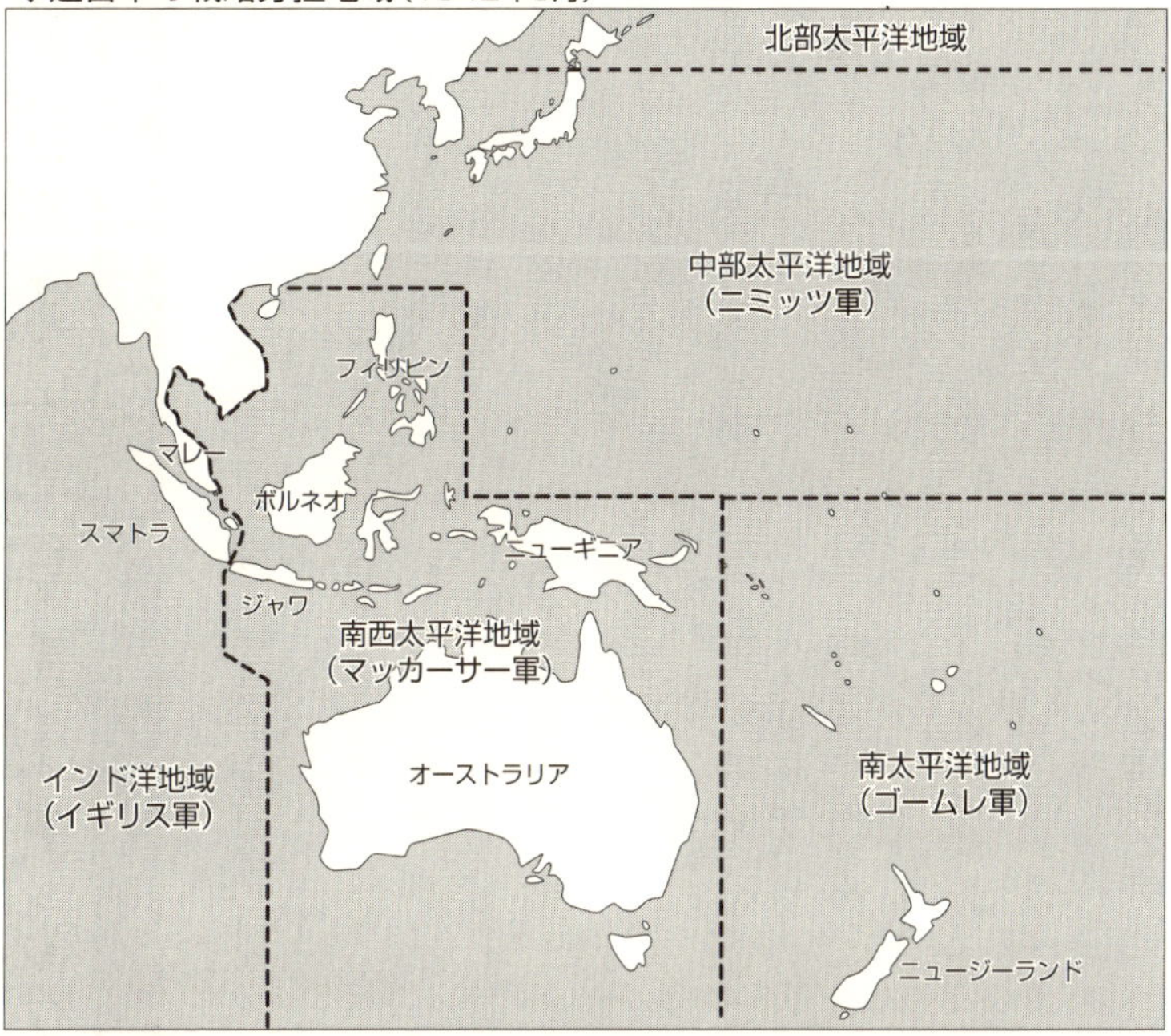

北部太平洋地域
中部太平洋地域
（ニミッツ軍）
フィリピン
マレー
ボルネオ
スマトラ
ニューギニア
ジャワ
南西太平洋地域
（マッカーサー軍）
オーストラリア
インド洋地域
（イギリス軍）
南太平洋地域
（ゴームレ軍）
ニュージーランド

●珊瑚海海戦で撃沈された軽空母「祥鳳」

米軍に「戦略的勝利」と言わせた初の空母決戦

相互に索敵不十分で遭遇した海戦の収支決算

ＭＯ作戦（ポートモレスビー攻略作戦）は、ラバウルに司令部を置く第四艦隊（司令長官井上成美《しげよし》中将）を基幹とする南洋部隊の担当だった。

南洋部隊は第五航空戦隊（司令官原忠一少将）の空母「翔鶴《しょうかく》」「瑞鶴《ずいかく》」を中心としたＭＯ機動部隊（高木武雄中将＝第五戦隊司令官）と、ポートモレスビー上陸作戦部隊のＭＯ攻略部隊（指揮官・第六戦隊司令官五藤存知少将）からなっていた。攻略部隊には上陸作戦部隊が乗る一二隻の輸送船団を護衛する軽空母「祥鳳《しょうほう》」と重巡四隻、駆逐艦一〇隻が付いた。

一九四二（昭和十七）年五月七～八日の二日間、南海の珊瑚海《さんごかい》で繰り広げられた海戦は、日米両軍がお互い敵を視認することなく、艦上機の攻撃だけで戦った世界初の空母対決として知られている。

本来なら、通信諜報で日本軍の行動を知っていた米軍の勝利で終わっても不思議ではない。ところが米機動部隊は午前と午後に索敵機《さくてき》（偵察機）を出したが、雲の下まで降下する勇気がなく、日本艦隊を発見できなかった。ＭＯ機動部隊はさらにひどく、初日は索敵機を一機も飛ばさなかった。

結局、この海戦でお互い拙策を重ねながらも、日米ともそれなりの戦果を得た。日本は軽空母「祥鳳」沈没、「翔鶴」中破、米英豪軍は正規空母「レキシントン」沈没、空母「ヨークタウン」中破でほぼ互角である。しかし日本は敵の正規空母を撃沈したことで、大本営は「珊瑚海の大勝利！」と喧伝《けんでん》したが、ＭＯ作戦は中止に追い込まれた。

ニミッツは回想している。

「これを戦略的に見れば、米国は勝利を収めた。開戦以来、日本の膨張は初めて抑えられた。ポートモレスビー攻略部隊は、目的地に到着しないで引き揚げなければならなかった」

◆MO作戦要図

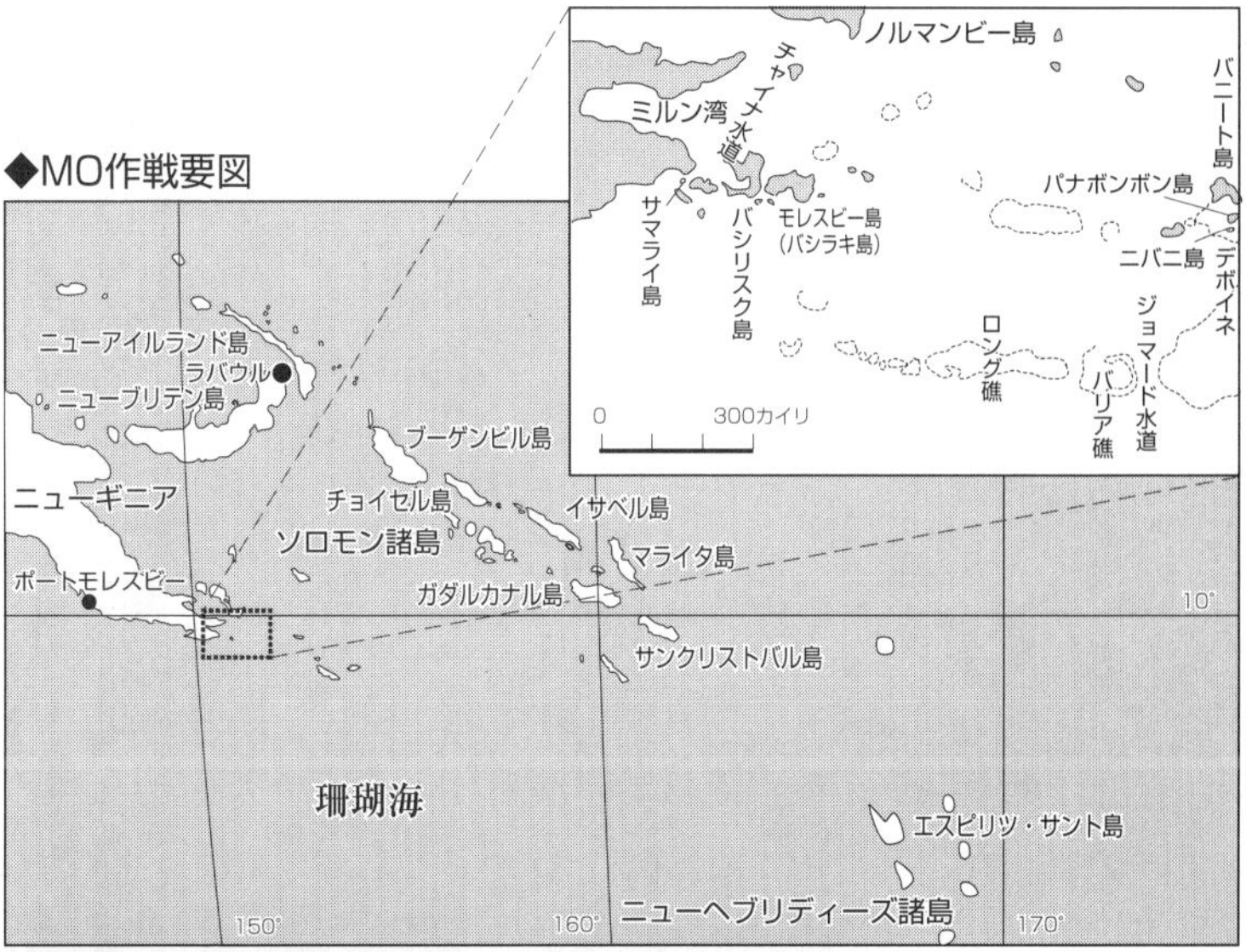
ノルマンビー島
チャイナ水道
ミルン湾
バニート島
パナボンボン島
サマライ島
バシリスク島
モレスビー島
(バシラキ島)
ニバニ島
デボイネ
ロング礁
ジョマード水道
バリア礁
0
300カイリ
ニューアイルランド島
ラバウル
ニューブリテン島
ブーゲンビル島
ニューギニア
チョイセル島
イサベル島
ソロモン諸島
マライタ島
ポートモレスビー
ガダルカナル島
10°
サンクリストバル島
珊瑚海
エスピリツ・サント島
150°
160°
ニューヘブリディーズ諸島
170°

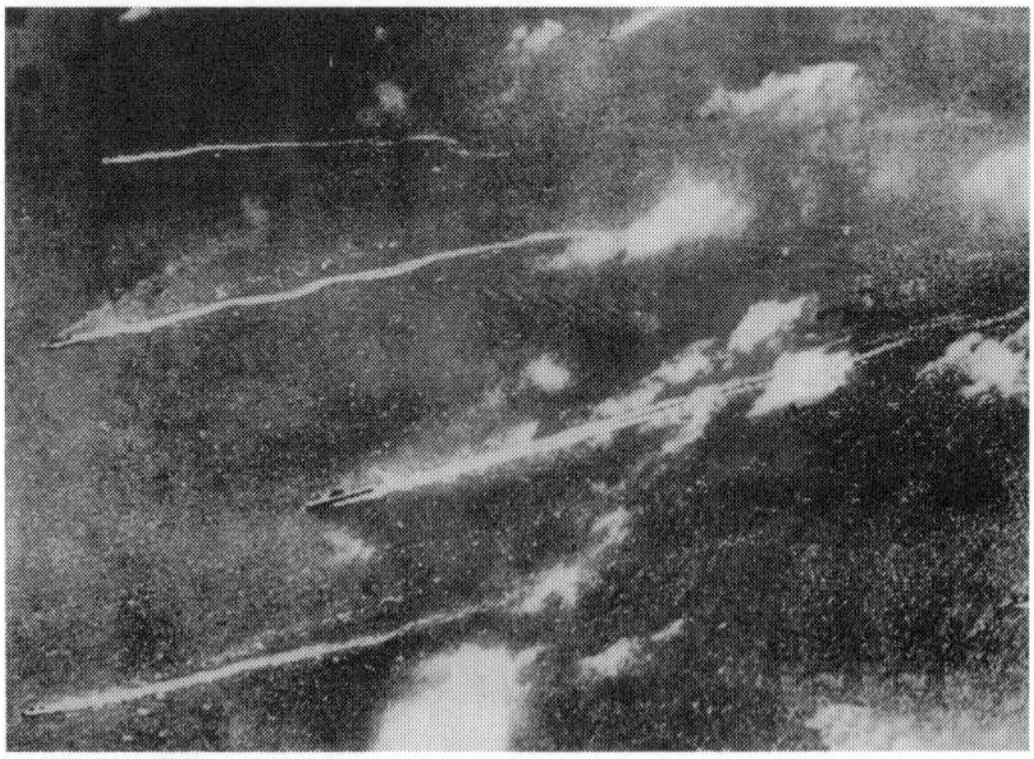

●空母「ヨークタウン」を中心にした輪型陣

●沈没寸前の軽空母「祥鳳」

●爆発炎上するアメリカ空母「レキシントン」

世界初の空母対決に何も学ばなかった日本海軍

貴重な戦訓の討議よりも、司令長官の罷免論争に熱心だった海軍首脳

珊瑚海海戦の結果は、日本は軽空母一隻を失ったが、正規空母一隻を撃沈したから日本の勝利であるとして、海軍報道部は鳴り物入りで五回にわたって「興廃を決するもの」と発表した。五月十二日には天皇から嘉賞《かしょう》の勅語《ちょくご》も賜った。

もっとも大勝利報道はアメリカでも同じで、ニューヨーク・タイムズ紙などは一面全段抜きの大見出しで勝利を報じている。

太平洋上の大海戦で日本艦隊を撃退!

敵艦一七ないし二二隻撃沈破

敵艦遁走、連合国艦隊追撃中

同紙が報じたほどではなかったが、実は日本はこの海戦で大きな損失を蒙っていたのである。攻撃隊総指揮官高橋赫一《かくいち》少佐ほか四四名の搭乗員の戦死だ。いずれも真珠湾攻撃以来の熟練パイロットである。搭乗員養成は一朝一夕《いっちょういっせき》にはできない。ポートモレスビー攻略の中止、熟練搭乗員の大量戦死……、米軍が「戦略的勝利」と断言したのもうなずける。

さらに〝勝ち奢《おご》り症候群〟に包まれていた日本の大本営海軍部も連合艦隊司令部も、この珊瑚海海戦からなんらの戦訓も引き出そうとしなかった。それどころか米機動部隊を追撃せず、さらにMO作戦を中止した第四艦隊の井上司令長官の決定に不満で、指揮能力を疑って更迭《こうてつ》してしまう。

一方の米軍は、珊瑚海海戦の戦闘経過を詳細に分析していた。

その結果、事前の敵状情報で勝っていながら勝てなかった原因を、不充分な索敵と艦艇識別の能力にあることをあげ、「充分なる偵察は勝つための不可欠な要素」という戦訓を得ていた。

そして戦訓は、次のミッドウェー海戦で忠実に実行されるのである。

朝日新聞

珊瑚海に眞珠灣以來の大海戦

敵機八十九台を撃墜

雷撃機、敵巡に體當り

我が損害 小空母一、飛行機卅一

二百余機を一擧海底に屠る

新强力空母集團を撃滅

躍如たり！我が海鷲魂

珊瑚海の大海戦

惠通橋

北ビルマの要衝

敗敵の退路を断

陸鷲保山を大爆撃

●昭和17年5月10日の朝日新聞

●南太平洋を往く米機動部隊

●空母「レキシントン」乗組員の救出

●総員退去直前の空母「レキシントン」

誰もが事前に知っていた連合艦隊の次期作戦

山本五十六長官のゴリ押しで決まった「二兎作戦」

真珠湾攻撃で米空母を討ち漏らしたことを悔やんでいた山本五十六《いそろく》連合艦隊司令長官は、ミッドウェー島を占領すれば米機動部隊は必ず姿を現わし、そこで撃滅できると考えた。米空母が挑発に乗らなくても、ミッドウェーを確保できれば東方からの本土空襲を阻止できるし、ハワイ攻略も視野に入る。

しかし軍令部は反対だった。真珠湾攻撃と同じような要領で作戦を行なうことは、戦略・戦術の原則から外れるし、ミッドウェー攻略後の確保も難しいと考えていたからである。

だが、作戦を許可しない軍令部に対して、折衝に訪れた連合艦隊参謀の渡辺安次《やすじ》中佐は「山本長官は、この案が通らなければ連合艦隊司令長官を辞任すると言っている」と告げ、軍令部は真珠湾攻撃案と同じくまたもや認めてしまった。

まるで海軍作戦を統括する軍令部は、連合艦隊司令部の従属機関に成り下がったかのようだった。

この山本の二兎を追うがごとき作戦では、彼の最大の目的である米空母の「誘出撃滅」は徹底されず、ミッドウェー島攻略と米空母撃滅は同じ比重を占める作戦となるのである。

また真珠湾攻撃のときに比べ、機密保持が不徹底だった。私的な会合での発言や私信などには、次期作戦がミッドウェー攻略であると示唆《しさ》する内容が多数含まれていたし、また空母「蒼龍《そうりゅう》」の艦攻分隊長だった阿部平次郎《へいじろう》大尉は「次はM作戦ですね、また頑張ってください」と耳打ちされて驚いたと、戦後の回想で述べている。

海軍内部はもちろん、軍港の街ではミッドウェー作戦が公然の秘密となっていた。そうしたなか、わずかな準備期間しか与えられなかった機動部隊は、五月二十七日に瀬戸内海から出撃していった。

●作戦を検討する連合艦隊司令部。左から宇垣纏参謀長、山本司令長官、右端が渡辺参謀

●天然の防波堤となる珊瑚礁に囲まれたミッドウェー島。上方はサンド島

◆ミッドウェー島

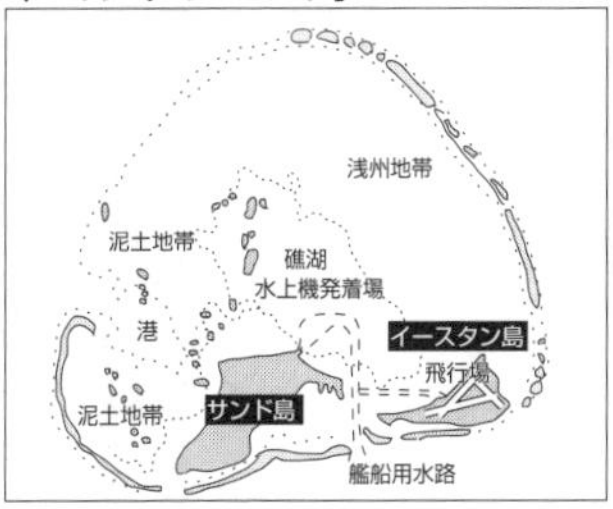
浅州地帯
泥土地帯
礁湖
水上機発着場
港
イースタン島
飛行場
泥土地帯
サンド島
艦船用水路

◆南雲機動部隊の行動

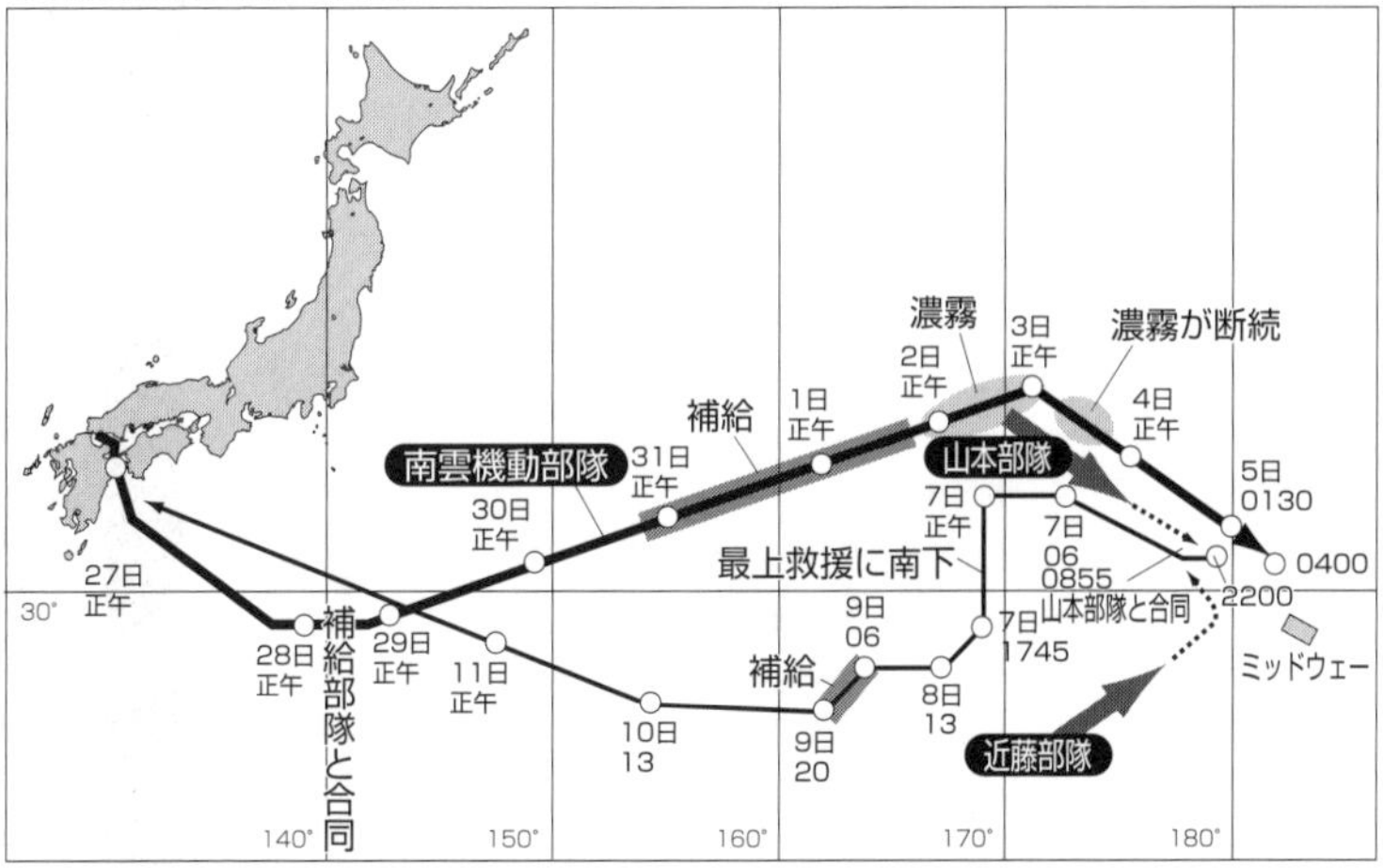
濃霧
3日
正午
濃霧が断続
2日
正午
補給
1日
正午
4日
正午
南雲機動部隊
31日
正午
山本部隊
5日
0130
7日
正午
7日
06
30日
正午
最上救援に南下
0855
0400
山本部隊と合同
2200
27日
正午
30°
9日
06
7日
1745
補給部隊と合同
28日
正午
29日
正午
11日
正午
補給
8日
13
ミッドウェー
10日
13
9日
20
近藤部隊
140°
150°
160°
170°
180°

ハワイの暗号解読班のワナにはまった日本軍

戦闘情報班の結論を信じたニミッツ司令長官の果敢な決断

米海軍の暗号解読は主に、ワシントンのネガト局(海軍通信部暗号解読班)、ハワイのハイポ支局(戦闘情報班)、フィリピン・キャビテ軍港にあるキャスト支局の三カ所で行なわれていて、一九三九年六月一日から使用されはじめた「JN―25」(日本名「海軍暗号書D」)の解読に全力が注がれていた。

しかし「JN―25」は、それまでの暗号に比べてはるかに難解だった。だが前述のように、オーストラリアのポートダーウィン沖で撃沈した伊第一二四潜水艦から押収した暗号書などから「JN―25」の解読は飛躍的に進んだ。

そのハワイのハイポ支局では、五月頃から日本の海軍が「AF」という地点符号を頻繁に使いだしたことに気づいた。そして過去に傍受された通信記録などと照らし合わせ、「AF」はミッドウェーである公算が高いと結論づけたのだ。

しかし、ワシントンのネガト局ではハイポ支局とは別の判断だった。すなわち、日本軍はオーストラリア方面に侵攻するだろうと主張していたのである。米太平洋艦隊のニミッツ長官はハイポ支局の考えを支持したが、米海軍首脳部は半信半疑であった。そこで、ハイポの責任者ロシュフォート中佐は一計を案じた。

ミッドウェーから平文(暗号のかかっていない電文)で「蒸留装置が故障した」と偽の情報を送信させたのだ。反応はすぐに返ってきた。偽情報を傍受したウェーク島の日本軍が東京に向けて「AFは真水が欠乏している」と打電したのである。

日本の次の侵攻ポイントが明確になったことによって、米太平洋艦隊は圧倒的に有利な立場で日本の空母部隊を待ち構え、これの迎撃に全力をあげることができたのである。

●チェスター・W・ニミッツ大将

●米太平洋艦隊司令部情報参謀
エドウィン・T・レイトン中佐

●日本軍の空爆を受けるミッドウェー島の米軍施設

ニミッツ司令長官を支えた「ハイポ支局」とは？

勝利した対日戦術を決定させた地下の変人たち

真珠湾攻撃ではなすすべのなかったハズバンド・E・キンメル大将に代わって、新たに米太平洋艦隊司令長官に抜擢されたチェスター・W・ニミッツ大将がハワイに着任したのは、一九四一年十二月二十五日であった。司令部スタッフを前に着任の挨拶をしたニミッツは、キンメル前長官の幕僚たちの全員留任を宣言し、「私のために働いてくれ」と言って彼らを感激させ、南雲《なぐも》機動部隊の攻撃で意気消沈していた艦隊員を活気づけた。

留任した幕僚のなかで、ニミッツが最も頼りにしたのが情報参謀のE・T・レイトン中佐であった。

ニミッツはレイトンに対して、

「君は日本の永野修身《ながのおさみ》軍令部総長になったつもりで、彼の立場、日本軍の立場を考え、彼らが何をやろうとしているかを私にアドバイスしてほしい。それができれば、私はこの戦争に勝つための情報を得られるだろう」と語っている。

そのレイトン中佐がニミッツ長官に情報を提供するうえで欠かせない存在が、ジョセフ・J・ロシュフォート中佐の率いるハイポ支局であった。

ハイポ支局は真珠湾攻撃後、第一四海軍区司令部庁舎の地下に移り、通称「地下牢」と呼ばれていた。この一室で、ロシュフォート中佐はよれよれのジャケットとスリッパという、およそ海軍士官とは思えないスタイルで日本海軍の暗号解読に没頭し、「地下牢」に寝泊まりする生活を続けながら、日本海軍の暗号を一つひとつ解き明かしていった。

珊瑚海海戦に続いて、ミッドウェー海戦の米軍の勝利は暗号解読によるところが大きい。ロシュフォート中佐らハイポ支局は、南雲機動部隊の規模、航路、そして日時まで解明していた。海戦は、まさに情報の勝利であった。

朝日新聞

東太平洋の敵根據地を強襲

ミツドウエー沖に大海戰
アリユーシヤン列島猛攻
陸軍部隊も協力要所を奪取

米空母二隻撃沈
（エンタープライズ、ホーネット）
わが二空母、一巡艦に損害

太平洋の戰局此一戰に決す

米攻防の戰略基點
北方侵略線遂に崩る

米海軍の至寶
撃沈両空母の性能

●昭和17年6月11日の朝日新聞

●戦闘情報班が置かれたハワイ（第14海軍区）の米海軍司令部

●ジョセフ・J・ロシュフォート中佐

◆日本海軍の暗号を次つぎと解読したアメリカの暗号解読班

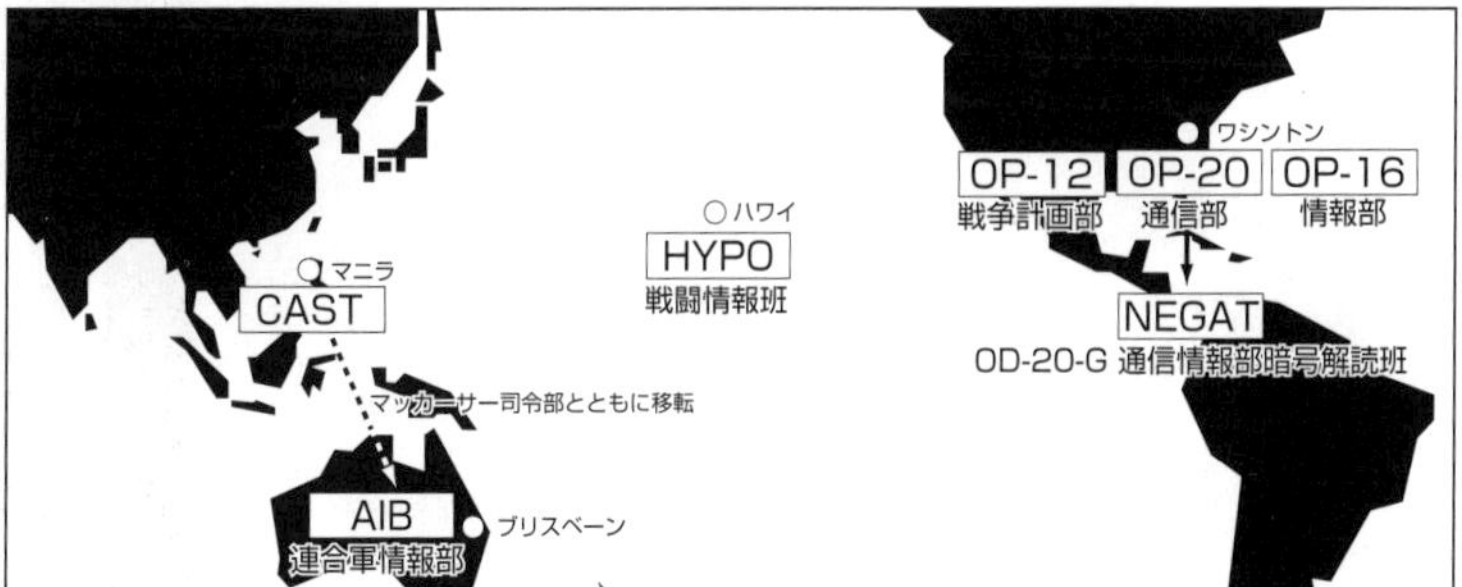
ワシントン
OP-12
戦争計画部
OP-20
通信部
OP-16
情報部
ハワイ
HYPO
戦闘情報班
マニラ
CAST
マッカーサー司令部とともに移転
NEGAT
OD-20-G 通信情報部暗号解読班
AIB
連合軍情報部
ブリスベーン

またも出撃しない連合艦隊「主力部隊」の罪

最大の攻撃・防御力を飼い殺しにした山本長官の戦術眼

日本海軍は一〇隻の戦艦を擁して太平洋戦争に突入したが、「金剛《こんごう》」級戦艦を除いて緒戦の戦いには参加せず、瀬戸内海に碇泊していた。

戦艦部隊が出撃しなかったのは、戦前に想定されていた艦隊決戦が起こらず出番がなく、また「金剛」級以外の戦艦は低速力で、空母部隊に随伴する能力が不足していたことがあげられる。

しかし最大の原因は、戦艦部隊を直接率いる連合艦隊司令長官山本五十六大将の戦術思想にあった。

山本大将は海軍航空の主要ポストを歴任し、その発展に尽力し「海軍航空育ての親」と呼ばれていた。そして、将来は戦艦ではなく航空機が海軍兵力の主力になるという航空主兵論者でもあった。

彼らの間では昭和九年以降、戦艦をスクラップにして航空機を増産せよという戦艦廃止論が声高に叫ばれていたが、当時、次のような発言をしている。

「金持ちの家の床の間にある骨董品は実用的な価値はないが、家柄や財力などの象徴として対外的には無形の価値を発揮している。戦艦も実用的な価値は少ないだろうが、金持ちの骨董品と同様に、現在の時点においてはまだ国際的には海軍力の象徴と考えられているから対外的には無形の効果を示している」

さらに、開戦前の昭和十六年秋には「戦艦は(連合艦隊旗艦用に)一隻もあればよい」ともつぶやいている。

山本大将は戦艦の戦力としての価値をまったく認めていなかった。だからミッドウェー作戦の際、山本長官率いる主力部隊(戦艦七隻ほか)は南雲《なぐも》機動部隊より二日後に柱島《はしらじま》泊地を出航、およそ三〇〇浬《カイリ》後方を進撃し、実際の海戦に影響を与えることはなかった。

●太平洋を往く日本の主力艦隊

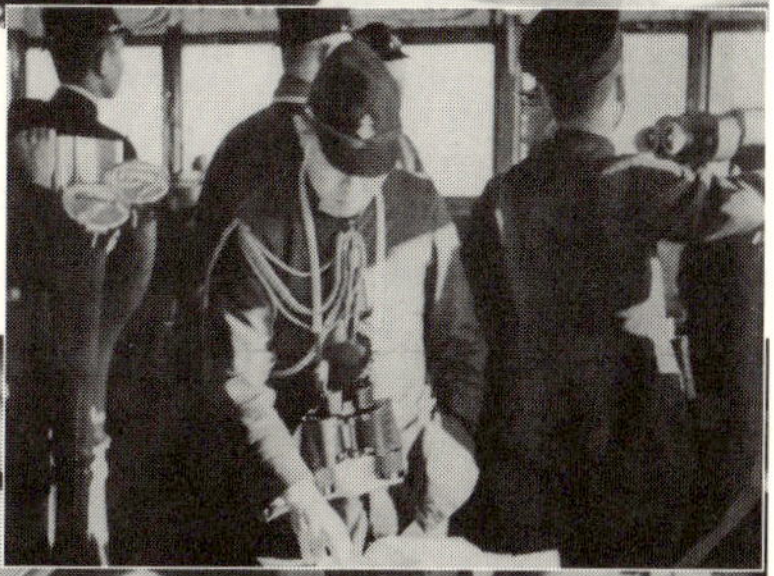

●連合艦隊旗艦「長門」の
司令塔内の幕僚たち

●連合艦隊旗艦「長門」の司令塔内の山本長官

「運命の五分間」を見過ごした幕僚の罪と罰

草鹿参謀長はなぜ南雲長官の爆装転換命令を諫めなかったのか

昭和十七年六月四日午前一〇時二〇分過ぎ（現地時間）、米急降下爆撃機の奇襲によって「赤城《あかぎ》」「加《か》賀《が》」「蒼龍《そうりゅう》」の三空母が被弾、飛行甲板に並んだ発艦間際の攻撃隊機が次々と誘爆し、南雲《なぐも》機動部隊は一瞬にして戦力の過半を失った。あと五分早く出撃していればと、海戦後さまざまな批判にさらされた、いわゆる「運命の五分間」である。

南雲機動部隊は、同日未明にミッドウェー島への第一次攻撃隊一〇八機を出撃させたのち、米空母の出現に備えて一〇三機の攻撃隊を対艦装備で待機させていた。しかし米空母発見が遅れたために爆装を対地装備に転換し、再び対艦装備に戻すなど命令が混乱、さらに充分な戦闘機を随伴させるために第一次攻撃隊の収容を先にしたため、攻撃隊の発進が大幅に遅くなった。

空母「飛龍《ひりゅう》」「蒼龍」を率いる第二航空戦隊の山口多聞《たもん》少将は、米空母を発見したとき「（陸用爆弾でもいいから）ただちに発進させて機先を制するべきだ」と意見具申を行なったが、南雲長官や草鹿《くさか》参謀長は、戦闘機の護衛のない丸腰の攻撃隊を出撃させることを嫌ったので、山口少将の意見は採用されなかった。

対する米機動部隊の対応は違っていた。空母「エンタープライズ」「ホーネット」を率いるスプルーアンス少将は、日本軍偵察機に発見されるや即座に発艦可能な飛行機から順次、南雲機動部隊への攻撃に向かわせている。米軍の攻撃隊は最初は空母直衛の零戦隊にことごとく撃ち落とされたが、攻撃が断続的に続けられたことによって、結果的に急降下爆撃機の攻撃が奇襲のかたちになった。

指揮官の、空母に対する知識と決断が、海戦の勝敗を左右した典型例となった。

◆ダグラスSBDドーントレス(急降下爆撃機)

急降下爆撃機は、アメリカ海軍が精密爆撃の手段として開発したものである。本機は際立った性能はないが、日本の九九式艦爆よりも爆弾搭載能力に優れ、ミッドウェー海戦では南雲機動部隊の空母3隻を撃沈する戦果をあげた

最大速度：402km
最大航続距離：2,540km
爆弾：胴体下に450kg　左右主翼下に45kg×2

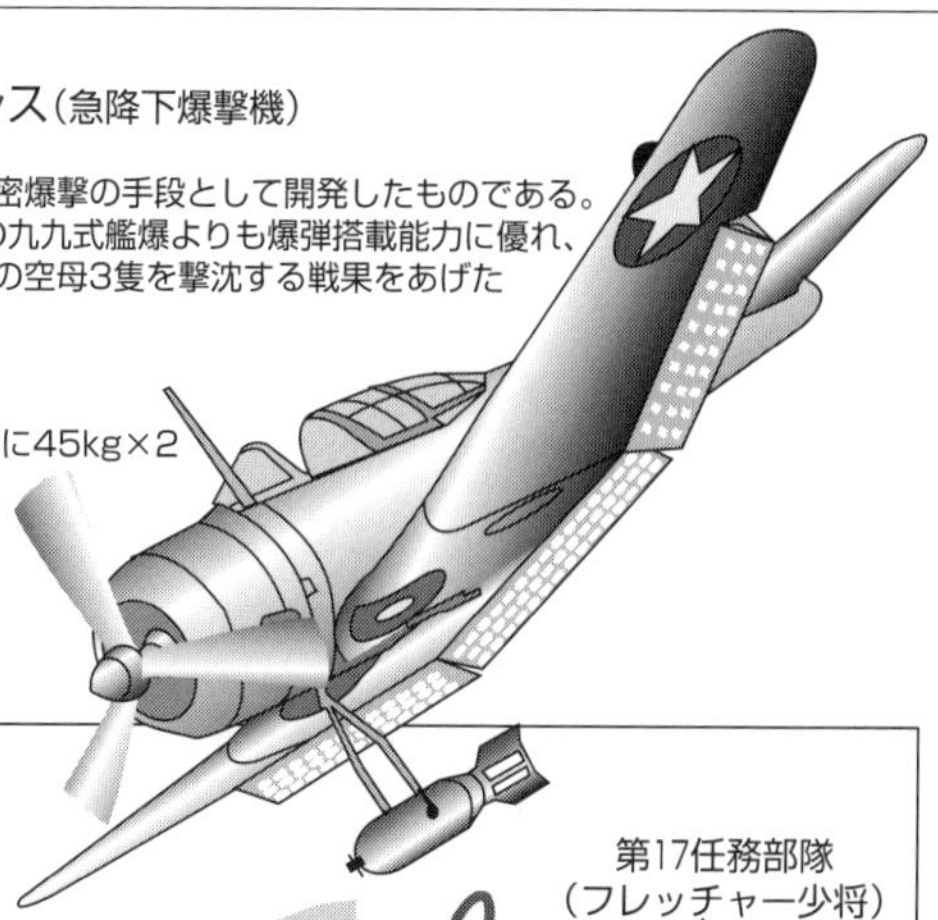

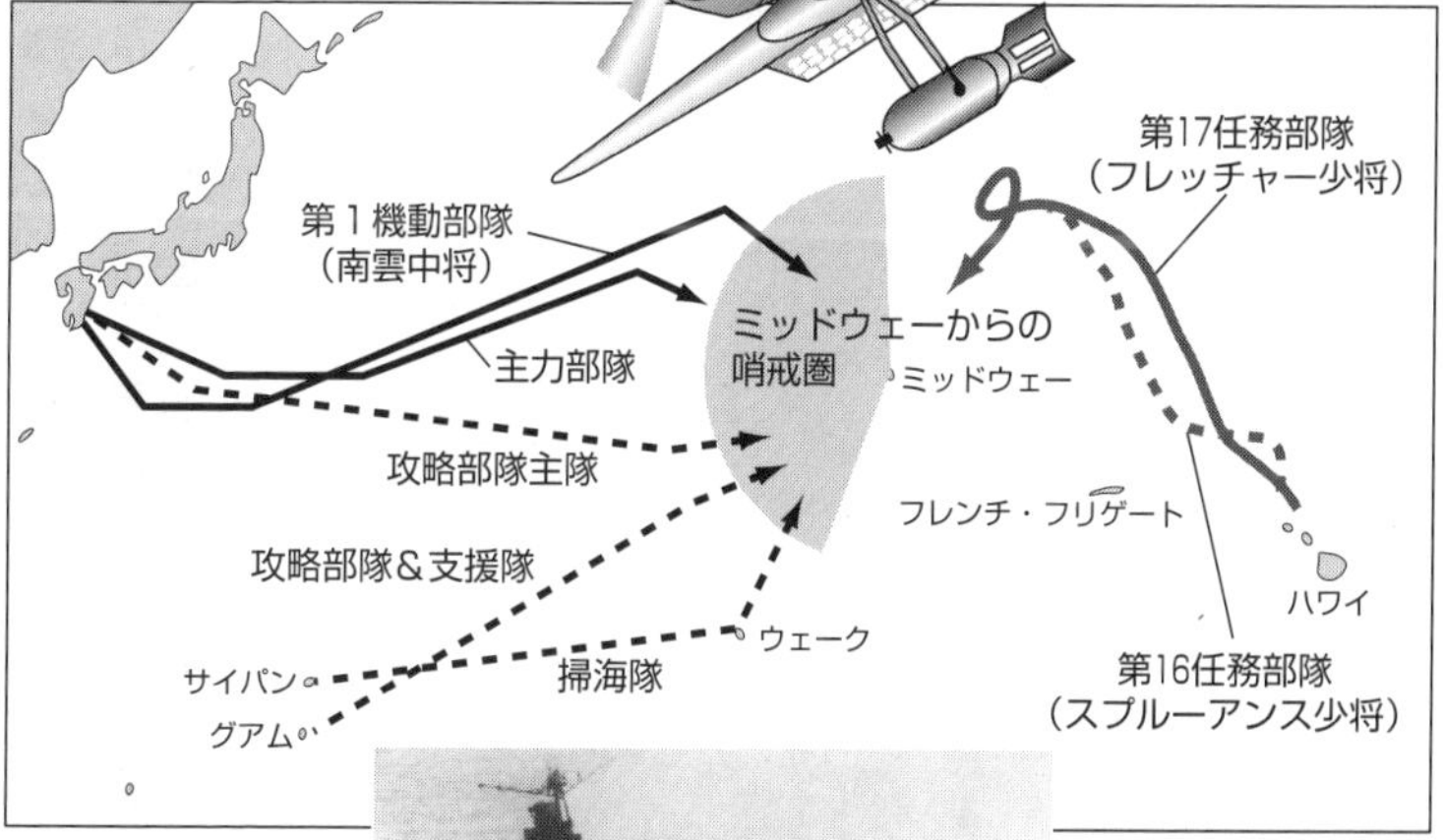
第１機動部隊
（南雲中将）
主力部隊
攻略部隊主隊
攻略部隊＆支援隊
掃海隊
サイパン
グアム
ウェーク
ミッドウェーからの
哨戒圏
ミッドウェー
フレンチ・フリゲート
ハワイ
第17任務部隊
（フレッチャー少将）
第16任務部隊
（スプルーアンス少将）

●断末魔の重巡「三隈」

●日本軍機の攻撃を受ける米空母「ヨークタウン」

●南雲機動部隊の空母「飛龍」も、ついに火に包まれた

マッカーサー司令部が組織した「連合軍情報局」

対日反攻作戦の耳目となったジャングルの諜者たち

日本軍に追いつめられてフィリピンを脱出、オーストラリアに逃れたダグラス・マッカーサー大将は、総司令部を再編した。このとき情報担当の参謀第二部（G2）長チャールス・A・ウィロビー少将は、オーストラリア海軍の秘密活動機関「沿岸監視員《コースト・ウォッチャー》」に目を付けた。

オーストラリア海軍は、第一次世界大戦時に英領のビスマルク諸島からソロモン諸島、ニューギニア、オーストラリアに至る広大な海岸線を監視するため恒常的な監視網を確立していた。監視員は強力な無線機を持ち、島が日本軍に占領されたあともジャングルに潜んで監視を続けていた。

ウィロビーはこの沿岸監視組織を指揮下に入れると同時に、拡大拡充をはかった。さらに民間人である沿岸監視員が捕虜になった場合、国際法で保護されるようオーストラリア軍に編入した。すなわち監視員から監視隊員にしたのである。

さらにブリスベーンの連合軍総司令部は、一九四二（昭和十七）年七月六日に沿岸監視隊をはじめ、在豪のすべての諜報機関を「連合軍情報局」（略称AIB）という一つの組織に統合した。

その任務は対日作戦情報の入手、とはっきり規定され、「敵に関する情報を入手し報告すること、謀略および士気の破壊によって敵を弱めること、そして敵占領地域において同様の活動をしている現地在住者に援助を与えること」とされた。

これらAIB要員には、潜水艦やパラシュート降下によって人員が増強され、物資が補給されて日本軍に占領された島々でも情報活動を続けた。

ラバウルを飛び立つ日本軍機の数をいち早く連絡したり、日本の艦船の航行を連絡したりと、その功績には絶大なものがあった。

●フィリピンからオーストラリアに脱出し、メルボルンに着いたマッカーサーと幕僚たち

●オーストラリアのカーチン首相と対日反攻を協議するマッカーサー大将

●チャールズ・A・ウィロビー少将

●米軍がガダルカナルに設置した電波探知装置

沿岸監視隊員に救助されたケネディ中尉

ソロモンの海で日本軍に撃沈されたPT一〇九号艇

常設的なAIB要員(沿岸監視隊員)の配置場所は、当初はニューギニアのアイタペからサマライに至る北岸地区とパプアの南岸地区、それにトレス海峡地区であった。その後、連合軍の作戦の進展に合わせてニューブリテン島、ティーバー島、ニューアイルランド島、ソロモン諸島のブカ海峡、日本軍の前線航空基地があるブインなどに増設された。

これでAIBの監視網は、西はニューアイルランド島のカビエンからソロモン諸島を縦断して一直線に敷かれた。ラバウルを基地にする日本軍機の上空通過時刻と機数をガダルカナルの米軍基地にいち早く通報し、迎撃態勢を万全にさせていたのも、これら監視隊員たちだった。

彼らはさらに、日本軍機との空戦で撃墜されたり不時着した搭乗員の救助、日本軍との海戦で撃沈された艦艇乗組員の救助でも活躍していた。

たとえば、こんなことがあった。一九四三年八月一日、ソロモンのレンドバ湾の米海軍PTボート(魚雷艇)隊に緊急出動令が下った。今夜「東京急行」(日本軍の駆逐艦輸送隊)が通るという。一五隻のPTボートが四班に分かれて出動した。このうちの一〇九号艇の艇長は、ジョン・F・ケネディ中尉といった。のちの米大統領である。

そして一〇九号艇は翌二日の真夜中、コロンバンガラ島沖で日本の駆逐隊と遭遇、駆逐艦「天霧《あまぎり》」(駆逐艦長・花見弘平中佐)の体当たり攻撃を受けて艇は真っ二つに切断された。一三名の乗組員は海に投げ出され、一一名が近くの島に泳ぎ着き、やがて救助された。

この未来の大統領たちを救ったのも、コロンバンガラ島に潜んでいたオーストラリア人監視隊員たちだったのだ。

●米軍のＰＴボート（魚雷艇）

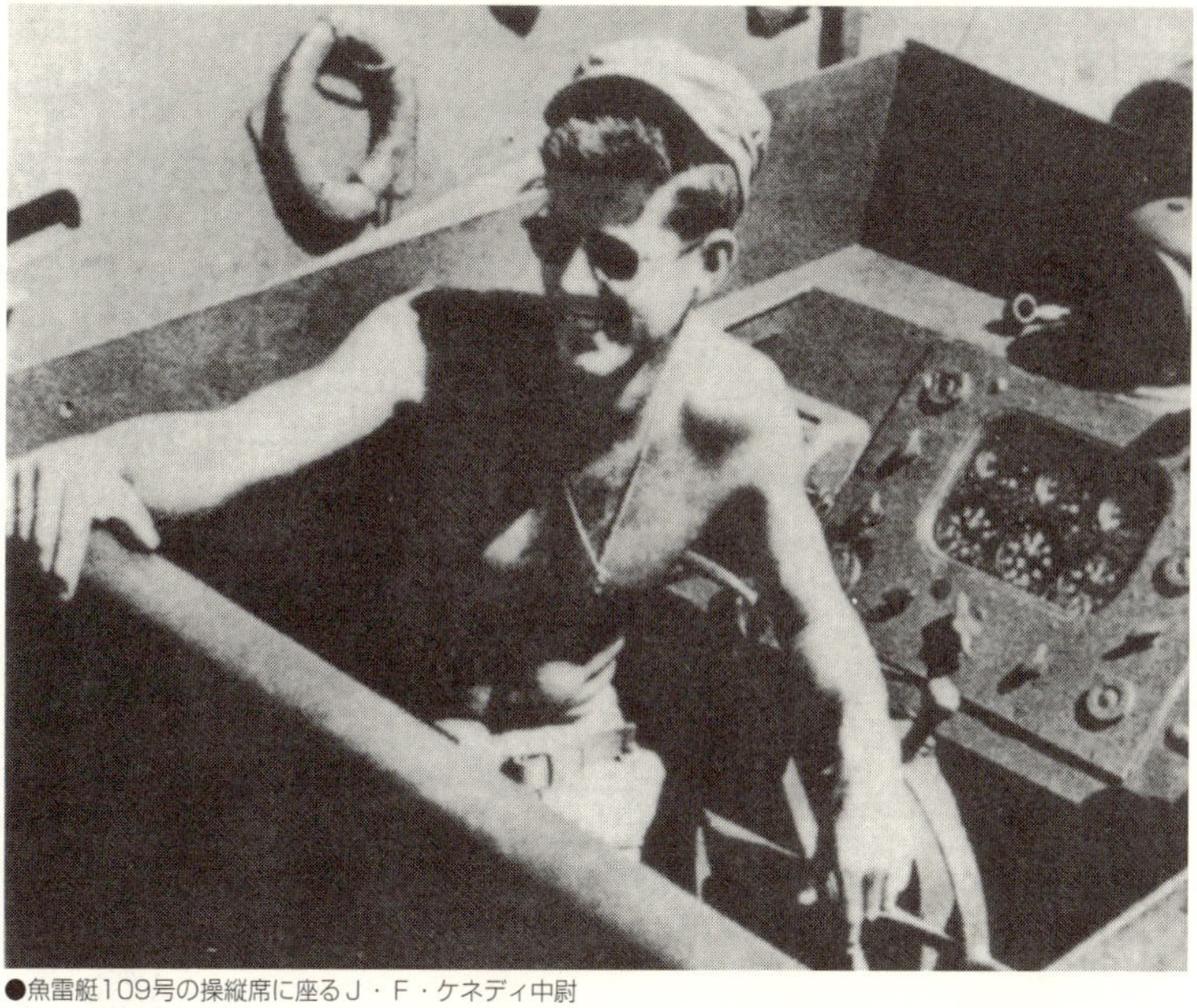

●魚雷艇109号の操縦席に座るＪ・Ｆ・ケネディ中尉

連合軍の「蛙跳び作戦」を可能にしたＣＢとは？

日本軍の作戦を暴き、裏をかく諜者たちの耳の戦い

戦場での秘密活動を主任務にした連合軍情報局のほかに、マッカーサー軍の戦術情報に貢献したセクションの一つに、無線交信解析と暗号解読を任務とした中央局（略称ＣＢ）がある。

ＣＢは、フィリピンから脱出した米陸軍の第二通信中隊と、北アフリカと中東の戦線で活躍してきたオーストラリア陸軍特別無線グループ、それに豪空軍の通信班が合体してできたものだった。

ＣＢは、マッカーサー司令部の通信部長スペンサー・Ｂ・エーキン少将の指揮下に入り、急速に拡大していった。

隊員は米、英、豪、カナダの各軍から引き抜き、日本陸軍の暗号解読に挑戦した。一九四三（昭和十八）年末までには一〇〇〇名を超え、戦争が終結する一九四五（昭和二十）年には、各戦域の支隊を合わせると四〇〇〇名を超すまでになっていた。

またＣＢはオーストラリア軍を通じて、イギリスが解読に成功していたドイツ暗号の解読情報「エニグマ」や、日本陸軍の交信解読に成果をあげているインドのイギリス軍暗号解読班とも協力関係を築いていった。

ＣＢの通信解析と暗号解読は、マッカーサー軍の「蛙《かわず》跳び作戦」に決定的な役割を果たした。たとえば、ニューギニア戦線のホーランジア、アイタペ作戦では、日本軍の兵力の規模から配置状況、補給の実態などの確実な情報を戦闘部隊に提供したし、マダン、ウエワク、ハンサ湾地区の日本軍の防衛計画なども裸にしていた。

このためマッカーサー軍は大胆な蛙跳び作戦を実施、日本軍を置いてきぼりにすることで、自らの出血をできるだけ少なくして進撃するという戦術を採ることができたのである。

●ガダルカナルの地下壕の無線通信室でソロモン諸島各地の沿岸監視隊員へ通信する

●オーストラリア海軍士官から忠誠章を授与されるブーゲンビル沿岸監視偵察隊長

米軍の手に渡った四万名の全将校名簿

「連合軍翻訳通訳班」が勝利に貢献した数々の功績

マッカーサー将軍率いる連合軍（米英豪）の戦術情報組織には、連合軍情報局、中央局（CB）のほかにもう一つ「連合軍翻訳通訳班」（ATIS）というのがあった。ニューギニアからフィリピンに攻め上るマッカーサーの連合軍にとって、CBとともに重要な役割を担ったのが、このATISだった。

ATISが組織されたのは一九四二（昭和十七）年九月十九日で、マッカーサー軍のなかではユニークな組織だった。戦う相手が日本軍であったから、一般隊員である語学兵の大半は日系二世、三世などの日系アメリカ人が採用された。

開戦当時、日本語のできる将兵はほんのわずかだった。そこで米陸軍情報部は急遽、日本語研修学校を開設し、日系人を中心に語学兵の速成に入った。おかげで最終的に日系人を主力にした語学兵は約五〇〇〇名にも達した。彼らは常に第一線部隊と行動をともにし、日本軍捕虜の尋問、通訳、押収文書の翻訳、ときには洞窟やジャングルに潜む日本兵への投降呼びかけも行なった。

ATISの功績は数多いが、ビスマルク海海戦の〝拾い物〟はその白眉《はくび》といってもいい。

一九四三年三月末、いわゆる「ダンピールの悲劇」で知られるビスマルク海海戦で撃沈された輸送船「帝洋丸《ていようまる》」が放棄した救命ボートから、米軍は貴重な書類を押収した。

語学兵たちが翻訳すると、それはとんでもない機密書類だった。昭和十七年十月十五日に調製された「日本陸軍将校実役停年名簿」だったのだ。上は東条英機大将から、下は一中隊長に至る日本帝国陸軍四万名の全将校士官名簿だった。

アメリカ軍は情報・諜報でも、日本軍を完全に圧倒していたのである。

●日本軍が残していった伝単（宣伝ビラ）を調べるガダルカナルの米軍語学兵

●硫黄島で日系人通訳を介して日本軍捕虜から話を聞く

米軍は日本兵の捕虜はもちろん、戦死した兵の持ち物も検査し、日記や手帳類も翻訳した

ニューギニアへの日本軍輸送船団を撃滅せよ。

「ダンピールの悲劇」は米軍の無線傍受と新戦法で起こった！

昭和十八（一九四三）年二月二十八日の深夜、日本軍の最前線基地ラバウル（ニューブリテン島）から輸送船八隻と護衛の駆逐艦八隻が出港した。

輸送船には、東部ニューギニアのラエに上陸する第五一師団主力六九一二名と海軍防空隊など約四〇〇名、火砲四一門、車輛四一輛のほか輜重《しちょう》車や大発、燃料ドラム缶約二〇〇〇本、弾薬や軍需品約二五〇〇トンが積まれていた。八一号作戦と称されたこのラエ輸送の上空護衛には、ラバウルの海軍航空隊があたった。ところがマッカーサー軍（南西太平洋方面軍）の連合軍情報局は、沿岸監視隊員の報告や無線諜報などから日本軍の動きを的確に予測し、関係部隊に迎撃戦を命じた。

米陸軍第五航空隊司令官ジョージ・C・ケニー中将は、戦闘機一五四機、爆撃機一一四機からなる攻撃隊を編成、日本船団を待ち構えた。

戦闘は三月三日早朝、船団がグロスター岬沖（ダンピール海峡沖）に差しかかった際に始まり、上空戦闘に続き、米攻撃隊の船団攻撃が展開された。

米爆撃機の船団攻撃は、米軍が新たに取り入れた「反跳爆撃《スキップボンビング》」で行なわれた。爆撃機は低空から海面を嘗《な》めるように爆弾を投下し、海面で爆弾をジャンプさせて目標の艦船に命中させる方法である。上空から投下するより命中率は格段に高く、破壊力も魚雷なみにあった。

日本船団の損害は甚大で、輸送船八隻、駆逐艦四隻が沈没、将兵約三〇〇〇名と積載していた車輛、武器、弾薬などはすべて海没した。

大本営はこの戦闘を「ビスマルク海海戦」と称したが、漂流する日本兵に米戦闘機が機銃掃射を浴びせて全滅作戦をとったことなどから、「ダンピールの悲劇」と呼ばれるようになった。

◆ビスマルク海海戦船団航路

ニューアイルランド島
ビスマルク諸島
1日1700
ラバウル
グロスター岬
2日0500
2日1700
ロング島
マダン
ウビリー
ツルブ
ニューブリテン島
ダンピール海峡
ビティアズ海峡
フインシュハーフェン
クレチン岬
ラエ
3日0900
スルミ
マーカス岬
フォン湾
東部ニューギニア
ソロモン海
ワウ
ワードフント岬
パプア湾
サナナンダ
ギルワ
ブナ
ドボドウラ
ポートモレスビー
ラビ

●日本の船団を「反跳爆撃」（スキップ・ボンビング）で攻撃するA-20軽爆撃機

●ケニー中将に勲章を授与するマッカーサー司令官

●低空から爆弾を投下し、反跳させるB25爆撃機。この「スキップ・ボンビング」はビスマルク海海戦で威力を発揮した

◆スキップ・ボンビング

命中
爆弾投下
離脱
爆撃機
爆弾が海面に当たって反跳（スキップ）する

伊号第1潜水艦から盗んだビッグな機密書類

日本海軍の「戦闘序列」を手に入れた、米軍最後のガ島戦戦果

　大本営が、ガダルカナル島からの兵力撤収を決定したのは昭和十八年一月四日で、撤収作戦は二月はじめに実施されることになった。そのガ島に潜水艦による糧食輸送が開始されたのは前年の十一月二十四日からだったが、大本営の撤収命令を受けて、潜水艦輸送も一月末で中止と決まった。

　一月二十六日、伊1潜は二十九日夜の揚陸を期してラバウルを出港した。最後の輸送である。そして予定の二十九日夕方六時頃、目的地のガ島西端カミンボ岬を確認するため、艦長の坂本栄一少佐が潜望鏡を上げると、目前に魚雷艇らしき敵艦が数隻突っ込んでくるのが飛び込んできた。実際はニュージーランド海軍の哨戒艇《しょうかいてい》と米軍魚雷艇の二艇で、激しい爆雷攻撃が開始された。

　行動の自由を失った伊1潜は水面に跳ね上がった。銃撃と砲撃戦が始まった。敵艦は魚雷を発射したが命中しないとみるや、伊1潜に体当たりを食らわせて離れていった。絶体絶命の伊1潜は陸岸に艦首を向けて座礁を決行する。尻を突き上げて座礁する瞬間、約五〇名の乗組員は脱出できたが、三〇数名は間に合わず、艦と運命をともにした。

　ガ島に上陸した伊1潜の幹部たちは、暗号書をはじめとする機密書類の存在が気になり、三日後の夜、座礁している伊1潜の露出部に爆雷を仕掛け、爆破して撤収部隊とともにガ島を去った。

　だが伊1潜は完全に破壊されてはいなかった。二月十一日、ガ島の米軍は潜水夫を使って伊1潜の艦内をくまなく捜索し、日本海軍の暗号書や機密書類をほとんど引き揚げることに成功していた。

　機密書類はただちに連合軍翻訳通訳班によって英文に訳され、日本海軍の艦艇名、呼出符号および暗号名などがすべて判明したといわれる。

●伊号第1潜水艦

●日本軍が撤収地に選んだガダルカナル北部海岸に遺棄された日本軍破損舟艇

●ガダルカナルでニュージーランド哨戒艇に撃沈された「伊1潜」

ヤマモト機を撃ち落とせ！

米軍に筒抜けだった山本五十六司令長官の前線視察日程

一九四三年（昭和十八）四月十四日の早朝、米太平洋艦隊司令部の情報参謀レイトン中佐は、戦闘情報班から「重大な通信を傍受した」と連絡を受けた。

解読された情報は、山本連合艦隊司令長官の前線視察日程だった。「四月十八日午前六時、戦闘機六機に護衛された陸攻機でラバウルを出発、バラレ、ショートランド、ブインを実視せらる」とあった。レイトンはニミッツ司令長官に至急報告した。

ニミッツは、バラレが米軍戦闘機の行動半径内にあることを壁の地図で確認するや、

「彼を仕留めてみるか」

と言い、情報と計画をワシントンのノックス海軍長官に報告した。ノックスは大統領に報告し、ＯＫが出された。

ニミッツは南太平洋地域司令官のハルゼー大将に命令し、ハルゼーはガダルカナルのソロモン地区航空部隊司令官ミッチャー少将に実行を命じた。

ミッチャーは、ミッチェル陸軍少佐を隊長とするロッキードP38ライトニング戦闘機一八機からなる「ヤマモト・ミッション」を編成（作戦参加は一六機）、四月十八日早朝、ガ島飛行場を離陸、ブイン飛行場上空をめざした。「時間に几帳面なヤマモト」と幕僚を乗せた一式陸攻二機は、情報どおり午前七時過ぎ、ブーゲンビル島上空に姿を見せた。一番機には山本を含めて一一名が乗り、二番機には宇垣纏《うがきまとめ》参謀長ら一二名が乗っていた。

午前七時二五分、ミッチェル少佐は全機に攻撃開始を命じた。そして山本の乗る一番機はランフィア大尉機に撃墜され（と当人が主張）全員戦死し、二番機も海上に撃墜されて宇垣参謀長ら三名は助かったが、他は戦死した。

この事件を海軍は「海軍甲《こう》事件」と名づけた。

●ブーゲンビルのジャングルに墜落した山本大将搭乗機の残骸

●前線視察で訓辞を与える山本長官

●米軍P-38は12機が長官機護衛の零戦6機に対応し、他の4機が長官機に殺到した

◆山本長官の視察ルートとP38の襲撃ルート

山本長官の搭乗した「一式陸攻」要目

速度：428km　航続距離：4,287km
武装：7.7mm機銃×4、20mm機銃×1
魚雷・爆弾：800kg　乗員：5名
マレー沖では英戦艦2隻を撃沈する活躍をしたが、翼内の燃料タンクの防御が弱く、米軍戦闘機乗りから「ワンショット・ライター」と呼ばれた

ニューアイルランド島
ラバウル
ブカ島
ニューブリテン島
ブーゲンビル島
ブイン
ショートランド島
チョイセル島
バラレ
サンタイサベル島
ニューギニア
マライタ島
ポートモレスビー
ソロモン諸島
ヘンダーソン飛行場
ガダルカナル島
サンクリストバル島

山本長官の昭和18年4月18日の行動予定

午前6時～	ラバウル発
8時～	バラレ着
8時40分	ショートランド着
9時45分	ショートランド発
10時30分	バラレ着
11時	バラレ発
11時10分	ブイン着
午後2時	ブイン発
3時50分	ラバウル着

ゲリラに奪われた連合艦隊の作戦計画書

大事件を不問に付した日本海軍中枢のツケ

山本五十六《いそろく》大将の後任の連合艦隊司令長官には、古賀峯一《こがみねいち》大将が選ばれたが、太平洋の戦局は悪化の一途をたどり、昭和十九年に入るや米軍の対日反攻作戦は本格化した。危険を察知した古賀長官は二月七日、連合艦隊主力にトラック泊地からパラオへの移動を命じた。そのパラオが、トラック大空襲（二月十七日）に続いて米機動部隊の空爆を受けたのは三月三十、三十一の両日だった。

ここで古賀長官と福留繁参謀長は、連合艦隊司令部の即時ダバオ（フィリピン）移転を決めた。

連合艦隊司令部要員が二機の二式大艇《たいてい》に分乗してパラオを飛び立ったのは、三十一日の午後九時三五分だった。一番機には古賀長官ら九名、二番機には福留参謀長ら一二名が乗った。ところがパラオとダバオ間には強い低気圧があって、二機の大艇は行方不明になってしまった。

古賀長官の乗った一番機はついに行方がわからず、福留参謀長の乗った二番機はセブ市沖合の海上に不時着、全員が対日ゲリラに捕まっていた。このとき福留は、今後の連合艦隊の作戦を詳細に記したZ作戦計画書と、暗号書などの機密書類の入った書類ケースを奪われてしまったのだ。

その後、福留たちは現地の日本の陸軍部隊とゲリラ側の交渉で釈放され、東京で糾明《きゅうめい》委員会にかけられたが、海軍中枢は機密書類紛失を不問に付してしまった。その頃、福留の機密書類はゲリラから連合軍情報局に渡され、連合軍翻訳通訳班の手によって英訳され、のちの米軍のマリアナ沖海戦やレイテ海戦に「多大な貢献をした」という。

日本では山本大将の「海軍甲事件」に続き、この古賀長官一行殉死（行方不明）事件を「海軍乙《おつ》事件」と呼んだ。

●米軍の空襲を受けるパラオ泊地の日本艦船

●捕虜になった福留繁参謀長

●古賀峯一連合艦隊司令長官

◆二式飛行艇のルート

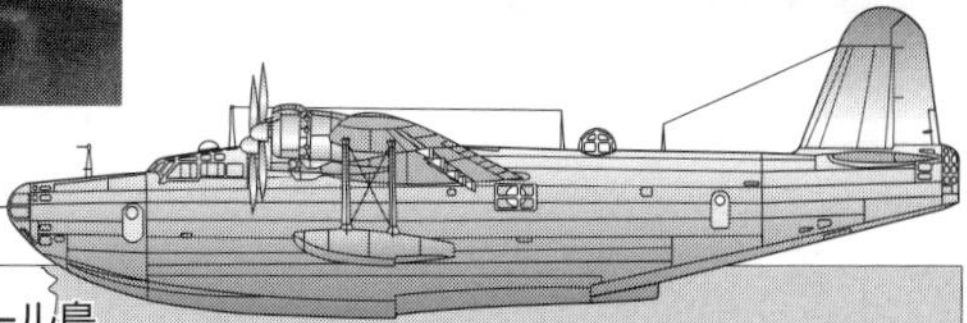

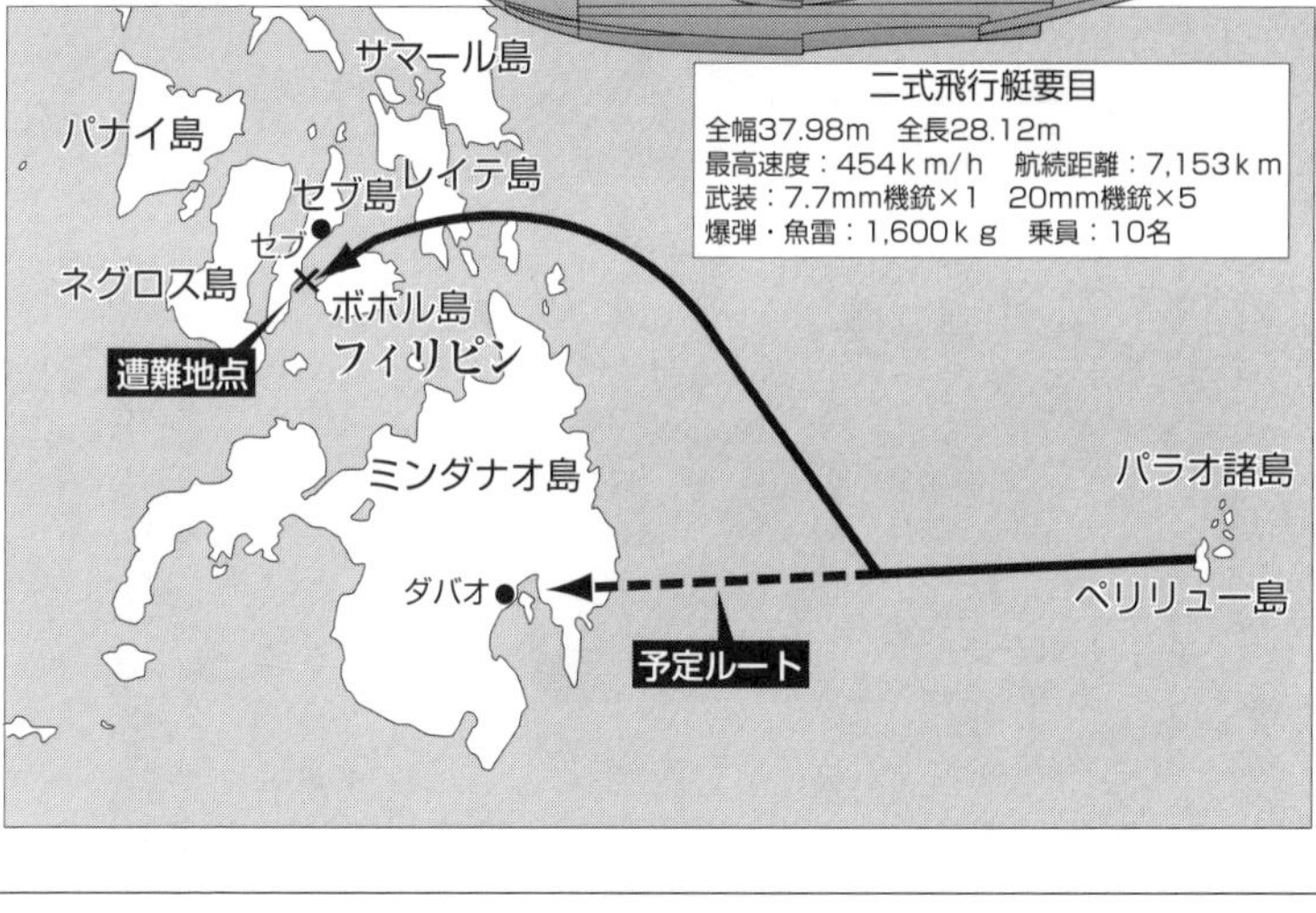
サマール島
パナイ島
レイテ島
セブ島
セブ
ネグロス島
ボホル島
遭難地点
フィリピン
ミンダナオ島
パラオ諸島
ダバオ
ペリリュー島
予定ルート
二式飛行艇要目
全幅37.98m　全長28.12m
最高速度：454ｋｍ/ｈ　航続距離：7,153ｋｍ
武装：7.7mm機銃×1　20mm機銃×5
爆弾・魚雷：1,600ｋｇ　乗員：10名

コラム6

捕鯨船がくれた北海のプレゼント

開戦前の昭和十五（一九四〇）年五月、北海のベーリング海で一隻の日本船が時化《しけ》に遭って沈没した。それから三日後、救命帯をつけて漂流している日本人の死体をノルウェーの捕鯨船が見つけ、収容した。死体は沈没した日本船の船長だった。

捕鯨船の乗組員たちが死体を改めると、数冊の書類を身体にくくりつけている。乗組員たちが何か事情のありそうな死体に困惑していると、米海軍の巡視艇が通りかかった。乗組員たちはこれ幸いと、書類付の死体を巡視艇に引き渡し、ホッとした。

米軍が所持品などを調べた結果、遺体の日本人船長は日本海軍の士官で、アラスカの入江の写真を撮ったり測量をしていたらしい。書類は日本海軍の暗号書だった。後日、フランク・ノックス海軍長官は語っている。

「この発見はわれわれにとって、艦隊を一つ余分につくったのと同じ値打ちがあった」と。

●ウィリアム・F・ノックス
米海軍長官

●諜報員の北の海での孤独な戦いにも、
終止符が打たれる日がきた

第7章 敗走の戦場、ビルマとフィリピン

徴発とビンタで反乱のタネを播いた日本軍

米と牛を奪われたビルマ民衆の怨嗟

ビルマ（現ミャンマー）がイギリスとの三回の戦争を経て独立を失ったのは、一八八六年初頭だった。それから五六年目に、日本軍が全ビルマを占領した。ビルマには英軍や、米陸軍中将スティルウェルに率いられた中国軍がいた。日本軍は、ビルマ独立義勇軍を伴って進攻したので、ビルマ民衆は日本軍を解放軍として迎えた。

占領後のビルマでは、義勇軍を核にしてビルマ防衛軍が創設された。日本軍から下士官や下級将校が派遣されて、訓練にあたった。日本軍の訓練は有無を言わせぬビンタ訓練である。遠慮会釈なくビンタや鉄拳が飛んだ。これがビルマ人にとってどんなに屈辱であり、反日感情を醸成したか、日本軍は最後まで気づかなかった。

一方ではビルマの農産物を組織的に収奪した。大手日本商社が日本軍とともに進出し、米と綿を買い付けた。物乞いでも米は受け取らないというほど米の豊富なビルマだったが、ついには種籾《たねもみ》にも困る地域があったし、餓死者が出るところもあった。また、日本兵が締めていた黄ばんだ古フンドシが闇市に出回るほど繊維製品が不足した。

占領三年目に開始されたインパール作戦では何十万頭という牛が徴発《ちょうはつ》された。食糧兼輸送用である。このため、耕作ができない農家が続出した。

ビルマはフィリピンとともに「大東亜共栄圏の一員として」独立したが、日本の占領地であることには変わりなかった。イギリス軍がビルマ奪還にインドから進攻した機をとらえて、ビルマ防衛軍は日本軍に反乱し、連合軍側についた。

反乱日（一九四五年三月二十七日）は、戦後ビルマがイギリスから独立したあと、レジスタンスデーとして祝日になり、陸軍記念日となった。

●行軍するビルマ防衛軍

●戦友の遺骨を抱き、ラングーン市に入城する先遣隊

●豊かなビルマの米を日本軍は略奪した

●ビルマ作戦初期にはビルマ人は日本軍を歓迎した

◆フィリピンでの日本軍の戦争犯罪による死者数

死　因	アメリカ・フィリピンの軍人	アメリカ市民	フィリピン市民	合　計
殺　害	2,253	317	89,818	92,388
拷問・残虐行為	1,646	25	1,258	2,929
日本軍の怠慢による餓死など	35,092	244	7	35,343
虐待行為	267	0	101	368
合　計	39,258	586	91,184	131,028

うっかりしていた援蔣ルート「ハンプ越え」

連合軍が開始したヒマラヤ越えの中国援助

日本がビルマを制圧した当初の理由は、ラングーン（現ヤンゴン）陸揚げの援蔣《えんしょう》物資を北ビルマ経由で中国に流入させないためだった。援蔣の蔣とは中国政府最高指導者の蔣介石《しょうかいせき》総統のことである。日中戦争ではイギリスやアメリカは最初から中国を援助していたが、その最大の輸送ルートがこのビルマルートだったのである。

援蔣ルートは北ビルマを経て雲南省に入り、怒江《どこう》（サルウィン河）に架けられていた吊り橋「恵通橋」を経由していたが、日本軍はそこも占領した。ビルマの援蔣ルートは完全に遮断された。

しかし、連合軍はまもなく援蔣ルートを再開する。インド北部、のちにはカルカッタから昆明《こんめい》へのヒマラヤ飛越の空輸ルートである。それはハンプ（コブ、峰）越えと呼ばれた。日本には、戦闘機と爆撃機中心の航空隊しかなかったので、そんなぜいたくな援助方法をあえて採用した連合軍の底力を見せつけたともいえる。

もっとも当初はさすがに量は微々たるもので、ハンプ越えは月間約一〇〇トン程度だったが、徐々に輸送機や後方設備を整備して、一九四三年九月までには月間三〇〇〇～四〇〇〇トンまで増えた。

このハンプ越えのため、輸送機三〇〇機前後、乗員三〇〇人前後、士官と下士官の地上勤務者四〇〇人前後、飛行場がインドと中国にそれぞれ五カ所用意されたという。

中国の抗日意欲が強ければ強いほど、日本は大軍（陸軍約一〇〇万人）を中国に張りつけにしたままで、太平洋戦線でアメリカ軍と戦わなければならない。ハンプ越えという無理をしてでも、中国を具体的に援助し続けることは、アメリカ軍にとっても価値のある作戦だったのだ。

●陸路のルートを押さえられた米軍はヒマラヤを越えて空輸を続けた

●中国雲南省とビルマの国境を突破する日本軍（ビルマ攻略作戦）

●昆明飛行場に着陸体勢をとるC-46輸送機

◆ハンプ越えの航路

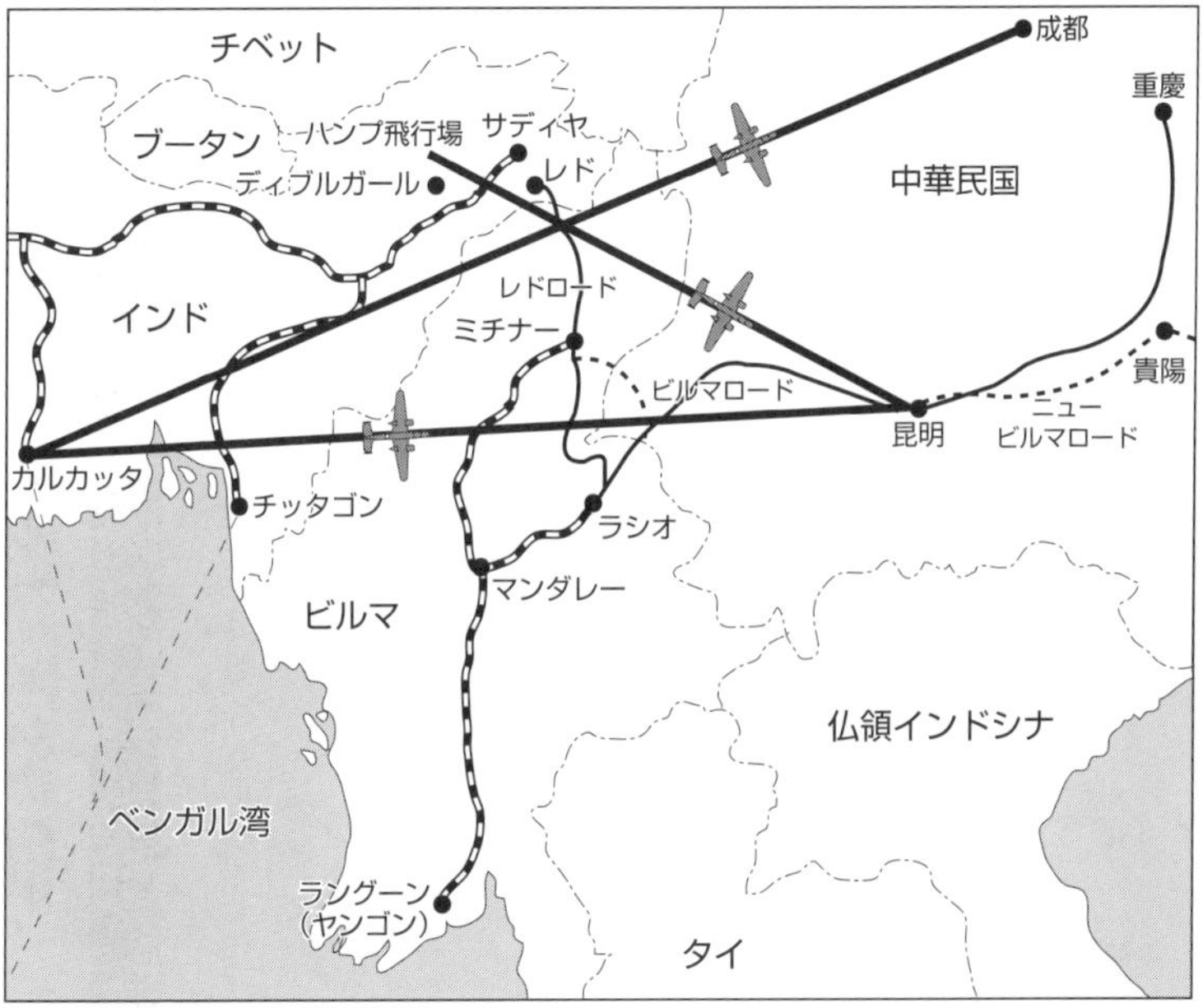
チベット
成都
重慶
ブータン
ハンプ飛行場
サディヤ
レド
ディブルガール
中華民国
インド
レドロード
ミチナー
ビルマロード
貴陽
昆明
ニュー
ビルマロード
カルカッタ
チッタゴン
ラシオ
マンダレー
ビルマ
仏領インドシナ
ベンガル湾
ラングーン
（ヤンゴン）
タイ

泰緬鉄道とスティルウェル公路の戦略的価値

戦時下の最前線で敵味方が行なった大土木工事

ビルマの戦場では、日本軍とアメリカ軍がともに大土木工事を完成させた。

日本軍がタイとビルマのジャングルに貫通させた泰緬《たいめん》鉄道（四一五キロ）と、米軍がインドのレドから北ビルマを通過し、中国の雲南省・昆明まで建設した全天候型道路、スティルウェル公路（一六七〇キロ。送油管も通した）である。スティルウェル大将は、北ビルマで日本軍と戦った米中軍の総指揮官だ。

泰緬鉄道（昭和十八年十月開通）は、日量三〇〇〇トンの軍需物資を送り込み、同量の物資をビルマから運び出す目的だった。開通当初は順調だったが、やがて連合軍の必死の爆撃と日本軍の修理復旧作業との競争になった。

スティルウェル公路を通って一三〇輌のトラック部隊が昆明に到着したのは、一九四五（昭和二〇）年二月四日。マリアナ基地から日本への空襲は始まっていたが、米軍の硫黄島《いおうとう》上陸はこの五日後である。

スティルウェル公路は米陸軍の工兵部隊が指揮をとり、中国の住民も多数が動員された。泰緬鉄道の建設は日本陸軍の鉄道連隊が指揮をとり、ビルマ、タイ、ジャワ、マレーから連行された農民が使役された。日本軍の資料では約一〇万人、吉川利治大阪外語大学教授の推定では約二〇万人。加えて連合軍捕虜（英豪軍捕虜が中心）約五万人が動員された。死者は一般労務者三万から六万人、連合軍捕虜約一万二四〇〇人。

スティルウェル公路は連合軍の一員・中国への絶大なプレゼントとなったが、泰緬鉄道はビルマやタイでは「死《し》の鉄道」と呼ばれたように、多くの民衆の犠牲を強いたものとなり、怨嗟《えんさ》のもととなった。

日本の鉄道技術は素晴らしかったが、死を強制しての技術は文明とはなり得ない。

◆泰緬鉄道路線図

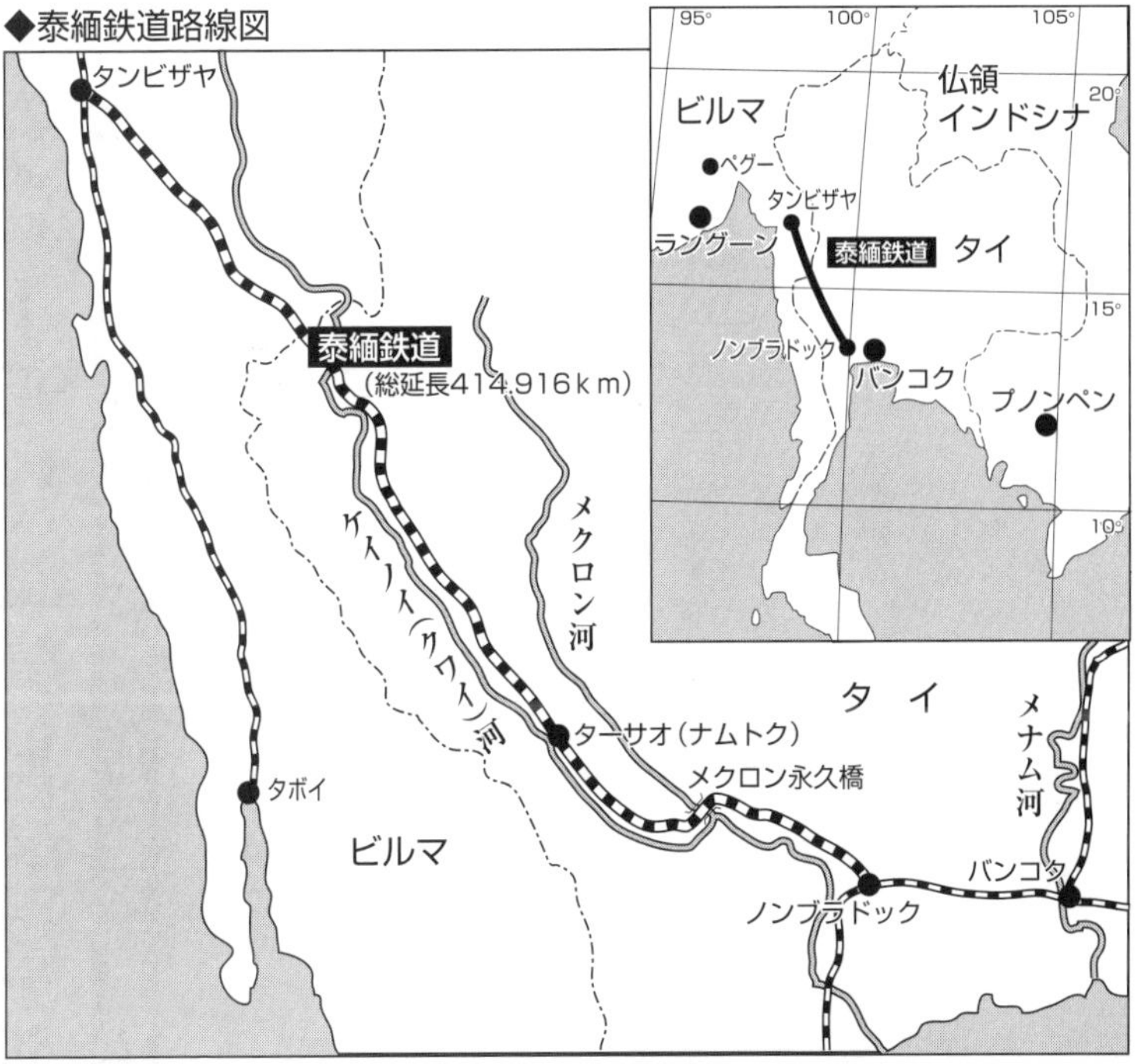
95°
100°
105°
20°
15°
10°
ビルマ
仏領
インドシナ
ペグー
ラングーン
タンビザヤ
泰緬鉄道
タイ
ノンプラドック
バンコク
プノンペン
タンビザヤ
泰緬鉄道
（総延長414.916km）
メクロン河
ケイノイ（クワイ）河
タ　イ
メナム河
ターサオ（ナムトク）
メクロン永久橋
タボイ
ビルマ
バンコク
ノンプラドック

◆泰緬鉄道建設での連合軍捕虜使用数

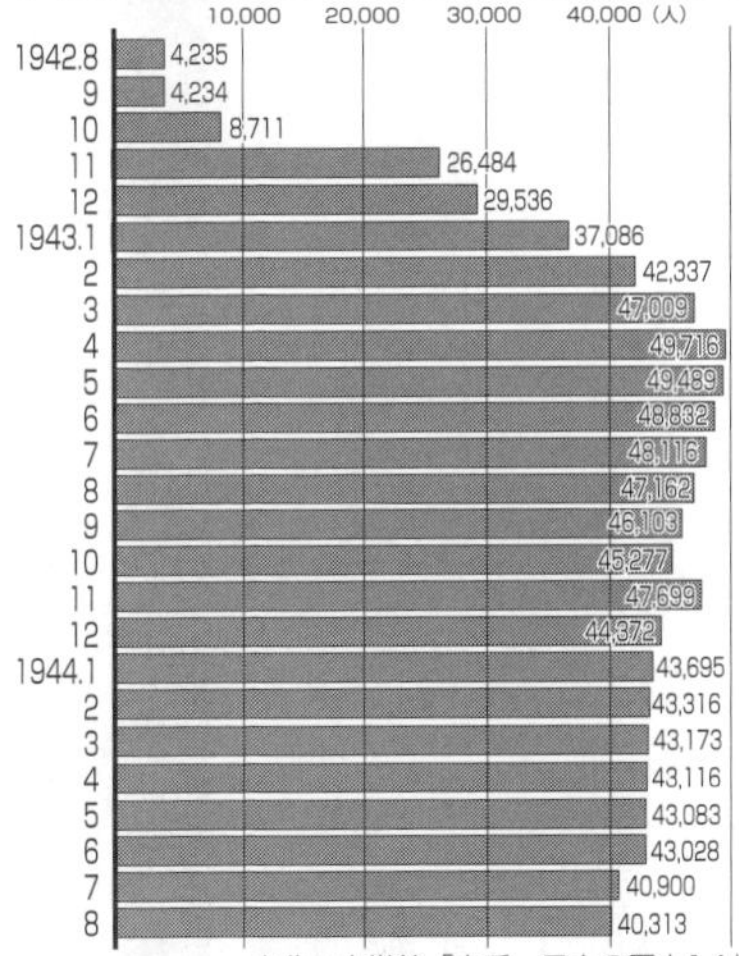
10,000
20,000
30,000
40,000（人）
1942.8 4,235
9 4,234
10 8,711
11 26,484
12 29,536
1943.1 37,086
2 42,337
3 47,009
4 49,716
5 49,489
6 48,832
7 48,116
8 47,162
9 46,103
10 45,277
11 47,699
12 44,372
1944.1 43,695
2 43,316
3 43,173
4 43,116
5 43,083
6 43,028
7 40,900
8 40,313

出典：小学館「大系　日本の歴史14」

●絶壁をくり抜いたスティルウェル公路

●スティルウェル公路のつづら折りを進む米陸軍輸送部隊（中国領内）

BURMA CHINA

●スティルウェル公路のビルマ・中国国境

インパール作戦の目的は何だったのか？

配下の師団長三人がこぞって反対した戦略なき戦い

インパールは、ビルマ国境に近いインドのマニプル州の州都である。ここにイギリス軍の大きな根拠地が置かれていた。ここを占領して、あわよくばインド・アッサム州あたりまで攻略しようというのが、インパール作戦だった（昭和十九年三月〜七月）。

結果はインパールを眼下に見下ろすところまで進撃しながら、弾も飯《めし》も絶え、英軍の反撃に抗すすべもなく敗走に次ぐ敗走に終わった。

もともと占領後のビルマ駐屯日本軍の任務は、ビルマを守ることであって、ビルマからさらにインドに進攻することではなかった。日本軍がまだ勢いがあった初期には、インド進攻も研究されたが、そういう時期でも、無理という結論が出ていた。

なぜなら、インド国境沿いの幅広い険阻《けんそ》な地形〜ジピュー山系、チンドウィン河、ミンタミ山系、アラカン山系〜を考えれば、大軍に補給を続けることは困難と考えられたのである。

では、インパール作戦を実施したときは、その補給問題はメドがついたのか。まったく違う。

インパール作戦を言いだしたのは第一五軍司令官の牟田口廉也《むたぐちれんや》中将だが、その参謀長・小畑信良少将は補給不可能を理由に反対した。牟田口は小畑参謀長を更迭《こうてつ》して、インパール作戦を上級司令部に認めさせるべく強力に働きかけた。

しかしながら、牟田口の下にある三人の師団長のうち二人は明確に反対だったし、一人は懐疑的だった。

手足となって部隊を指揮する立場の者が、こぞって大きな疑問符をつけたまま作戦が開始されたのが、インパール作戦だった。

結果は？　各師団長が懸念したとおり補給が続かず、大敗したのだった。

◆インパール近辺要図

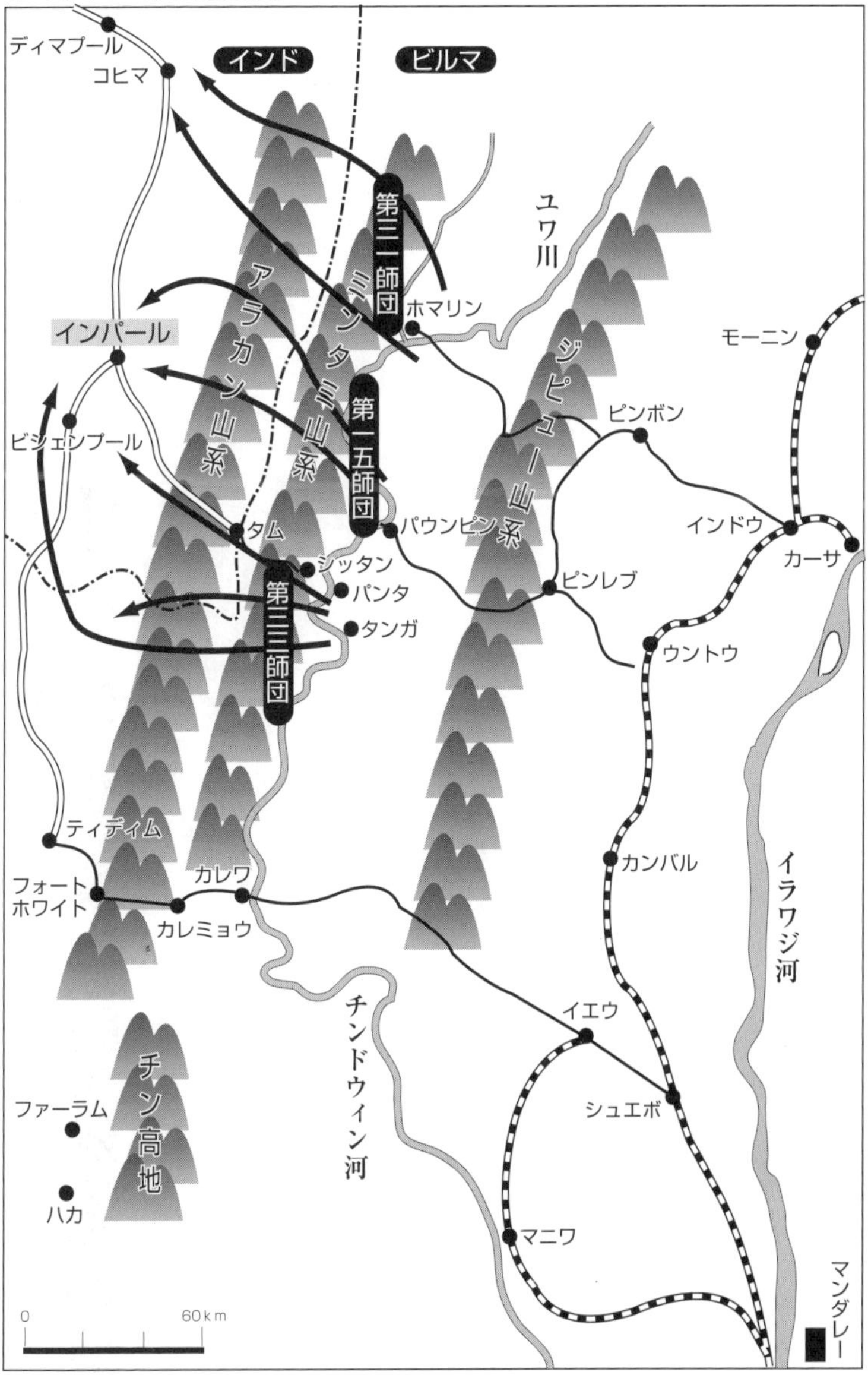
インド
ビルマ
ディマプール
コヒマ
第三一師団
ユワ川
ミンタミ山系
アラカン山系
ホマリン
インパール
モーニン
ジビュー山系
第一五師団
ピンボン
ビシェンプール
インドウ
タム
パウンビン
カーサ
シッタン
パンタ
ピンレブ
第三三師団
タンガ
ウントウ
ティディム
カンバル
フォート
ホワイト
カレワ
カレミョウ
イラワジ河
チンドウィン河
イエウ
チン高地
シュエボ
ファーラム
ハカ
マニワ
0
60km
マンダレー

食糧を求めて撤退命令を出した師団長

飢えが理由で上級指揮官とも戦わなければならなかった実戦部隊長

インパール作戦は第一五軍司令官・牟田口廉也《むたぐちれんや》中将のもと、第三一師団、第一五師団、第三三師団が、国境を越えてインドのイギリス軍基地インパールを占領しようとした作戦だ。

しかし、最初から補給が続かないとみられていたとおり、途中で食糧も砲弾も尽きてしまった。このとき、最も過激な反応を示したのが第三一師団長・佐藤幸徳中将だった。彼は牟田口軍司令官の了解なしに退却命令を出したのである。

佐藤の第三一師団はインパール北方の要衝《ようしょう》コヒマの一部を占領し（昭和十九年四月六日、作戦開始後約一ヵ月）、インドからのインパール向け輸送道路を一時的に遮断することに成功したが、占領を支えるだけの弾薬も食糧も届かなかった。一方、インパールそのものも他の二個師団によって包囲網を狭められつつあった。

しかし、インパールのイギリス軍は弾薬・食糧が不足することはなかった。輸送機がひっきりなしに飛んできて、落下傘で補給品を落とし続けたからである。連合軍は一回六トンを運べる輸送機約三〇〇機を用意していたといわれる。

佐藤師団長はコヒマ占領から二ヵ月近く前線で指揮し、ついに独断退却命令を出した。大規模な作戦には、後方に食糧などを集積している基地が設けられていた。そこまで戻って、まず兵隊に飯を食わせようという退却命令である。

軍司令部からは参謀長が飛んできて佐藤師団長を諫《いさ》めたが、「軍命令を実行しないとは言わぬ。それよりもまず食うことだ」と意に介さなかった。

結局、佐藤師団長は解任され、「精神錯乱」で片づけられた。軍法会議ものだったが、軍としては補給計画の杜撰《ずさん》さを告発されることを恐れたのだ。

●マンダレーの王宮をあとにインパールに向かう日本軍

●インパール作戦で独断の撤退命令を出した第31師団・佐藤幸徳師団長

●この川を渡ればインパールは近いと励まされたのだが…

●コヒマを占領した日本軍

●インパール＝コヒマ間に敷設された日本軍のバリケード

何の罪にも問われなかった敗残の軍司令官

インパール作戦の責任者・牟田口中将はなぜクビにならなかったのか

インパール作戦のように大きな作戦が失敗すると、なんらかの懲罰人事が行なわれる。この作戦は第一五軍司令官・牟田口廉也中将が、幕僚の反対も、部下の師団長の反対も押し切って、上級司令部の了解を取りつけただけに、その見込み違いに対する懲罰は当然行なわれるべきだった。

なにしろ、戦闘に直接参加した三個師団四万八九〇〇人のうち約二万人が戦死、約一万七〇〇〇人が行方不明ないし後送患者だった。全体の損耗率は七四パーセントにも達した。

ところが、牟田口中将は作戦失敗のあと、懲罰どころか一時的に予備役編入されただけで、一カ月後には陸軍予科士官学校校長となった。惨憺《さんたん》たる負け戦の〝大将〟が、陸軍将校を育てる学校の校長になってしまったのだ。

牟田口を追放すれば、責任は上級司令官に及ぶことが考慮されたのであろう。牟田口中将の上には、ビルマ方面軍司令官・河辺《かわべ》正三《しょうぞう》中将、その上には南方軍総司令官・寺内寿一《ひさいち》大将、さらにその上には参謀総長・杉山元《はじめ》大将がいた。

この三人の指揮官は揃いも揃って、それぞれの幕僚が作戦に反対していたにも関わらず、インパール作戦を最初から支持してきたのだった。

杉山の幕僚だった真田《さなだ》穣一郎《じょういちろう》作戦部長などは戦後、「一度ぐらい（南方軍総司令官）寺内さんの願いを聞いてやってくれと人情論で迫られ、うっかり認めてしまったが、生涯の痛恨事だった」と回想しているくらいだ。

無理な作戦だということが、実務担当者はわかっていたのに、軍司令官の不明で負ける作戦に大軍を投入した責任は、ひとり牟田口にとどまらなかったのである。

●インパール作戦を主張し認めさせた牟田口廉也第15軍司令官

●杉山元参謀総長

●寺内寿一南方軍総司令官

●真田穣一郎大本営作戦部長

●河辺正三ビルマ方面軍司令官

●インパール作戦にはチャンドラ・ボースの率いるインド国民軍も参戦した

修羅場のフーコンに「転進」はなかった！

三万の兵力で一五万の敵の攻勢を支えた北ビルマの戦場

フーコンは、北ビルマのインド寄りに広がる大峡《きょう》谷《こく》であり、大密林地帯である（東西三〇キロ〜七〇キロ、南北二〇〇キロ）。インドのアッサム州につながり、一番近くの大きな町がレドだ。フーコンは現地のカチン語で「死」を意味する。

日本軍がビルマを占領したとき、ビルマ内の中国軍の一部は指揮官スティルウェル中将（アメリカ陸軍）とともにインドに逃げた。アメリカ軍はその後、多くの中国軍将兵をインドに空輸して、アメリカ式に訓練した。これが新編中国軍だ。

新編中国軍中心の米中軍が、レドからフーコンに分け入ったのが一九四三（昭和十八）年の暮れ、その最前線の日本軍守備隊と衝突したのが十二月二十四日である。大部隊で急襲したので、二個小隊ほど（一〇〇人足らず）の日本軍はあっさり敗北した。中国軍にとっては、日中戦争以来負け続けていたので、完全勝利は初めてだった。

以後、フーコン防衛の第一八師団（福岡県久留米《くるめ》で編成）と米中軍との戦闘が三カ月半にわたって繰り広げられた。戦車を伴った歩兵部隊、空中空輸で補給が途絶えない米中軍に、日本軍は肉弾戦法で応じたが、結局はかなわなかった。

一方、翌年五月（昭和十九年）になると、東から中国軍が怒江《どこう》（サルウィン河）を越えた。日本軍は怒江の西側（雲南省）まで防衛線を張っていたので、各所で戦闘が起こった。怒江正面は第五六師団（第一八師団と同様久留米で編成）があたったが、アメリカ軍に支援された約七万の中国軍に数のうえでもかなわなかった。

北ビルマに集中した米中軍は約一五万、対する日本軍は約三万。約一〇カ月にわたって抵抗を続けた。日本軍はなかなか「転進」（後退）しない軍隊だった。

●フーコン戦線の新編中国軍

●北ビルマ進攻の米中軍指揮官スティルウェル中将（左）と連合軍南東アジア最高司令官マウントバッテン卿（海軍大将）

●フーコン戦線で日本兵の死体を見て進む新編中国軍

●77mm砲弾を運ぶ中国第22師団砲兵

大陸の玉砕地、拉孟・騰越の救援はなぜ遅れた?

二〇万の中国軍に囲まれ、救援軍ついに突破できず

北ビルマの怒江《どこう》正面の戦いは、実際には中国・雲《うん》南《なん》省内が戦場だった。ビルマとの国境は怒江から少し西寄りである。防衛担当の第五六師団は芒市《ぼうし》に司令部を置き、怒江対岸の要所に部隊を配置した。

兵力約一万一〇〇〇人で南北三〇〇キロの地域を防衛しようとすると、一カ所に集中配備することはできない。そうした防衛拠点の一つが拉孟《らもう》であり、騰越《とうえつ》だった。

芒市から東へ二〇キロで龍陵《りゅうりょう》、龍陵からさらに東へ三〇キロが拉孟で、北方五〇キロが騰越。付近は標高二〇〇〇メートル級の山岳地帯だ。拉孟～龍陵～芒市～ビルマが、いわゆる中国とビルマをつなぐマルコ・ポーロ以来の道路であり、中国に対する援助ルートでもあった。

中国軍の主力はまず拉孟正面に上陸し、一部で拉孟陣地を攻撃しつつ、大部分は迂回して拉孟後方の龍陵に殺到した。最前線の拉孟を孤立させる作戦だ。龍陵で日本軍は守り切ったが(昭和十九年六月末)、敗北にも等しい大損害を受けた。

もはや孤立した拉孟はもちろん、騰越への救出作戦はきわめて難しくなった。龍陵周辺には中国軍が守りを固めた。自ら脱出することも難しい。

補給路を断たれた拉孟約一三〇〇人と騰越約二〇〇〇人の守備隊は、攻撃してくる中国軍と戦った。死者と負傷者は毎日増え、食糧は日々少なくなった。砲弾も小銃弾も手榴弾も、できるだけ節約しながら戦った。

ほんのまれに日本軍機が単機忍び込んでは、弾薬や衣料品を投下した。守備隊員はそれを押し戴いて、新たな闘志をかきたて肉弾戦法を続けたのである。

守ること三カ月、拉孟と騰越の守備隊は玉砕した。中国軍相手の最初で最後の玉砕だった。

●破壊された日本軍の拉孟陣地

●破壊された日本軍の拉孟陣地

●中国兵に発見された、洞穴に隠れていた朝鮮人慰安婦

●怒江に架かる恵通橋。退却する中国軍が破壊したが、米中軍は修理して日本軍を攻撃した

●右に見えるのが恵通橋

陸軍は知らなかった台湾沖航空戦の虚報

海軍の「敵艦隊撃滅」の報を信じてレイテ決戦を発動した陸軍

「マッカーサーに率いられたアメリカ軍がフィリピンに来襲したら、ルソン島で決戦する」。日本軍はそう決めて、新しい軍司令官・山下奉文《ともゆき》大将をマニラに送り込んだ。しかし、実際に行なわれたのはレイテ決戦だった。レイテ島にアメリカ軍が上陸したので、大わらわでルソンなどからレイテへ大軍を送り込み、そして大敗したのだ。

なぜレイテ決戦になったのか。なぜ、アメリカ軍がルソン島に上陸するまで待たなかったのか。

アメリカ海軍は空母一七隻を連ねた機動部隊を台湾東方海上に機動させ、台湾の主要都市や沖縄の那《な》覇《は》に大空襲をかけた。レイテ上陸の支援作戦である。これに対して日本海軍は、台湾や九州に展開する基地航空隊で反撃し、いわゆる台湾沖航空戦を行なった（昭和十九年十月十二日～十六日）。

そして、次々と報告される戦果を積み上げていった結果、アメリカ軍空母「一九隻」を含む機動部隊を完全に撃滅したと信じた。天皇も祝勝の勅語《ちょくご》を発し、国内はもちろん、ルソン島などフィリピン全域で提灯行列や祝賀会が挙行された。

しかし、敵機動艦隊撃滅はまったくの錯覚だった。それに最初に気づいたのは当の海軍だ。しかし、海軍はそのことを陸軍に通知しなかった。不思議な話だが、戦史家にいわせれば、通知しなくて当然なのだそうだ。陸軍は陸軍独自の判断で戦争をするものだそうだからである。

アメリカ軍のレイテ島上陸開始は、台湾沖航空戦が終わった四日後である。陸軍は、その上陸部隊は辛うじて撃沈を免れた部隊が、台風でも避けようとして（実際、荒天だった）上陸したのだろうと考えた。かくて、ルソン決戦取りやめ、レイテ決戦命令が出されたのである。

●レイテに上陸した米軍

●上陸するマッカーサー司令官

●米機動部隊の空母「ランドルフ」

◆台湾沖航空戦の発表内容（10月17日発表）

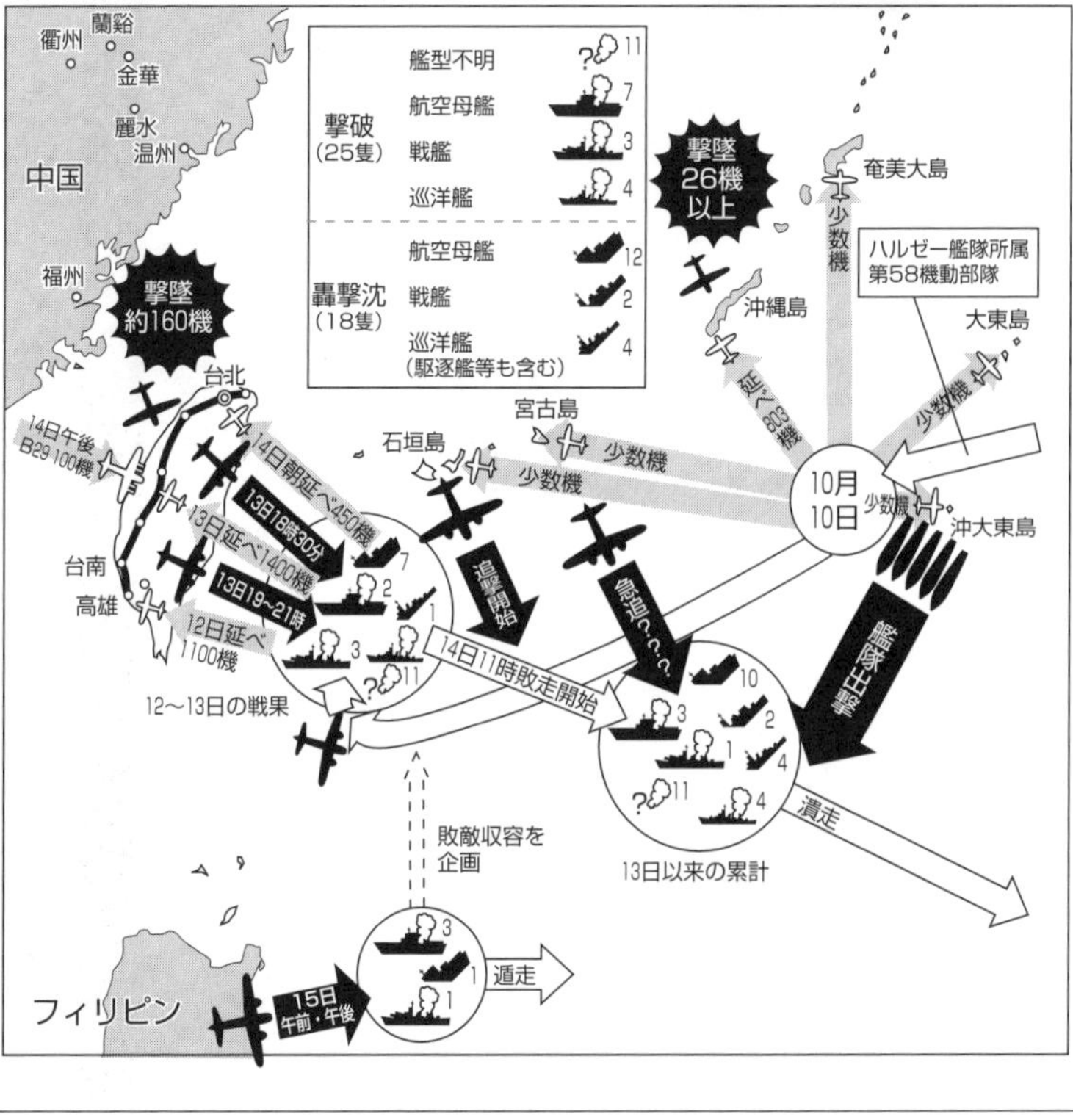

衢州
蘭谿
金華
麗水
温州
中国
福州
撃墜
約160機
撃破
（25隻）
艦型不明 11
航空母艦 7
戦艦 3
巡洋艦 4
轟撃沈
（18隻）
航空母艦 12
戦艦 2
巡洋艦 4
（駆逐艦等も含む）
撃墜
26機
以上
奄美大島
少数機
ハルゼー艦隊所属
第58機動部隊
沖縄島
大東島
延べ803機
少数機
宮古島
石垣島
少数機
少数機
10月
10日
少数機
沖大東島
台北
14日午後
B29 100機
14日朝延べ450機
13日18時30分
13日延べ1400機
13日19~21時
12日延べ
1100機
台南
高雄
追撃開始
急追？？？
艦隊出撃
14日11時敗走開始
12～13日の戦果
13日以来の累計
潰走
敗敵収容を
企画
15日
午前・午後
遁走
フィリピン

寺内南方軍総司令官のレイテ決戦命令の理不尽

戦略なき場当たり主義と兵力の逐次投入の愚策

海軍の大戦果の報告を受けた大本営陸軍部は、レイテ島に上陸した兵力も意外に少なく、二個師団と判断した（実際は四個師団上陸、のち増強されて六個師団一六万人。最大時は約二六万人）。そこで方針を変更してレイテ地上決戦を命令する。

当時の命令系統は、大本営陸軍部（在東京）──→南方軍（司令部在マニラ）──→第一四方面軍（司令部在マニラ）である。大本営の意を受けた南方軍総司令官・寺内元帥《げんすい》は、第一四方面軍司令官・山下奉文《ともゆき》大将にレイテ決戦を命じた。

しかし山下大将は、日本軍がルソン島の制空権を確保していない現実から、台湾沖航空戦の大戦果は虚報とみて、寺内元帥の命令を実行しようとはしなかった。寺内は山下を呼びつけた。

「すると、寺内元帥がこんどは山下大将を叱り飛ばすんだな。

『東京からの命令じゃ、なぜ方面軍はレイテで決戦をやらんのか』

『できません。戦力が足りません。制空権がありません』

……ついに総司令官はこういったね。

『元帥は命令する』

と……万事終わり。さすがの山下大将も『ハァーッ』と一言あったのみです」（『歴史と人物』昭和六十一年夏号）

ルソン島やミンダナオ島から準備が整った順に輸送船に乗せ、レイテ島へ送り出された。米軍機がそれを攻撃する。撃沈が相次いだが、それでも中止命令は出なかった。辛うじて上陸した部隊から順に戦場に向かったが、そんな兵力投入で勝てる相手ではなかった。大本営と寺内元帥のゴリ押し作戦の犠牲者は、約一〇万人にのぼった。

●ルソン島の山下奉文大将
（写真は日本降伏後）

●攻撃を受ける日本軍輸送船

●日本軍のレイテに兵員を輸送する作戦を米軍機動部隊は徹底的に妨害した

◆レイテ島への兵力投入

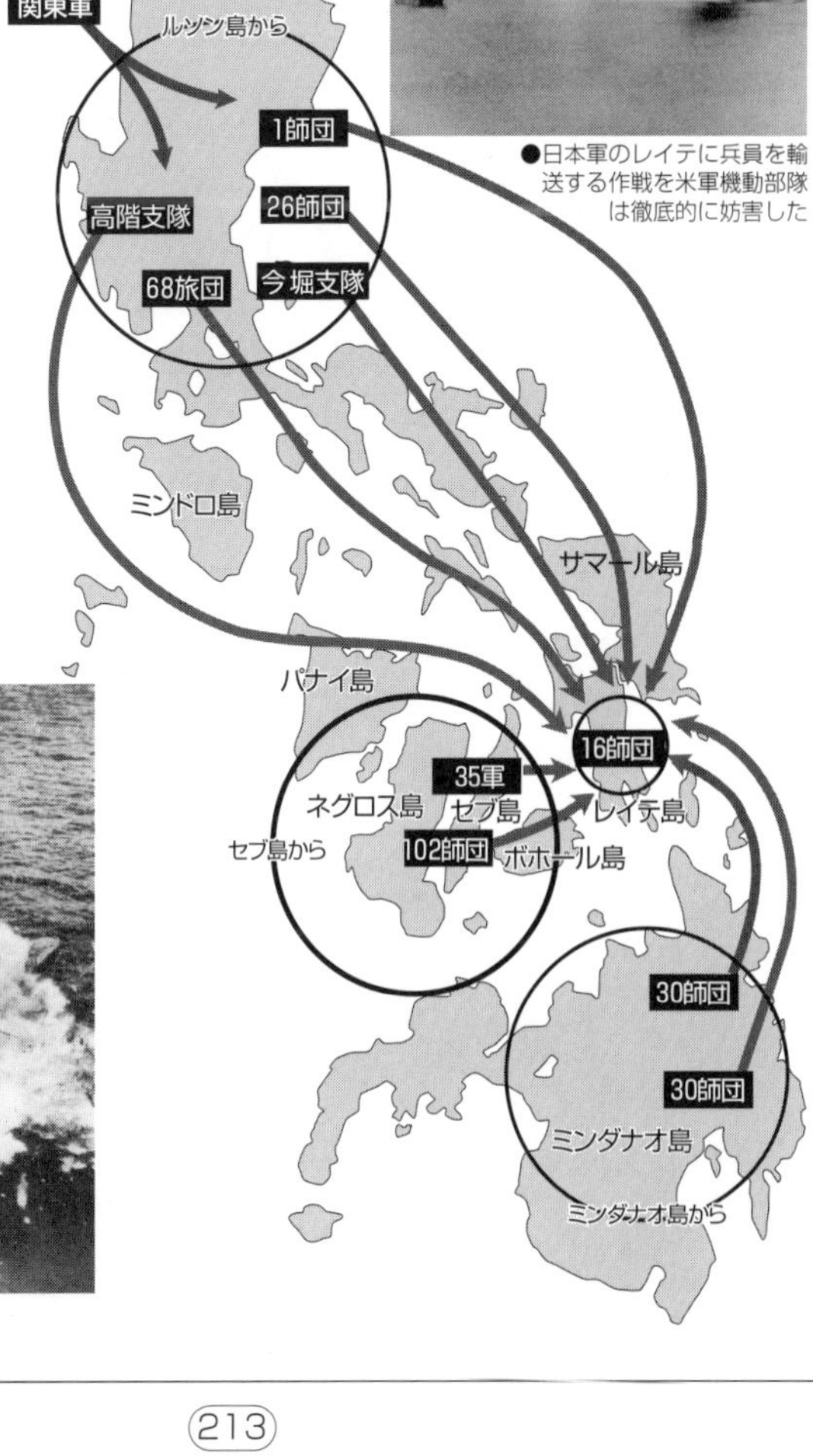
ルソン島
満州から
関東軍
ルソン島から
1師団
26師団
高階支隊
68旅団
今堀支隊
ミンドロ島
サマール島
パナイ島
16師団
35軍
ネグロス島
セブ島
レイテ島
セブ島から
102師団
ボホール島
30師団
30師団
ミンダナオ島
ミンダナオ島から

●沈没寸前の海防艦第11号

山下奉文軍司令官のフィリピン永久徹底抗戦命令

〝降伏できない日本軍〟の生き残り部隊に対する情け無用の命令

レイテ決戦は日本軍が散々に負かされつつ、約二カ月戦われた。第三五軍司令官・鈴木宗作中将がレイテ島に進出して、送られてくる部隊の指揮をとったが、最後は軍司令部そのものが直接攻撃されるところまで追い詰められた。

十二月二十五日（昭和十九年）、山下第一四方面軍司令官は、鈴木第三五軍司令官に対して「永久抗戦命令」を発した。二十七日にはレイテ決戦は断念（中止）と天皇に報告され、認められた。

作戦が中止されたのだから、残存部隊はもうレイテ島で戦う必要はないのだが、永久抗戦命令が取り消されることはなかった。なぜなら、残存部隊を救出して、新たな戦場に運ぶ手段がなかったからである。

すなわち、永久抗戦命令とは自活しながら死ぬまでそこで戦え、という意味だった。

残存部隊も、生きている限り降伏するつもりはないから（日本軍は降伏を禁じていた）、それを当然のことと受け止めたようだ。とりあえず、レイテ島を離れて付近の島々に移動したりした。この時点で鈴木軍司令官が掌握していた兵力は、約一万人だったという。

現在、「永久抗戦命令」などと聞くと不思議な気がするが、当時はそうでもなかった。ルソン島にアメリカ軍が上陸し（昭和二十年一月二日）、山下大将が直接指揮した約一三万人の日本軍は抗戦しつつも追い詰められ、各地で玉砕する小部隊が相次いだ。

なかには、兵站《へいたん》病院部隊なども混じっており、そこには数は少ないが日赤派遣の従軍看護婦もいた。彼女たちも、めいめいが劇薬・昇汞錠《しょうこうじょう》を持っており、「敵に囲まれたら自決、生きている限り抗戦」という信念には変わりなかったのだという。

●コレヒドール島を視察するマッカーサー将軍

●日本軍の対戦車砲弾もはじき飛ばす装甲の米軍戦車

●セブ島の山中にいた第1師団も、天皇からの降伏命令が出てやっと投降した

●バルコニーからアメリカ国旗が下げられ、自由を喜ぶレイテ島のフィリピン人

●作戦に成功し引き揚げる米軍レンジャー部隊とフィリピン人ゲリラ

「特攻は命令によらず」は貫徹されたか？

「一晩考えさせてください」と言った最初の特攻隊長

レイテ決戦は、太平洋戦争が一種異様な戦争に突入するきっかけともなった。ゼロ戦など航空機による〝敵艦への体当たり戦法〟、すなわち特攻が開始されたからだ。

特攻を命じるつもりでマニラに赴任する大西瀧治《おおにしたきじ》郎《ろう》中将（第一航空艦隊司令長官）に対して、軍令部総長・及川古志郎《おいかわこしろう》大将はこう言ったそうだ。

「大西君。大本営も（特攻を）了解します。戦死者に対する処遇は考えましょう。しかし、大西君、はっきり申し述べておくが、けっして命令はしてくれるなよ」

果たして特攻は命令によらなかったのだろうか。最初の特攻隊長として「相談された」関行男《せきゆきお》大尉は、「一晩考えさせてください」と応じて、翌朝承諾したという（森史朗「神風特攻秘話 マバラカットへの道」『歴史と人物』昭和五十九年十二月刊）。

この秘話が世に出るまでは、相談されたその場で決然と承諾したように紹介されていた。しかし、その事実は〝意図的な誤伝〟であり、四〇年近くたって初めて訂正されたわけである。

しかし、ともかくもこれを読むと、特攻の発端は、命令ではなく相談によっていたというニュアンスが一応は伝わってくる。

ただし、それはほんの最初だけで、いざ特攻が始まってみると、指名されて拒否することはまず無理だった。いや、拒否する者がいなかったというのが現実だった。

特攻は滅私奉公《めっしほうこう》・尽忠報国《じんちゅうほうこく》を具現する最高のパフォーマンスだった。当時の日本人は、天皇・皇国のためなら私欲・私情を捨て、命を捧げることを最高の道徳として信奉していたので、指名されれば、拒否などできるわけがなかったのだ。

●初めて特攻を命じた
大西瀧治郎中将

●特攻開始時の軍令部総長・
及川古志郎大将

●最初の特攻隊長・
関行男大尉

●出撃前の神風特攻
隊員

●特攻攻撃で炎上する米空母「ベローウッド」

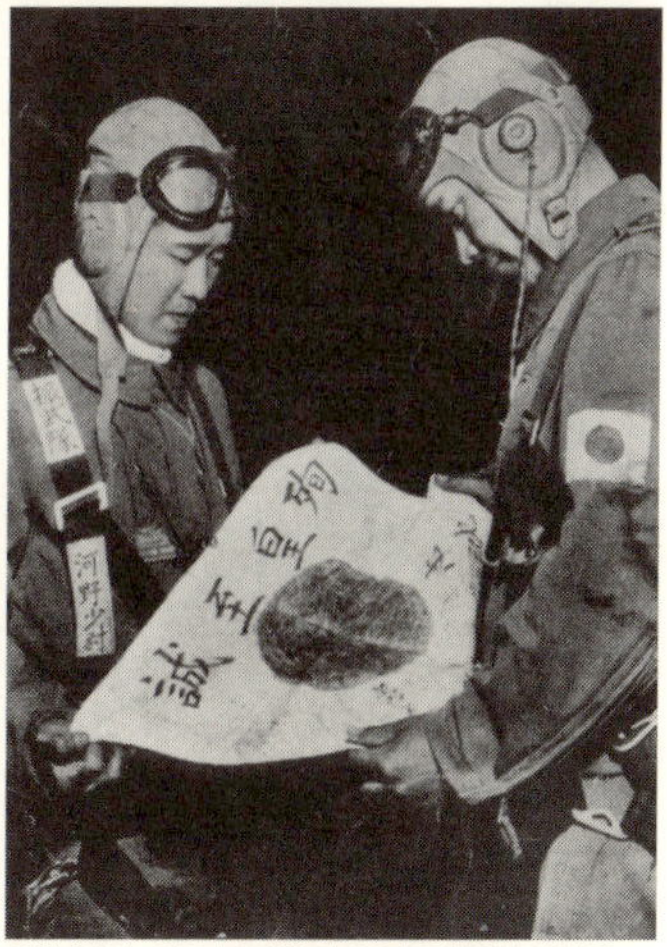

●贈られた日の丸に思いも万感の陸軍特攻隊員

米海軍を震えあがらせた特攻の収支決算

正規空母五隻をリタイヤさせた特攻国ニッポンの最終兵器

「空母バンカーヒルとエンタープライズが神風機によって相次いで行動不能になったときには、三日の間に二度も旗艦を変更するの止むなきに至ったこともあった」

「常に作戦海面に残っていなければならない第五艦隊の上級指揮官たちが、（特攻機を警戒することから）受ける緊張感はほとんどたえられないくらい大きなものがあった」

これは、アメリカ太平洋艦隊司令長官の戦記を綴った『ニミッツの太平洋海戦史』の一節だ。時期は沖縄へ向けて特攻が最も激しく行なわれていた頃である。

「バンカーヒル」には五月十一日（昭和二十年）、「エンタープライズ」には三日後の五月十四日にそれぞれ特攻機が突入し、戦場からリタイヤした。

航空特攻は、ほとんどが体当たりを果たせず海中に没したが、戦果がゼロだったわけではない。フィリピン、硫黄島《いおうとう》、沖縄の各戦場で少なくとも二五〇〇機以上が突入し、四〇〇〇人以上が戦死した、その見返りは当然あったのだ。

すなわち、小型の護衛空母を三隻沈めたほか、「バンカーヒル」や「エンタープライズ」のような正規大型空母五隻を戦場からリタイヤさせた。相当程度のダメージを与えたのは正規空母の五隻を含めて八四隻が数えられている。

撃沈は先の空母のほか、駆逐艦数隻など小型艦五四隻、終戦まで戦場に復帰できなかった艦船は一〇〇隻を超える。戦闘に支障はなかったものの何らかの損傷を負った艦船は二二一隻という。

特攻を初めて命令した大西瀧治郎《おおにしたきじろう》中将は、自ら「特攻は作戦の外道《げどう》」と自嘲《じちょう》したそうだが、外道にしては、かなりの戦果なのではなかろうか。

●命令を受ける特攻隊員

●胴体の下には爆弾が取り付けられた特攻機

●出撃する特攻機

●標的を目前にして撃墜された特攻機

◆特攻による戦果 資料によって数量は違う

撃沈

護衛空母	3
駆逐艦／護衛駆逐艦	15
その他	16

損傷

正規空母	16
軽空母／護衛空母	20
戦艦	14
重巡洋艦	6
軽巡洋艦	8
駆逐艦／護衛駆逐艦	142
その他	71

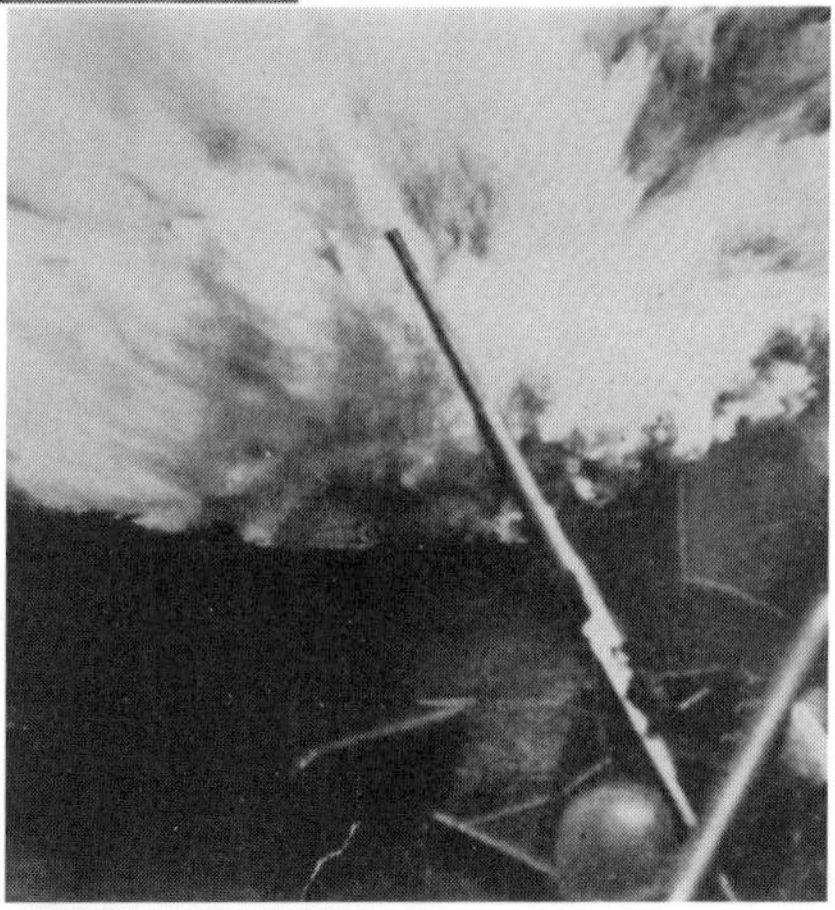

●特攻機が突入した瞬間

栗田艦隊がレイテ湾突入を果たしていたら？

マッカーサー元帥は戦死？　栗田艦隊全滅は確実と……

栗田艦隊とは、栗田健男《たけお》中将に率いられた第一遊撃部隊のことである。それまでの海戦は航空戦が中心だったので、使い道がなく、生き残っていた連合艦隊の戦艦や重巡洋艦の、ほぼすべてを投入して編成された艦隊だ。目的はフィリピン・レイテ島上陸を支援したアメリカ艦隊を、レイテ湾に殴り込みをかけて全滅させようというものだった。

栗田艦隊は二隊に分かれて出撃した（昭和十九年十月二十二日、北ボルネオの西岸ブルネイ）。

鈍足の戦艦と重巡で編成され、指揮官の名を取った西村艦隊は、スル海からスリガオ海峡を経てレイテ湾へ、残りの艦隊（これが狭義の栗田艦隊）は、南シナ海からシブヤン海に入り、サンベルナルディノ海峡を通過し、サマール島沖合を南下してレイテ湾へ突っ込む予定だった。

しかし、西村艦隊はスリガオ海峡で待ち伏せされ全滅。ひとり栗田艦隊だけが、レイテ湾へ突っ込む直前まで進んだが、突然突入を中止、北上した。「謎の反転」として戦史上有名だ。

もし、栗田艦隊が予定どおり突っ込んでいたらどうなったか。かなりの確度で全滅したであろう。なぜなら当時、レイテ湾東方には米護衛空母が一〇隻もいて制空権を握っていたし、レイテ湾口には戦艦六隻が待ち構えていたからだ。

「栗田は敵の制空権下にあって、陣型を組んで砲戦を行なうことができず、栗田艦隊はほぼ全滅し、約二万名の軍人のほぼ全部が戦死したであろう。そのほうが、日本海軍の最後を飾るのにふさわしかったのであろうか」（『海戦史に学ぶ』）。

これは当時、軍令部に勤務し戦況を記録していた野村実氏のコメントである。マッカーサー元帥を戦死させることなど、できない相談だったのだ。

◆レイテ海戦各艦隊の動き（昭和19年10月）

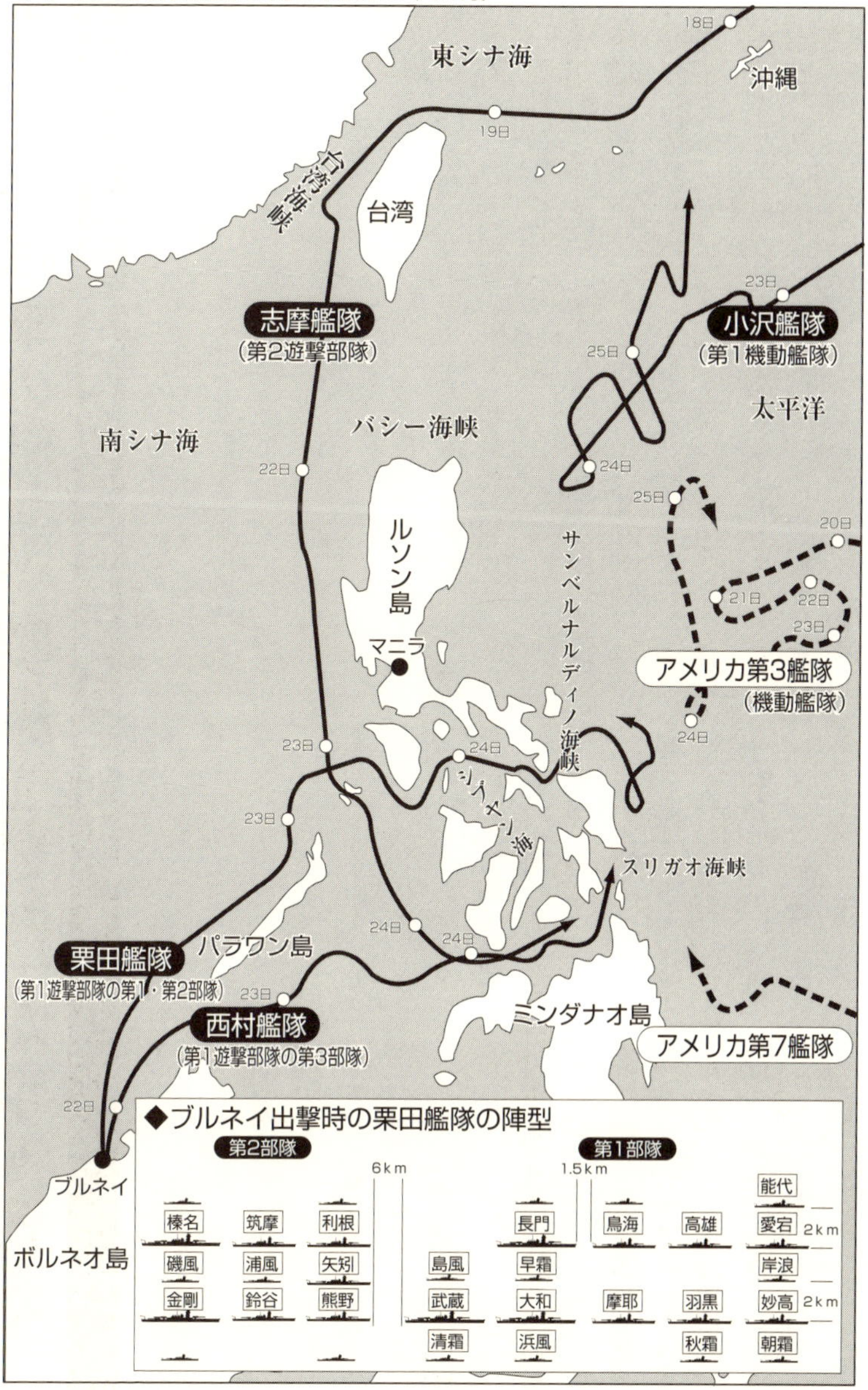
東シナ海
沖縄
18日
19日
台湾海峡
台湾
志摩艦隊
（第2遊撃部隊）
23日
小沢艦隊
（第1機動艦隊）
25日
太平洋
24日
南シナ海
バシー海峡
22日
25日
20日
ルソン島
サンベルナルディノ海峡
21日
22日
23日
マニラ
アメリカ第3艦隊
（機動艦隊）
24日
23日
24日
シブヤン海
23日
スリガオ海峡
24日
24日
パラワン島
栗田艦隊
（第1遊撃部隊の第1・第2部隊）
23日
西村艦隊
（第1遊撃部隊の第3部隊）
ミンダナオ島
アメリカ第7艦隊
22日
ブルネイ
ボルネオ島
◆ブルネイ出撃時の栗田艦隊の陣型
第2部隊
6km
第1部隊
1.5km
榛名
筑摩
利根
磯風
浦風
矢矧
金剛
鈴谷
熊野
能代
長門
鳥海
高雄
愛宕
2km
島風
早霜
岸波
武蔵
大和
摩耶
羽黒
妙高
2km
清霜
浜風
秋霜
朝霜

真珠湾攻撃の戦訓、戦艦「武蔵」が撃沈さる

山本五十六の航空主兵論をみごとに見せつけた米軍のお返し

栗田艦隊はシブヤン海に入ってまもなく（昭和十九年十月二十四日）、アメリカ空母艦隊の航空機による大空襲に見舞われた。艦隊は戦艦「大和《やまと》」「武蔵《むさし》」「長門《ながと》」を含む五隻、重巡八隻、軽巡二隻、駆逐艦一五隻の陣容だった。

航空攻撃は午前一〇時半から午後三時まで、五波に及んだ。攻撃隊は上空から見てもひときわ目立つ「大和」「武蔵」に攻撃を集中したが、とりわけ「武蔵」を狙い撃ちした。

第一波が四四機、二波三五機、三波六八機、四波三四機、五波六五機の大攻撃である。栗田艦隊には一機の飛行機もない。すべて艦砲で反撃するしかない。

「武蔵」は第二波攻撃の際、早くも三本の魚雷が命中した。さらに第三波の攻撃で五〇〇キロ爆弾五発と魚雷五本がヒットする。「大和」も五〇〇キロ爆弾を一発食らった。

この攻撃で「武蔵」は一六ノット（本来は最高二七ノット）に落ち、艦首を沈め始めた。

四波攻撃隊は「武蔵」にかまわず「大和」を狙い、爆弾一発を命中させる。第五波攻撃隊は「武蔵」艦橋の防空指揮所右側に五〇〇キロ爆弾を命中させ、さらに九発の爆弾を当てた。

「武蔵」艦内は修羅場《しゅらば》と化した。そして午後七時半、空襲終了四時間後、「総員退去命令」が出され、ついに沈没した。

太平洋戦争は日本海軍航空隊による真珠湾攻撃で幕を開けたが、「航空主兵論者」だった連合艦隊司令長官・山本五十六《いそろく》大将の戦法は、即刻真似されて、日本をはるかに上回る空母機動部隊を米海軍は完成させた。「武蔵」は航行中に〝敵空母機〟によって撃沈された世界初の戦艦となった。

●シブヤン海で航空攻撃を受ける戦艦「武蔵」

ルソン島
マニラ
フィリピン海
ルバング島
カタンドゥアネス島
マリンドゥケ島
サンベルナルディノ海峡
ミンドロ島
シブヤン海
ミンドロ海峡
タブラス島
シブヤン島
マスバテ島
サマール島
カルバヨグ
武蔵撃沈
ビサヤン海
パナイ島
レイテ島
レイテ湾
セブ島
ディナガット島
ネグロス島
パナオン島
スリガオ海峡
ボホル島
ボホル海
スル海

●シブヤン海で必死の回避運動をする戦艦「大和」

戦艦「武蔵」には魚雷20発、爆弾18発が命中し、シブヤン海に没した

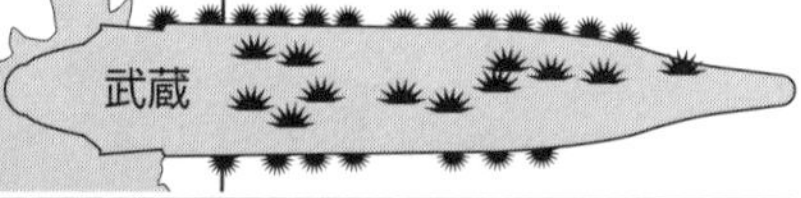
武蔵

◆シブヤン海での栗田艦隊の陣型

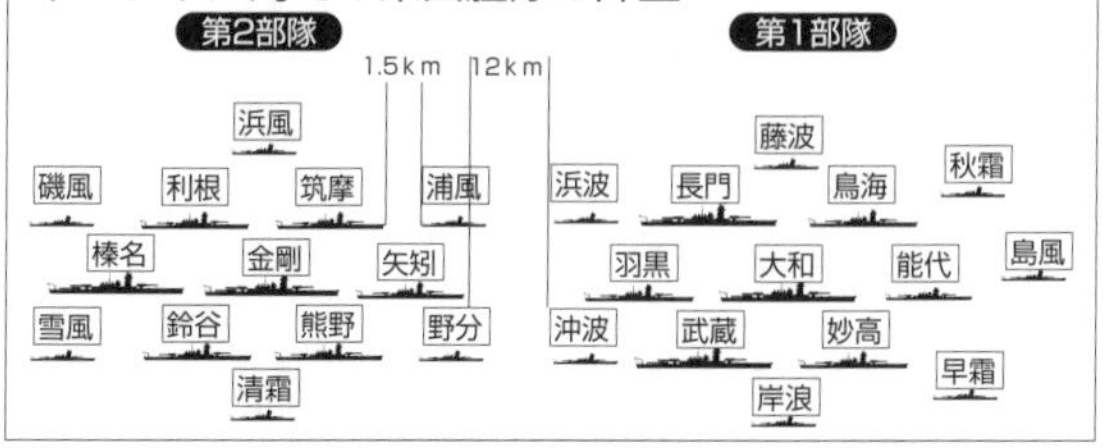
第2部隊
第1部隊
1.5km
12km
浜風
磯風
利根
筑摩
浦風
榛名
金剛
矢矧
雪風
鈴谷
熊野
野分
清霜
藤波
浜波
長門
鳥海
秋霜
羽黒
大和
能代
島風
沖波
武蔵
妙高
早霜
岸波

コラム7

潜水空母のパナマ運河攻撃計画

敗勢著しい昭和十九年十二月、呉《くれ》海軍工廠《こうしょう》で巨大な潜水艦が完成した。工廠内では「潜特《せんとく》」とも「潜水空母」などともいわれている「伊号第四〇〇」だった。

基準排水量三五三〇トン、速力水上一九ノット、水中一五ノット。一四センチ砲一門、二五ミリ高角機銃一〇挺、魚雷発射管八門、カタパルト一、水上機「晴嵐《せいらん》」三機積載。そして速力一四ノットで三万七五〇〇浬《カイリ》の航続距離をもち、四カ月間単独行動が可能という、まさにお化けのような潜水艦だった。

建艦の目的は、なんとパナマ運河を爆撃で破壊し、米艦船の航行を阻止しようというものだった。姉妹艦の「伊四〇一」「伊四〇二」は終戦直前に佐世保《させぼ》海軍工廠で完成、さらに二隻が建造中だった。

訓練も日本海の能登《のと》湾で行なわれており、昭和二十年八月にはトラック島に進出して、出撃命令を待っていたが、届いた報は「敗戦」だった。

ちなみに、パナマ運河攻撃予定日は八月二十五日頃だったという。

●潜水艦用に開発された水上攻撃機「晴嵐」

●日本軍が破壊しようとしたパナマ運河

●潜水艦用に「晴嵐」が格納された状態

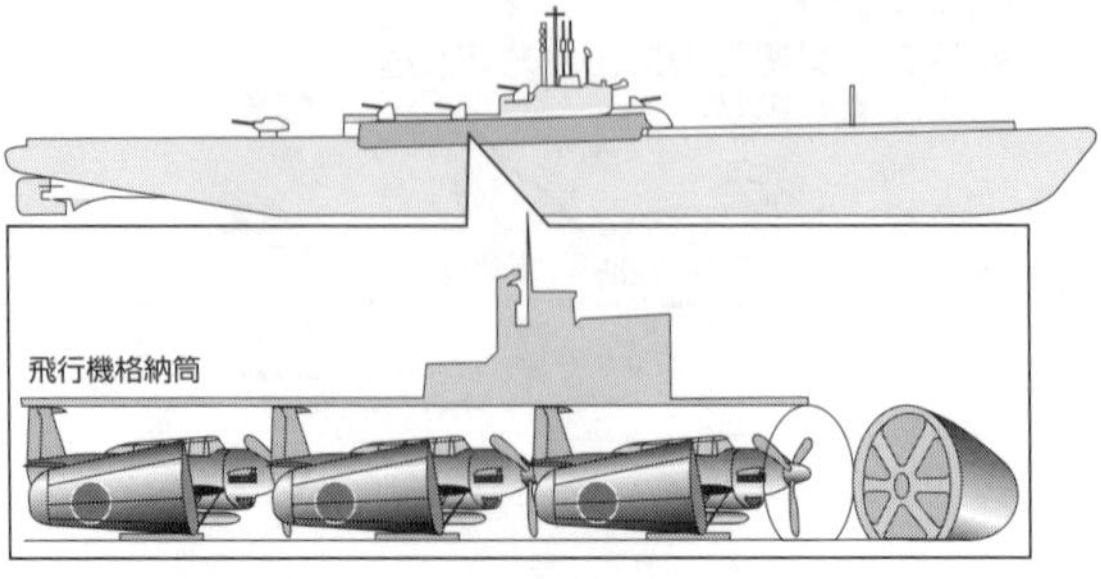

第8章 最後の日米決戦

米軍のサイパン上陸を読めなかった大本営

上陸されて初めてわかった思いも及ばぬ米軍の意図

マリアナ諸島は、サイパンやグアム、テニアンなどの島々である。現在は、観光地として日本人にも馴染み深い。太平洋戦争当時、サイパンとテニアンは事実上の日本領（国際連盟委任統治領）で、多くの日本人が生活していた。グアムはアメリカ領で、開戦早々に日本が占領した。

アメリカ軍が大挙してサイパン上陸を始めたのは、一九四四（昭和十九）年六月十五日。日本軍は上陸されて初めて、アメリカ軍が本気でサイパンを占領するつもりなのだ、とわかったという。

上陸作戦の数日前から、サイパン島の周辺には二〇〇隻近い空母を中心とする大艦隊（五〇〇隻以上）が集まり、さかんに航空攻撃や艦砲射撃を始めたが、上陸はないとみていた。なぜなら、そのなかに輸送船団を発見できなかったからだそうだ。

サイパン上陸を予測しなかったもう一つの原因は、サイパン上陸前（五月二十七日）、西部ニューギニア沖合のビアク島に米軍が上陸を始めたからだ。これは、大本営の「米軍の進攻は、ニューギニア北岸からパラオ経由でフィリピン進攻」という予測にぴったりだった。

いよいよパラオ近海で決戦ができると、連合艦隊はその準備にとりかかり、マリアナ周辺の基地航空部隊もビアク島周辺に移動して反撃。敵のサイパン上陸やマリアナ付近での決戦の可能性は、一〇パーセント前後と判断されていた。

アメリカ軍は、中部太平洋を西に突っ切りマリアナをめざす大部隊（ニミッツ大将指揮）と、ニューギニア北岸沿いに西進してフィリピン奪還をめざす大部隊（マッカーサー大将指揮）の二本立てで進攻してきた。大本営は、そんなぜいたくな進攻作戦には思いも及ばなかったのではなかろうか。

●日本統治を象徴するサイパン神社

●サイパンの中心地、ガラパン市街

◆米軍の二本立て進攻計画とB29の爆撃可能範囲

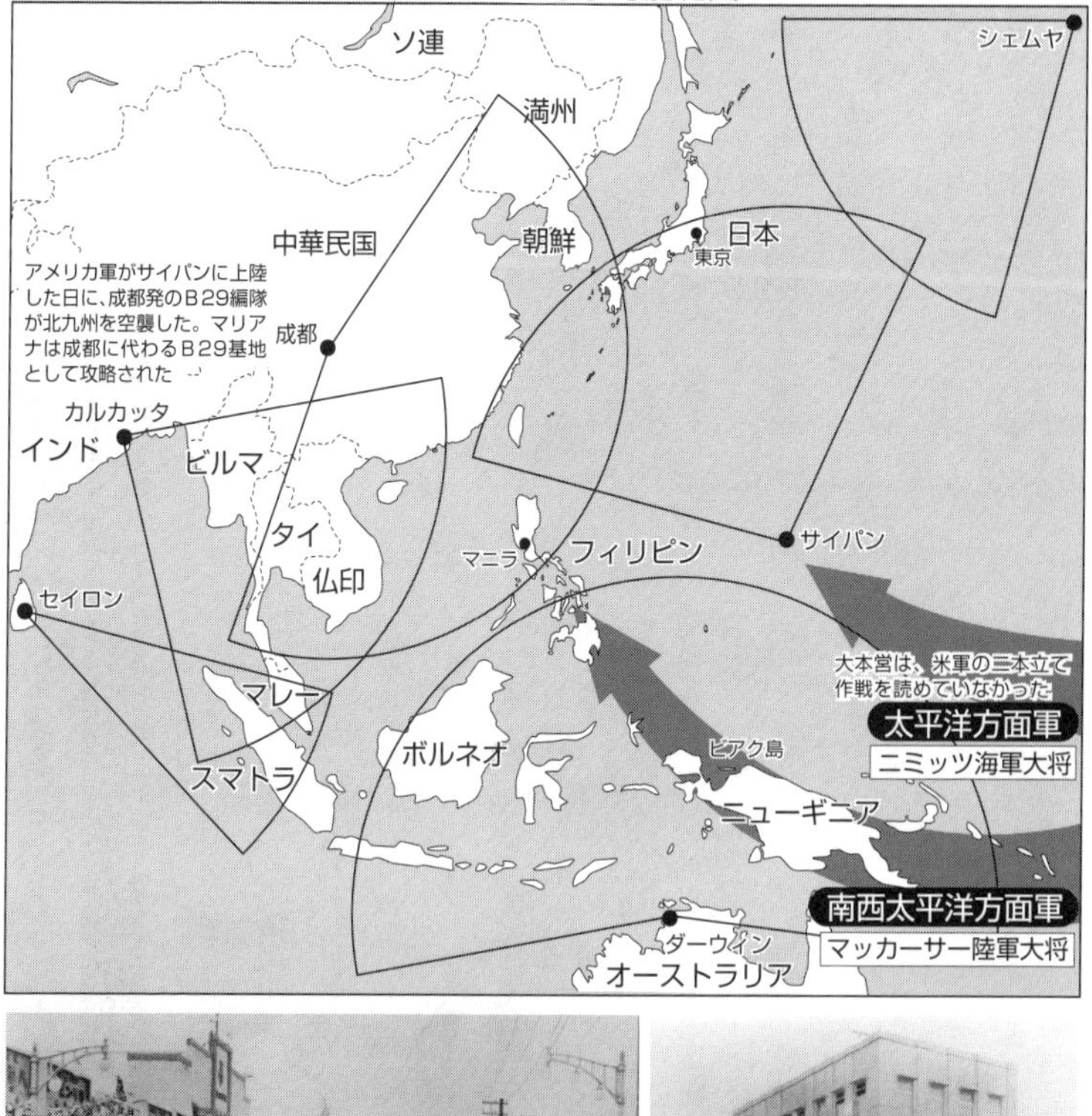

ソ連
満州
シェムヤ
中華民国
朝鮮
日本
東京
アメリカ軍がサイパンに上陸した日に、成都発のB29編隊が北九州を空襲した。マリアナは成都に代わるB29基地として攻略された
成都
カルカッタ
インド
ビルマ
タイ
仏印
マニラ
フィリピン
サイパン
セイロン
マレー
スマトラ
ボルネオ
大本営は、米軍の二本立て作戦を読めていなかった
太平洋方面軍
ニミッツ海軍大将
ビアク島
ニューギニア
南西太平洋方面軍
マッカーサー陸軍大将
ダーウィン
オーストラリア

●テニアン島の市街

●テニアン郵便局

「サイパンは勝てる」と信じていた東条英機

アッという間の守備隊玉砕で問われる大本営の情勢分析能力

「大本営陸軍部は、サイパンに米軍上陸の報に接するや、敵の過失として守備部隊の絶対的勝利を信じ、また期待もしていた」

これは防衛庁戦史室が執筆し、公刊戦史ともいわれる文献（『戦史叢書・中部太平洋陸軍作戦（1）マリアナ玉砕まで』）に記されている一節である。大本営陸軍部とは要するに参謀本部のことで、当時の参謀総長は東条英機《とうじょうひでき》首相兼陸軍大臣が兼任していた。

東条参謀総長も天皇に対して、サイパン、テニアン、グアムは確保できると、絶対の自信を披瀝《ひれき》していた。しかし、サイパンの日本軍は二日間の戦闘で実質上敗北。七月七日の〝玉砕《ぎょくさい》〟までの戦いは、いうなれば悪あがきにすぎない。

東条も参謀本部作戦課も、強がりではなく本音でサイパンは負けないと考えていたようだ。サイパン上陸五日後に行なわれたマリアナ沖海戦（結果は完敗）でも、軍令部総長以下現地の指揮官に至るまで、勝利を確信していた事情と相通じる。

サイパンの守備隊は、陸軍が約二万八〇〇〇人、海軍（陸戦隊など戦闘部隊と兵站《へいたん》・補給部隊）約一万五〇〇〇人である。対するアメリカ軍上陸部隊は、海兵二個師団で約七万一〇〇〇人。さらに二・五師団を沖合に留めていた。

日本軍がアメリカ式の装備をしていても、勝てない道理である。

実際の火力は、日本軍二六〇門に対して一三〇〇門とバズーカ砲一六〇〇門。日本軍にまともな戦車はなく、アメリカ軍は一五〇輛を揚陸した。砲弾数にいたっては五〇〇倍以上の開きがあった。

アメリカ軍は日本軍を約三万と推定して上陸したが、一万人程度の誤差など難なくクリアできるだけの兵力を集中させていたのである。

●サイパン攻撃に空母「レキシントン」から発艦する艦載機

●サイパンの北から見た戦場。中心地ガラパン市街が炎上している

◆サイパン島の攻防

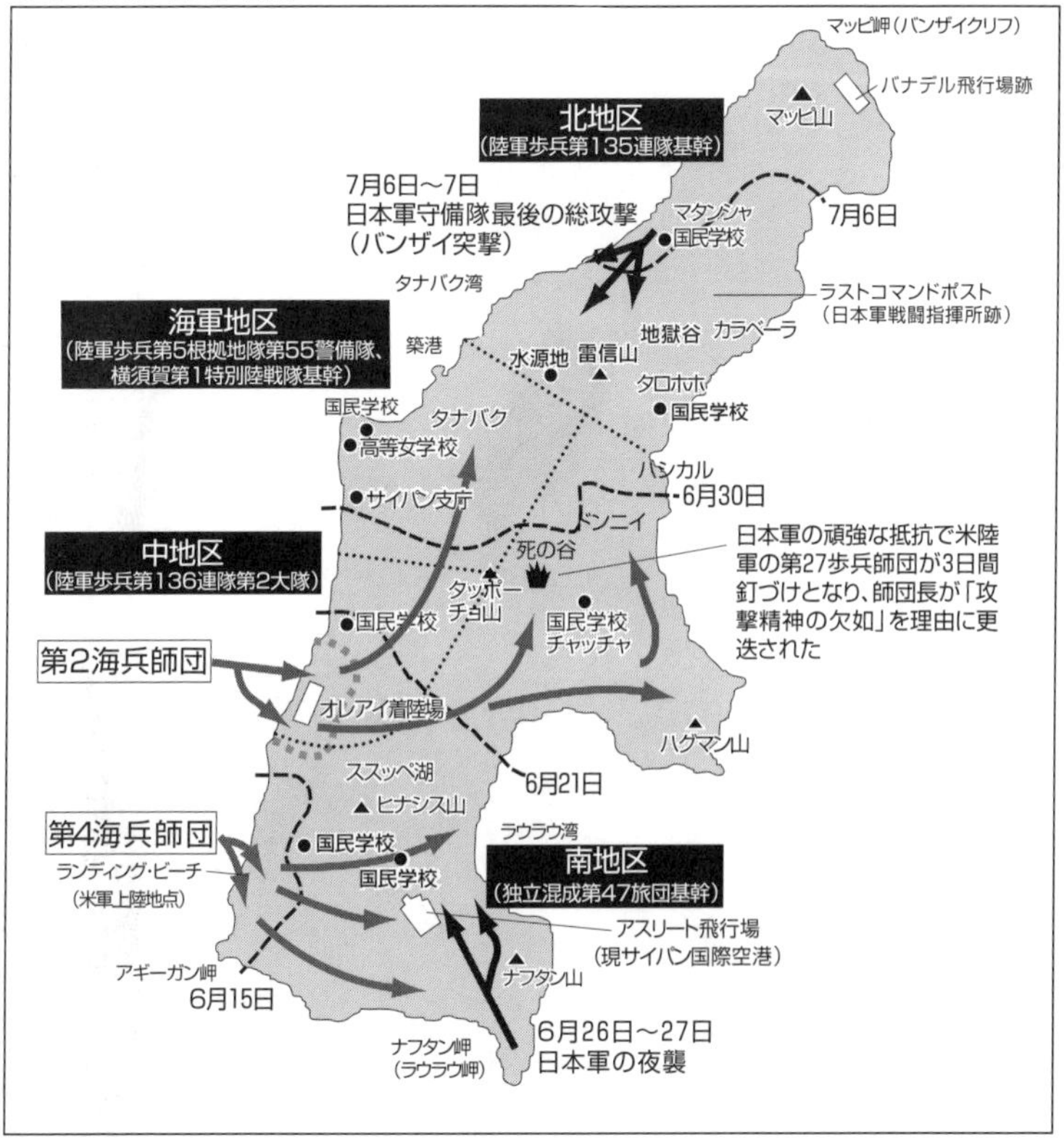
マッピ岬（バンザイクリフ）
バナデル飛行場跡
マッピ山
北地区
（陸軍歩兵第135連隊基幹）
7月6日〜7日
日本軍守備隊最後の総攻撃
（バンザイ突撃）
7月6日
マタンシャ
国民学校
タナバク湾
ラストコマンドポスト
（日本軍戦闘指揮所跡）
海軍地区
（陸軍歩兵第5根拠地隊第55警備隊、
横須賀第1特別陸戦隊基幹）
築港
地獄谷
カラベーラ
水源地
雷信山
タロホホ
国民学校
国民学校
タナバク
高等女学校
ハシカル
サイパン支庁
6月30日
ドンニイ
死の谷
中地区
（陸軍歩兵第136連隊第2大隊）
日本軍の頑強な抵抗で米陸軍の第27歩兵師団が3日間釘づけとなり、師団長が「攻撃精神の欠如」を理由に更迭された
タッポーチョ山
国民学校
国民学校
チャッチャ
第2海兵師団
オレアイ着陸場
ハグマン山
ススッペ湖
6月21日
ヒナシス山
第4海兵師団
ラウラウ湾
国民学校
国民学校
南地区
（独立混成第47旅団基幹）
ランディング・ビーチ
（米軍上陸地点）
アスリート飛行場
（現サイパン国際空港）
ナフタン山
アギーガン岬
6月15日
6月26日〜27日
日本軍の夜襲
ナフタン岬
（ラウラウ岬）

第一航空艦隊の戦力を過信していた指揮官

航空戦力皆無で米軍の敵前上陸を迎える羽目になった指揮官の戦略眼

「マリアナ決戦」という場合、二つの意味がある。

アメリカ海軍空母艦隊に対する日本海軍「空母艦隊と基地航空隊」による決戦と、サイパン上陸の海兵隊に対する日本軍守備隊による決戦である。サイパンには日本陸軍航空隊は進出していなかった。

日本海軍の基地航空隊は第一航空艦隊だった。サイパン、グアム、テニアンのほか、カロリン諸島のヤップ、ペリリュー、西部ニューギニアのソロン、フィリピンのダバオ、セブ、セレベス島のケンダリーなどに展開していた。アメリカ軍のビアク島上陸前には約六五〇機を保有していた。

ところが、米軍ビアク島上陸の報を受けて、大部分が西部ニューギニアに移動して作戦したため、アメリカ軍がサイパンに上陸を開始したときには約四三〇機になっていた。

サイパンやグアムなどに急行し迎撃したが、力及ばなかった。

パイロットの多くはマラリアやデング熱にかかっており、戦場まで移動できず、四三〇機のうち、上陸日、実際に攻撃に向かったのは一〇〇機そこそこだった。

せめて、アメリカ軍のビアク島上陸には目もくれず、マリアナや西カロリン一帯に留まっていれば（たとえば連合艦隊情報参謀・中島親孝中佐の主張）、もう少しは有効な反撃ができたであろう。しかし、トップの戦略的判断が、〝サイパン上陸はなし〟だったのだから、どうしようもない。

小沢治三郎《じさぶろう》中将率いる第一機動艦隊が、サイパン周辺のアメリカ機動艦隊に航空攻撃をかけたとき、一航艦の基地航空部隊もいっせいに攻撃するはずだったが、わずか三四機がグアムから出撃できただけだった。

◆昭和19年5月下旬～6月初旬の第1航空艦隊兵力（米軍サイパン上陸直前）

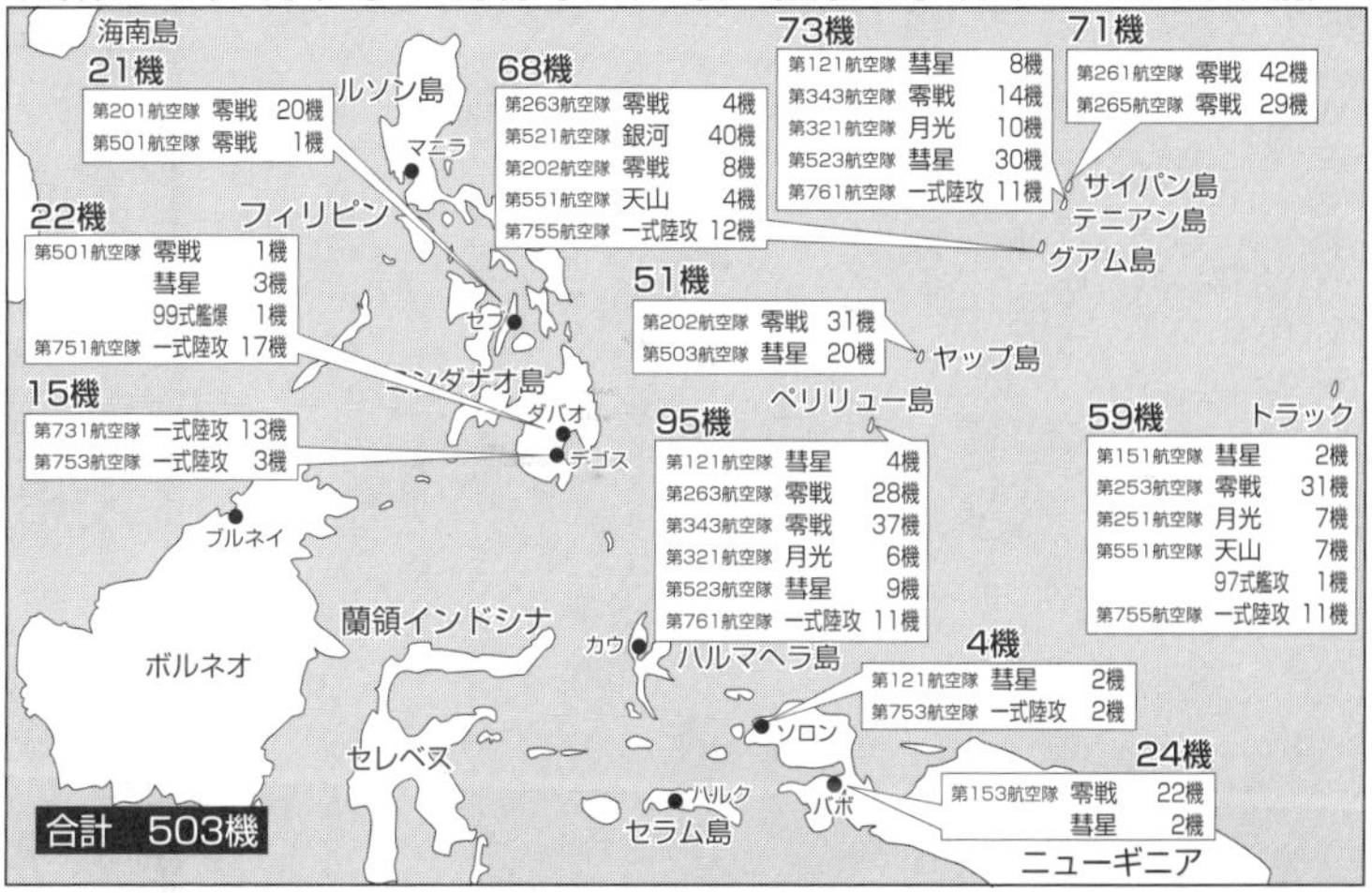
海南島
21機
第201航空隊 零戦 20機
第501航空隊 零戦 1機
ルソン島
マニラ
フィリピン
22機
第501航空隊 零戦 1機
彗星 3機
99式艦爆 1機
第751航空隊 一式陸攻 17機
セブ
ミンダナオ島
ダバオ
15機
第731航空隊 一式陸攻 13機
第753航空隊 一式陸攻 3機
デゴス
ブルネイ
ボルネオ
蘭領インドシナ
セレベス
カウ
ハルマヘラ島
ソロン
ハルク
セラム島
ババ
ニューギニア
68機
第263航空隊 零戦 4機
第521航空隊 銀河 40機
第202航空隊 零戦 8機
第551航空隊 天山 4機
第755航空隊 一式陸攻 12機
51機
第202航空隊 零戦 31機
第503航空隊 彗星 20機
ヤップ島
ペリリュー島
95機
第121航空隊 彗星 4機
第263航空隊 零戦 28機
第343航空隊 零戦 37機
第321航空隊 月光 6機
第523航空隊 彗星 9機
第761航空隊 一式陸攻 11機
73機
第121航空隊 彗星 8機
第343航空隊 零戦 14機
第321航空隊 月光 10機
第523航空隊 彗星 30機
第761航空隊 一式陸攻 11機
71機
第261航空隊 零戦 42機
第265航空隊 零戦 29機
サイパン島
テニアン島
グアム島
59機
トラック
第151航空隊 彗星 2機
第253航空隊 零戦 31機
第251航空隊 月光 7機
第551航空隊 天山 7機
97式艦攻 1機
第755航空隊 一式陸攻 11機
4機
第121航空隊 彗星 2機
第753航空隊 一式陸攻 2機
24機
第153航空隊 零戦 22機
彗星 2機
合計 503機

◆第1航空艦隊編成（昭和19年5月）

	航空戦隊	航空隊	機種	定数
第一航空艦隊	61航戦	121	艦偵	48
		261	零戦	72
		263	零戦	72
		235	零戦	72
		343	零戦	72
		321	月光	72
		521	銀河	96
		523	彗星	96
		761	陸攻	96
	22航戦	151	艦偵	24
		202	零戦	96
		253	零戦	96
		251	月光	48
		301	零戦・月光	96
		503	彗星	48
		551	艦攻	48
		755	陸攻	96
	26航戦	201	零戦	96
		501	零戦・艦爆	96
		751	陸攻	48
	23航戦	153	零戦・艦偵	96
		732	陸攻	48
		753	陸攻	48
	付属	1020	輸送機	48
		偵察機隊	水偵・大艇	16
		輸送機隊		6
	合計1750機			

定数1700機を超える基地航空部隊だったが、現実の兵力は上図のとおりだった

●上が陸上爆撃機「銀河」、下が艦上爆撃機「彗星」。いずれも新機種だった

幻の「坤作戦」に潜んでいた手前勝手な戦術論

パラオ方面での決戦願望が生んだマリアナ沖での決戦

連合艦隊の出先の一大根拠地だったトラック環礁《かんしょう》が、アメリカ空母部隊の大空襲を受けて孤立したあと（米軍の上陸はなし）、日本海軍は来るべき日米海軍の決戦を想定した作戦を打ち立てた。総称して「あ号作戦」という。

相手がどこに現われるかわからないが、どこに出現しても新編制の第一機動艦隊（空母艦隊。空母九隻、搭載機数約四四〇機）と第一航空艦隊（基地航空隊。保有機数約六五〇機）を軸に乾坤一擲《けんこんいってき》の決戦を挑もうとする作戦である。

あ号作戦は五月二十日にスタートした。アメリカ艦隊を発見したわけではないが、通信状況を傍受しての判断だった。実際に米空母機動部隊を偵察機が発見したのは六月十一日だった。グアム東方一七〇浬《カイリ》（約三一四キロ）で、まもなくマリアナ諸島への空襲が始まった。

では、第一機動艦隊はただちにマリアナ付近にかけつけようとしたのか。しなかった。「決戦方面は……、我が機動部隊待機地点に近く選定する」と、連合艦隊司令部から命令されていたからである。まことに虫のよい戦術である。

そうこうしているうちに、アメリカ軍（発見した空母部隊とは関係ないマッカーサー軍）がビアク島に上陸した。そこで坤《こん》作戦が発動された。ビアク島へ二〇〇〇名以上の増援部隊を送り、合わせて「大和《やまと》」「武蔵《むさし》」「長門《ながと》」の戦艦部隊を周辺に派遣し、米上陸支援艦隊を撃退しようとしたのだ。

三大戦艦はビアク島へ向かったが、途中で米軍のサイパン上陸の報に接し、反転急行した。ビアク島への増援部隊もアメリカ軍航空部隊に妨害され果たせず、空母部隊は「想定戦場」ではないマリアナ沖での決戦を余儀なくされたのである。

●サイパンに向かう米空母15隻の
エセックス級「バンカーヒル」

●サイパンに向かう米空母
「エセックス」

●米空母「プリンストン」

◆日本海軍航空母艦一覧

艦　名	基準排水量	搭載機数	戦　歴
鳳　翔《ほうしょう》	7,470t	15+6	海軍最初の空母。ミッドウェー後は練習空母となる
赤　城《あかぎ》	36,500t	66+25	巡洋戦艦から空母に改装。ミッドウェーにて沈没
加　賀《かが》	38,200t	72+18	戦艦から空母に改装。ミッドウェーにて沈没
龍　驤《りゅうじょう》	10,600t	36+12	軍縮の制限内で建造され、第二次ソロモン海戦にて沈没
蒼　龍《そうりゅう》	15,900t	57+16	ミッドウェーにて沈没
飛　龍《ひりゅう》	17,300t	57+16	蒼龍の二番艦として建造。ミッドウェーにて沈没
翔　鶴《しょうかく》	25,675t	72+12	本格的大型空母。マリアナ沖海戦にて沈没
瑞　鶴《ずいかく》	25,675t	72+12	翔鶴型二番艦。捷一号作戦で沈没
瑞　鳳《ずいほう》	11,200t	27+3	潜水母艦「高崎」を建造中に変更。捷一号作戦で沈没
祥　鳳《しょうほう》	11,200t	27+3	潜水母艦「剣崎」を建造中に変更。珊瑚海海戦で沈没
龍　鳳《りゅうほう》	13,360t	24+7	潜水母艦「大鯨」を改造。マリアナ沖で小破し予備艦に
飛　鷹《ひよう》	24,140t	48+6	商船「出雲」を建造中に改造。マリアナ沖海戦にて沈没
隼　鷹《じゅんよう》	24,140t	48+5	商船「橿原丸」を建造中に改造。大損傷を受け終戦
大　鷹《たいよう》	17,830t	23+4	商船「春日丸」を改装。ルソン島西岸で雷撃され沈没
雲　鷹《うんよう》	17,830t	23+4	商船「八幡丸」を改装。南シナ海で雷撃され沈没
冲　鷹《ちゅうよう》	17,830t	23+4	商船「新田丸」を改装。八丈島沖で雷撃され沈没
神　鷹《しんよう》	17,500t	27+6	独商船「シャルンホルスト」を改装。済州島西で雷撃され沈没
海　鷹《かいよう》	13,600t	24+0	商船「あるぜんちな丸」を改装。別府にかく座し終戦
信　濃《しなの》	62000t	42+5	戦艦「大和」型三番艦を改装。横須賀から回航中雷撃され沈没
大　鳳《たいほう》	29,300t	52+1	「不沈空母」とされたが、マリアナ沖海戦にて沈没
雲　龍《うんりゅう》	17,150t	57+9	「改飛龍型」一番艦。宮古島西北で雷撃され沈没
天　城《あまぎ》	17,150t	57+8	「雲龍型」二番艦。空襲により呉港外で横転し終戦
葛　城《かつらぎ》	17,150t	57+7	「雲龍型」三番艦。空襲により損傷し終戦
笠　置《かさぎ》	17,150t	57+7	「雲龍型」四番艦。未完成で終戦
阿　蘇《あそ》	17,150t	57+7	「雲龍型」五番艦。未完成で終戦
生　駒《いこま》	17,150t	57+7	「雲龍型」六番艦。未完成で終戦
伊　吹《いぶき》	12,500t	27+0	巡洋艦「改鈴谷型」を改造中に終戦

※搭載機数は「定数」+「予備」

サイパンの戦いでわかった水際迎撃の限界

確固たる方針もなく実施された島嶼防衛戦術の破綻

サイパンの守備隊は、アメリカ軍を上陸させないという戦術で臨んだ。海岸で撃退するという意味で、水際《みずぎわ》作戦と呼ばれた。ごく自然な発想であり、成功すればそれにこしたことはない。

アメリカ軍も、それに備えた戦法を採った。直前四日間にサイパンだけで延べ約九〇〇機が空襲を行ない、戦艦八隻を含む軍艦二二隻が、二日間延べ約一四時間にわたって艦砲射撃した。

中心地ガラパン町は灰燼《かいじん》に帰し、地上陣地（偽《にせ》陣地も含む）はほとんど破壊され、通信線も寸断された。四日間で投入された米軍の爆弾・砲弾は約三五〇〇トンといい、日本軍守備隊の一年分と計算されている。

アメリカ軍の早朝上陸にともない（上陸地点はチャランカノア、オレアイなど西海岸）、海岸からわずか五〇メートルの日本軍陣地からは迫撃砲、機関銃、はては斬り込みで阻止する部隊もあった。上陸第一陣八〇〇〇人が橋頭堡《きょうとうほ》を築いたのは夕方だ。いかに守備隊の反撃が激しかったかを物語る。

夜になると戦車隊（四〇輌前後）も繰り出したが、アメリカ軍は照明弾で昼間のように明るくし、日本軍得意の夜戦に持ち込ませなかった。日本軍の夜襲は約七〇〇〇人の戦死者を出して失敗した。

上陸日の夕方から開始された、タッポーチョ山中腹からの一五センチ榴弾砲《りゅうだんほう》一二門の一斉射撃は、水際作戦最大のハイライトだった。オレアイ海岸の上陸部隊は大混乱に陥り、多くの戦車、上陸用舟艇を葬り、この日の進撃を断念させた。

日本軍の重砲部隊がもっと多かったら、水際作戦もある程度は成功しただろうが、この部隊も結局は翌日、空襲で壊滅されたのだ。戦力差はいかんともしがたかった。

黒木大隊玉砕の地
●黒木大隊の慰霊碑

●地元民の手で保存される黒木大隊の15cm榴弾砲

●日本兵はサイパンの戦いで、戦車地雷を抱いて肉薄攻撃し壮烈な戦死を遂げた

●サイパン島タナバク港付近の戦いで倒れた日本兵。後方は砂にはまった米軍戦車

◆マリアナ諸島

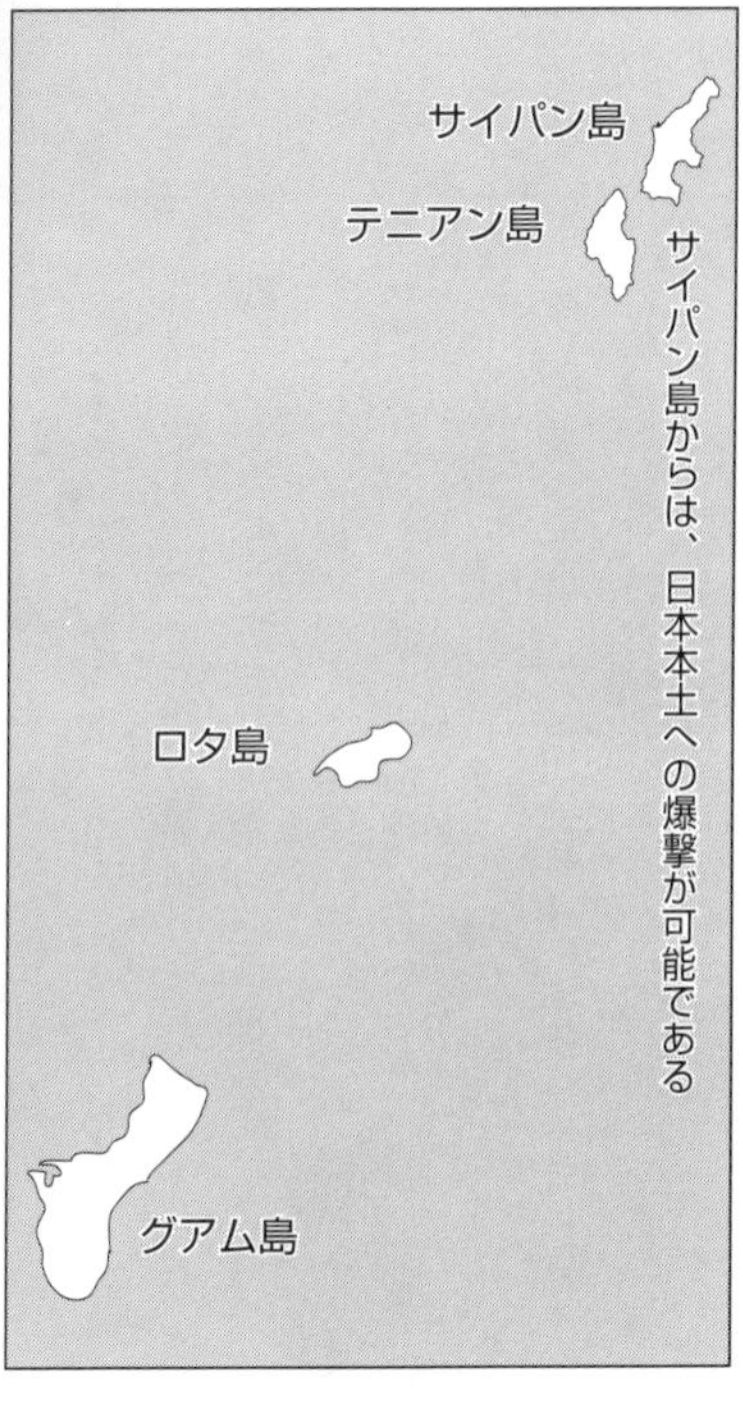
サイパン島
テニアン島
ロタ島
グアム島
サイパン島からは、日本本土への爆撃が可能である

小沢機動部隊のアウトレンジ戦法の理論と実際

速成パイロットの技量を計算に入れなかった机上の戦術

サイパン上陸部隊を援護し、マリアナ諸島の日本軍基地を空襲で次つぎに沈黙させていたアメリカ機動艦隊（スプルーアンス大将指揮、空母一五隻、搭載機約九〇〇機）を壊滅させようと、日本海軍の第一機動艦隊（小沢治三郎《じさぶろう》中将指揮、空母九隻、搭載機約四五〇機）が挑戦した。いわゆるマリアナ沖海戦である（一九四四〈昭和十九〉年六月十九日）。

日本機は、アメリカ機が飛来できない遠距離から発艦した。日本機のほうが航続距離が長い特徴を生かし、あえてアウトレンジ戦法に出たのだ。目標まで三八〇浬《カイリ》（約七〇三キロ）地点だった。

攻撃隊は五群に分けて発艦したが、敵艦付近に到達したのは二群の少数機（発艦は一九二機、途中で待ち伏せと対空砲火に遭い、ほとんど墜落）だけ。三群（計一三二機）は敵艦隊を発見できなかった。索敵《さくてき》機の報告が間違っていたのか、航法が未熟だったのか、おそらく両方だろう。

アウトレンジ戦法は、熟練パイロットだけに可能となる高度な戦法だった。しかし、マリアナ沖海戦当時の搭乗員の大半は二カ月から四カ月の基礎訓練しか受けておらず、飛行時間はせいぜい一五〇時間程度だったのだ。それくらいしか訓練に割く時間がとれなかったのだ。

「敵はレーダーを持っているからどんなに遠距離から攻撃をかけても必ず発見されてしまう。それならむしろ、未熟な搭乗員に負担がかかるアウトレンジを止めて、母艦同士をぶつけるくらいに近づかなきゃだめだ。米空母と刺しちがえるくらいの覚悟でないと、作戦の成功はおぼつかない」（森史朗「小沢機動艦隊『攻撃部隊』の実力」『丸　別冊　玉砕の島々』）

総飛行隊長垂井《たるい》明少佐（戦死）の海戦前の憤懣《ふんまん》だったという。

◆アウトレンジ戦法の概念

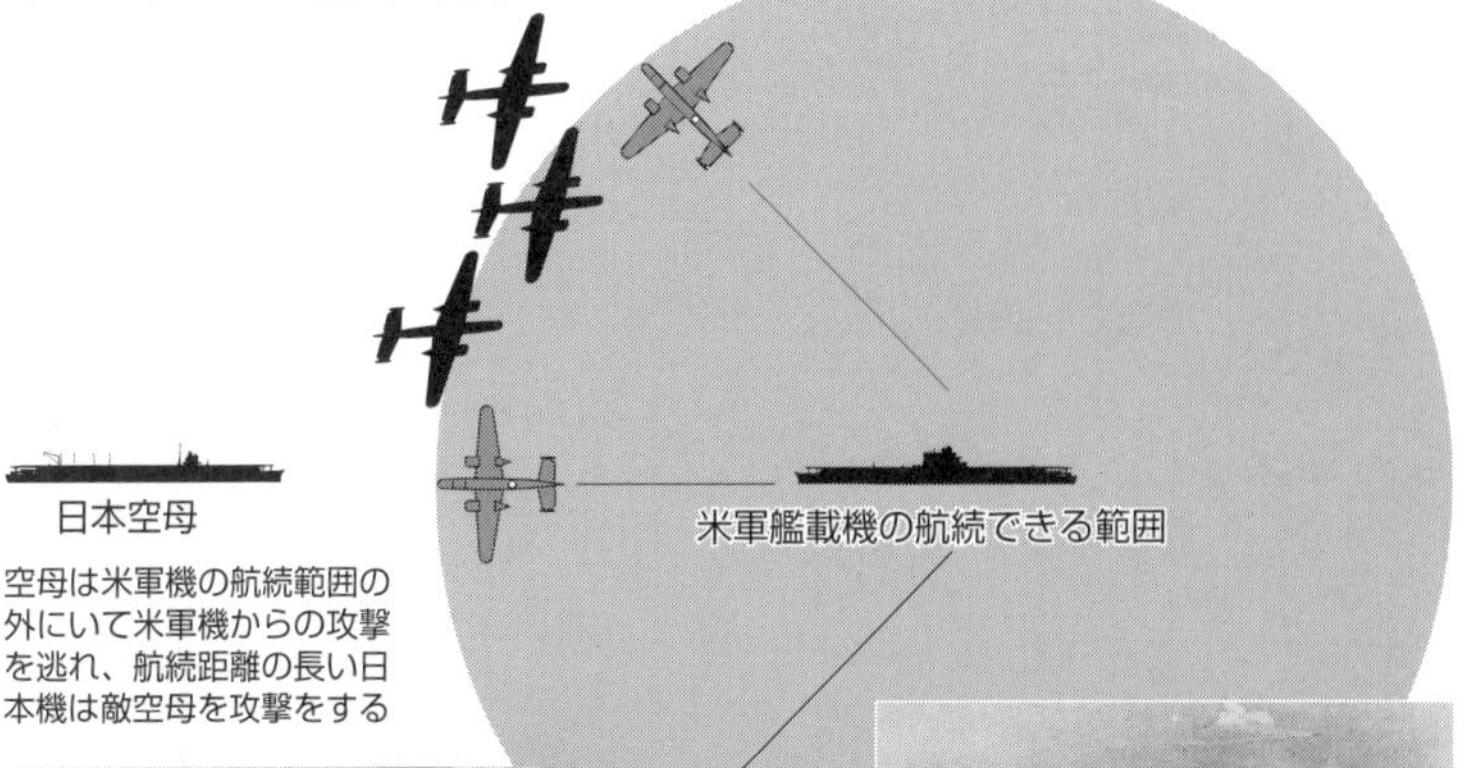
日本空母
米軍艦載機の航続できる範囲
空母は米軍機の航続範囲の
外にいて米軍機からの攻撃
を逃れ、航続距離の長い日
本機は敵空母を攻撃をする

●マリアナ沖で艦砲射撃をする米軍艦

●米空母機に攻撃される日本艦船

●マリアナ沖を警戒中の米艦隊。連合艦隊は米艦隊撃滅の発令を受けマリアナ沖海戦が始まった。1944年6月15日に米軍はサイパンに上陸していた

「マリアナの七面鳥撃ち」と米軍最新兵器

最新レーダーとVT信管に破れた日本の機動部隊

「要するに一九四四（昭和十九）年になってからは、日本の空母群はアメリカの空母群に、決戦を行なうだけの能力を持たなかったのである」

日本が完敗したマリアナ沖海戦（昭和十九年六月十九日）に関して、このように明快な評価を下したのは、軍事史家・野村実氏だった（『海戦史に学ぶ』）。その理由として次の諸点をあげた。

第一に、この頃のアメリカ海軍は高性能（距離、高度、方向を測定可能）のレーダーを備えていた。第二に、レーダーを備えた艦上の戦闘情報センターと空中待機の戦闘機が、無線電話で話せるようになっていた。第三に、戦闘機そのものもゼロ戦を上回るスピードと破壊力を備えていた（グラマンF6F地獄《ヘル》猫《キャット》）。第四に、VT信管付対空砲弾（命中しなくても近接したら熱を感知して炸裂、飛行機を破壊する）によって、空母前衛の戦艦群にほとんどが撃墜された。

レーダーで日本の空母群を発見したアメリカ軍は、待ち伏せの戦闘機隊に電話で指示、戦闘機隊は十分な高度を保って待ち伏せし、日本機を追いかけ回した。

技量未熟な日本軍機は、蛇行することも忘れて逃げるだけだった。それは上空のアメリカ軍機から見ると、よたよたと逃げまどう七面鳥に似ていたそうだ。かくて〃マリアナの七面鳥撃ち〃という言葉が生まれた。

VT信管は、重爆撃機B29や原子爆弾とともに、アメリカにとって最も重要な開発兵器だった。開発は戦争に入ってから着手され、多くの科学者を動員、「金を惜しむな、時間を惜しめ」の合い言葉で完成させたといわれる。

たとえ日本軍パイロットの技量が抜群だったとしても、それだけでは勝てない海戦だったのだ。

◆時限信管とＶＴ信管

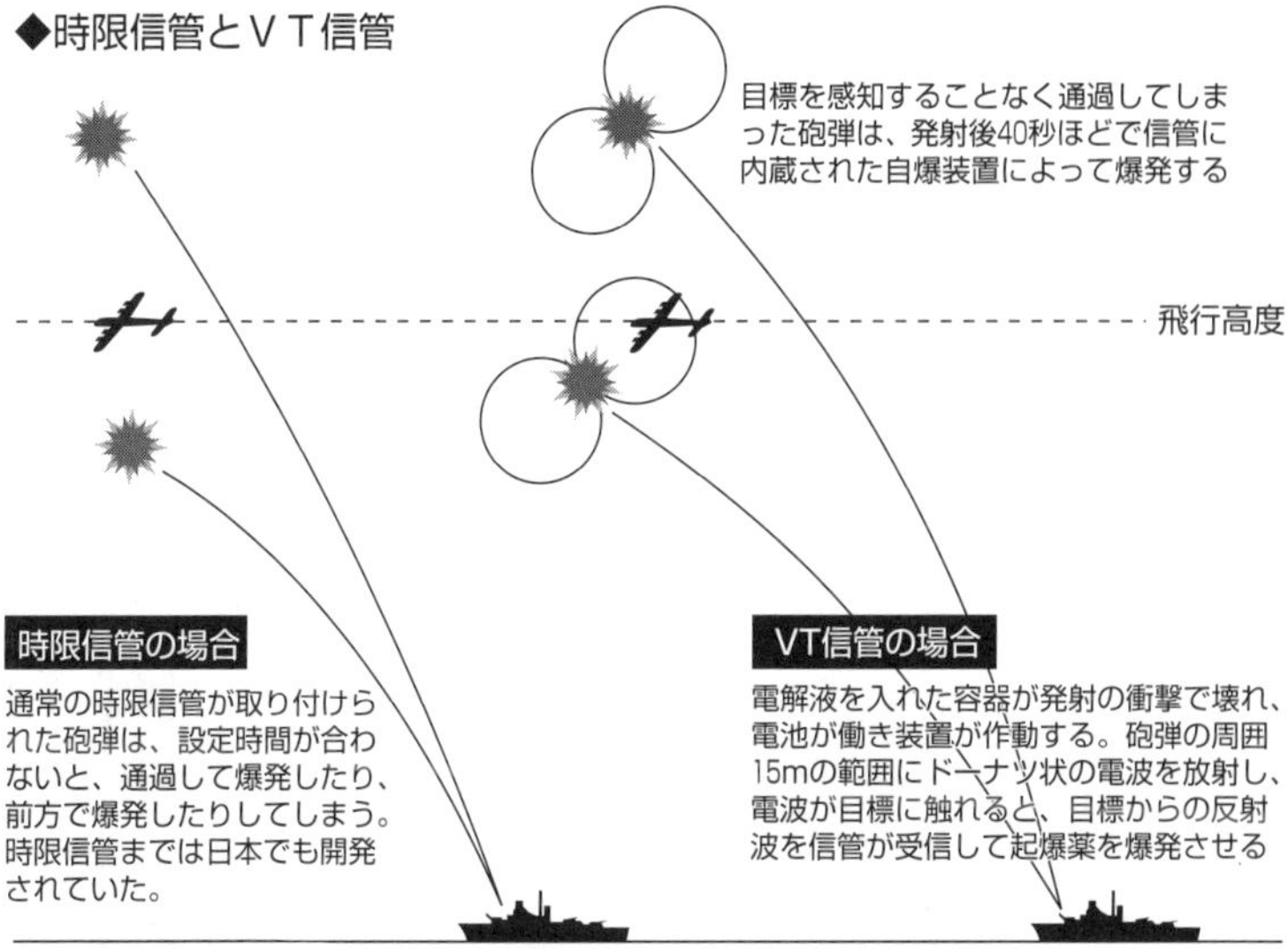
目標を感知することなく通過してしまった砲弾は、発射後40秒ほどで信管に内蔵された自爆装置によって爆発する
飛行高度
時限信管の場合
通常の時限信管が取り付けられた砲弾は、設定時間が合わないと、通過して爆発したり、前方で爆発したりしてしまう。時限信管までは日本でも開発されていた。
VT信管の場合
電解液を入れた容器が発射の衝撃で壊れ、電池が働き装置が作動する。砲弾の周囲15mの範囲にドーナツ状の電波を放射し、電波が目標に触れると、目標からの反射波を信管が受信して起爆薬を爆発させる

●グラマンＦ６Ｆヘルキャット。強力なエンジンを搭載し、防御を強化。素っ気ないデザインで量産され零戦との戦いを圧倒していった

◆ＶＴ信管の構造

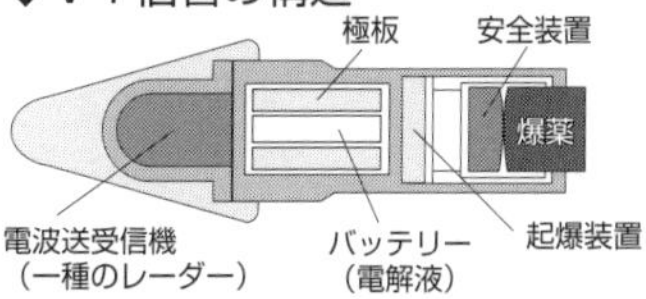
極板
安全装置
爆薬
電波送受信機
（一種のレーダー）
バッテリー
（電解液）
起爆装置

●硫黄島近海で索敵中の米機動部隊

米軍の硫黄島侵攻を読んでいた通信諜報隊

「海軍の機密室」といわれた大和田通信隊の実力

硫黄島《いおうとう》は、二万一〇〇〇余人の日本軍守備隊のうち二万余人が玉砕した島だ。アメリカ軍はこの島に一九四五（昭和二十）年二月十九日に上陸した。

すでに、サイパンやグアムなどからB29を発進させ東京などの空襲を行なっていたが、その中継基地として、また護衛の戦闘機隊の基地として重要だった。サイパン〜東京は約二四〇〇キロ、B29は五〇〇〇キロ飛べるので無着陸で往復できるのだが、故障が多かった。そこで、サイパン〜東京のちょうど中間地点の硫黄島占領をめざしたのだ。

埼玉県南部の海軍大和田通信隊（大和田は現新座《にいざ》市）が、傍受した通信解析で「二月に硫黄島上陸、四月に沖縄上陸」を予測したのが一月中旬だった。これはピッタリだった。

アメリカ軍は硫黄島を五日ほどで片づけて、沖縄へ向かおうとしていたのである。

大和田通信隊は対米通信諜報の中枢機関で、国内はもとより中部太平洋の島々にも多くの方位測定所（艦船や基地から発せられる電波を傍受して位置を確定する）をもっていた。暗号解読ではなく、電波の波長や繰り返される呼出符号などを傍受し、累積させ、アメリカ艦隊の行動傾向をいち早く探知するのが大きな任務だった。

ところで、一月末になって、沖縄上陸が先になると思わせるような電波が乱れ飛んだ。大和田通信隊は最初の予測を修正し、「二月中旬沖縄上陸」を確信したという。

結局、「二月中旬は沖縄ではなく硫黄島」と逆転予測できたのは、偵察機が硫黄島の南東一五〇浬《カイリ》（約二七七キロ）でアメリカの大艦隊発見を報じた二月一五日、上陸四日前だった（徳永務「運命の硫黄島・諜報戦」『特集 文藝春秋』昭和三十年十二月号）。

●硫黄島の象徴「擂り鉢山」は島の南端にあり、米軍はその下の東海岸に上陸した

●島の北側から見た硫黄島の姿

◆硫黄島最後の戦い

3月29日の
日本軍の抵抗線
北海岸
天狗岩
北飛行場
東海岸
元山飛行場
西海岸
千鳥飛行場
南海岸
米軍の進路
摺鉢山

●硫黄島沖の艦上で作戦会議を開くウエイツ少将

●硫黄島に向かう米軍の上陸用舟艇

日米両軍、愚直な大激戦の損益勘定

米軍は毒ガス作戦計画を中止、日本軍は洞窟に潜む持久戦

硫黄島は、アメリカ軍の死傷者数が日本軍のそれを上回った唯一の戦場だった。それだけに、現在の若いアメリカ人にも比較的知られている激戦地である。

とはいっても、戦死者に限れば日本軍は二万余人、アメリカ軍は七〇〇〇人で、約三倍だ。アメリカ軍は病院船数隻を沖合に浮かべ、「血漿《けっしょう》」と「献血による完全血液」と「ペニシリン」を用意して戦ったからである。いずれも日本軍には望むべくもない医療態勢だった。

大損害を予測してか、アメリカ軍は硫黄島で毒ガス作戦を計画した。リースブリッジ作戦と名づけられたそれは、ニミッツ大将（アメリカ海軍太平洋艦隊司令長官。司令部ハワイ）も承認を与え、ルーズベルト大統領に許諾を求めた。毒ガス作戦は明白な戦時国際法違反だから、最高司令官の許可が必要だったのだ。

ルーズベルト大統領は、しかし、却下した。大統領付参謀長ウィリアム・D・レーヒー海軍元帥《げんすい》（統合幕僚会議の議事主宰者であり、毎日ルーズベルト大統領と会議をもつという特殊なポスト）の反対忠告が大きかったといわれる。レーヒー提督は、日本本土に対する細菌兵器や毒ガス使用が提起されたときにも、きわめて厳格に反対している。

結局、アメリカ軍は正面から堂々と上陸作戦を敢行した。日本軍は大地下トンネルを掘って待ち構え、神出鬼没でアメリカ軍を悩ませ続けた。狭い島内をアメリカ軍は一メートルずつ掃討し、日本軍もまた地下に潜んで全員死ぬまで抵抗した。

日本軍は将兵全員が「一人十殺」を合い言葉に、爆雷を抱いての戦車への体当たりを繰り返したのだった。

●日本軍は島中に張りめぐらされたトンネルの中で倒れていった

●日本軍の潜んでいそうな場所を徹底的に火焔放射する米軍

●日本軍の潜む洞窟に米軍は火焔を浴びせた

●米海兵隊の数々の戦闘のなかで硫黄島の戦いは最大の代償を払ったものになった

「辱めを受けず」の猛威、玉砕戦場の六割は自決

日本軍守備隊二万余人はいかにして死んでいったか

硫黄島は玉砕地の一つである。いわゆる〝玉砕の島〟といわれる戦場は十カ所以上ある。最も多くの将兵が戦死した玉砕の島はサイパン島で、硫黄島はそれに次ぐ。

サイパン島と違って、硫黄島は最初から玉砕を運命づけられていた戦場だった。サイパンでは勝つつもりだったのだ。

サイパン戦から七カ月後に行なわれた硫黄島の戦いは、すでに勝利の期待はまったくなく、増援も不可能であり、島を取りまくアメリカ艦隊に反撃すべき日本海軍は壊滅していた。半年前に上陸した守備隊だけで戦わなければならない戦場だったのだ。

玉砕は、ふつうの全滅とは少し異なる全滅の方法だった。生き残った指揮官が、残存部隊を集め、最後の突撃命令を発し、敵弾に身をさらすようにして突進して果てる全滅戦法だった。突撃に参加できない負傷者は、自決を強要された。自決もできないような重傷者は、注射や銃で始末された。

日本軍は必ず「生きて虜囚《りょしゅう》の辱《はずかし》めを受けず」の戦《せん》陣訓《じんくん》を守らなければならなかった。救出されれば一命をとりとめる者も多数いたと推定されるが、そんな生き方は、日本人の道徳に反することだったのである。

硫黄島の守備隊は二万余人の大部隊だから、小部隊ごとの玉砕が相次いだ。そのたびに最後の突撃に参加できない周囲の重傷者は、手榴弾《しゅりゅうだん》や銃で自決したり、注射を打ってもらって絶命した。

最高指揮官・栗林忠道《くりばやしただみち》陸軍中将が先頭に立った最後の突撃でも、多くの兵士たちが暗い地下洞窟の中で、軍医によって次つぎに注射処理された。こうして自決させられた将兵は戦死者の約六割にも達すると、ある生還軍医は書いている。

●日本軍兵士が「万歳突撃」で倒れた現場。硫黄島は最後の玉砕となった

●硫黄島に上陸した米軍に対して、1945年3月26日早朝「万歳突撃」で斬り込んだ日本軍兵士

◆太平洋戦争での主な玉砕戦

戦場	月日	総兵力数	戦死数	民間人	備考
アッツ島	1943.5.30	2638	2527		
マキン島	1943.11.24	693	588		捕虜(日本人1、朝鮮人105)
タラワ島	1943.11.25	4601	4455		捕虜(日本人14、朝鮮人132)
クェゼリン環礁	1944.2.2~5	8830	7340		総兵力には軍属2400を含む
ブラウン環礁	1944.2.23	3431	3367		捕虜64
ビアク島	1944.7	約2000	―		
サイパン島	1944.7.8	43582	41244	約10000	
テニアン島	1944.8.2	8110	―	約3500	投降61、民間人は邦人義勇軍の組織数
グアム島	1944.8.11	20810	18560		
アンガウル島	1944.10.19	1200	1150		
ペリリュー島	1944.11.27	9838	10022		
硫黄島	1945.3.26	20933	19900		戦傷・生還1033(うち軍属76)
沖縄	1945.6.23	約86400	約65000	約100000	本島のみ

出典:朝日新聞社「日本の歴史」

●米軍の物量による反撃で全員が戦死。砂浜に倒れた自転車が悲しい

●硫黄島の日本軍守備隊は約300名で斬り込み、全員が戦死した

沖縄の防衛態勢を崩した大本営の部隊抽出

米軍上陸直前に精鋭師団を配転した大本営の場当たり戦略

フィリピンを占領したアメリカ軍が、次はどこに上陸してくるのか、大本営は的確な判断ができなかった。候補は二カ所、台湾か沖縄か、だった。

アメリカ軍は当初、フィリピンの次は台湾占領を想定して検討したが、攻略しやすく時間もかからず、来るべき日本本土への進攻拠点としては沖縄がベター、という結論に達したそうだ。

しかし、大本営は最後まで迷ったあげく、台湾も沖縄も同じような兵力で防衛しようとした。どちらかに賭けるのではなく、総花的に守ろうとしたのだ。情報分析能力を喪失したときの、いかにも官僚的な結論だ。

昭和十九年九月末の沖縄守備軍（第三二軍）の兵力は、第九師団（金沢で編成）、第二四師団（満州で編成、松山・山形・旭川の歩兵連隊が中心）、第六二師団（中国の北部で編成、京都が補充地）、独立混成第四四旅団（熊本で編成、鹿児島・宮崎県都城《みやこのじょう》などの歩兵部隊が中心）。

すでに配置も終えて陣地構築も進み、全軍それなりに〝必勝の信念〟に燃えていた。それがいきなり、第九師団は台湾へと配置換えになった（十二月下旬）。当時、台湾の防衛軍が少なかったからだ。大本営は代わりに新編成の第八四師団（姫路で編成）を送ると約束したが、実現しなかった。

第九師団の台湾抽出は、守備軍にとって大打撃だった。第九師団の担任地域を埋め合わせるため、大がかりな配置転換をしなければならず、これまでの防衛態勢がまったく役にたたなくなったのだ。

こんな無駄を平気でやって、できるだけ長く敵と戦えと命令したのが大本営だ。守備軍は、第九師団の穴埋めに人数だけでもそろえようと、沖縄県民を防衛隊員として召集したのである。

●沖縄では防衛招集として、老人から少年までが兵士として戦った

●「ひめゆり部隊」に代表されるように、女学生も看護婦として前線に出た

●沖縄・那覇飛行場では米軍の上陸前に航空隊は壊滅していた

●米軍は上陸の半年前から沖縄を空襲し、那覇市はほぼ全滅していた

「持久」と「決戦」で時間稼ぎをした沖縄戦

本土決戦に備え、負ける方法で対立した参謀長と作戦参謀

アメリカ軍は、一九四五（昭和二十）年四月一日、沖縄本島の読谷《よみたん》海岸に上陸した。日本軍からの反撃はまったくなかった。「敵のワナか？」と緊張しつつ進んだが、やがて「そうか、今日はエープリルフールだった」と顔を見合わせたそうだ。

日本軍は硫黄島作戦から水際《みずぎわ》作戦を放棄した。水際作戦は勇ましいが損害が大きく、守備隊が早々に全滅する可能性が高いと悟ったからである。

そこで沖縄戦では最初はすんなり上陸させ、兵力を小出しに神出鬼没させ、いわばゲリラ戦で戦おうとした。どうせ負けるが、できるだけ敗戦を引き延ばそうとしたのだ。それはまた大本営の意図でもあった。この間に日本列島での本土決戦準備を完成させるつもりだった。

第三二軍高級参謀・八原博道大佐は、持久戦法に徹しようとした。しかし、参謀長・長勇《ちょういさむ》中将は猪《ちょ》突猛進《とつもうしん》の性格もあって、機を見ての攻勢を主張した。両者はしばしば対立したが、軍司令官・牛島満《うしじまみつる》中将は温厚だけが取柄で、確固たるリーダーシップを発揮しなかった。

参謀長の主張が通って、二、三回ほど決戦を求めて攻勢をとったことがあった。ネチネチ戦法をやめて全軍一斉に飛び出したのである。やってみると、あまりにも彼我の戦力差が大きすぎて戦いにならなかった。攻勢をとっては、また元の持久戦に戻る作戦が繰り返された。

そのあげく、結局は首里《しゅり》の地下壕に籠《こも》っていた軍司令部も撤退した。このときも〝日本軍らしく〟玉砕しなかったのは、本土決戦への時間稼ぎだったのだ。

ときおり我慢しきれず攻勢には出たが、沖縄守備軍はよく持久戦を貫徹させたのだった。

●1945年4月1日、米軍は上陸開始に先だち177隻の艦船も砲口を開いた。この日上陸地点には5インチ砲弾4万発以上、ロケット弾3万発以上、臼砲弾2万発以上が打ち込まれた。かつてなかったほどの集中攻撃であった

●教会から狙撃する日本兵に対する米兵

●水陸両用戦車で読谷海岸に上陸した海兵第22連隊

●読谷に上陸する米軍

「七生報国」と「悠久の大義」は何をめざした？

もはや勝つ見込みがなくなった大軍の拠りどころ

沖縄の戦いは、上陸アメリカ軍と日本守備軍との戦いだったが、九州と台湾からは連日特攻機が沖縄をめざした。ゲリラ戦に参加しようとして、沖縄の占領された飛行場に強行着陸した特殊部隊（義烈空《ぎれつくう》挺隊《ていたい》、ただし不成功）もあった。

沖縄特攻だけで陸海軍合わせて二〇〇〇機以上が突っ込み、約三三〇〇人が戦死した。沖縄戦は地上戦だけではなく、総力戦だった。もうあとがないと、必死で戦ったのである。

特攻隊員も地上で戦っていた将兵にも、もはや生きて故郷へ帰れるという期待を抱く者は一人もいなかっただろう。状況は二カ月前の硫黄島戦とまったく同じだった。

摩文仁《まぶに》の陣地に追い詰められた牛島と長《ちょう》は六月二十三日、自決した。牛島軍司令官は数日前、「今や刀折れ矢尽き軍の運命旦夕《たんせき》に迫る。……爾今《じこん》各部隊は各局地における生存者中の上級者之《これ》を指揮し、最後迄《まで》敢闘し悠久《ゆうきゅう》の大義《たいぎ》に生《い》くべし」と最後の命令を発した。もう、各部隊を指揮する連絡方法もなく、自分は自決するが、みなは最後まで戦え、というわけだった。

「一命をなげうって悠久の大義に生きる」は、当時の日本人（軍人だけではなく）の最高の生き方、美意識である。大義とは天皇と皇国へ忠義を尽くすことである。長参謀長は自決にあたって、純白の肌着に墨で「忠則尽命《ちゅうそくじんめい》　尽忠報国《じんちゅうほうこく》　長勇《ちょういさむ》」と書き、それを着用して割腹した。

もはや戦争の本質からかけ離れた戦いになっていた。敗色濃厚でも「降伏」の文字がなかった日本軍にとって、いかに最後を飾って死ぬか、それだけが目的の戦争となってしまった。沖縄戦は、そのことを鮮明に浮き彫りにしている。

●海面スレスレに飛び米戦艦「ミズーリ」に特攻をしかける日本軍機

◆練習機まで沖縄特攻に投入

第5、第10航空艦隊（南九州方面）	
●水上機（主に九四式）	75機
●白菊練習機	107機
全特攻機数	1,536機
第1航空艦隊（台湾方面）	
●九三式中間練習機	14機
全特攻機数	360機

数字は海軍機のみで、引き返したものも含む

●牛島満中将と長勇参謀長の自決の碑

●牛島満中将（陸軍）

●長勇参謀長（陸軍）

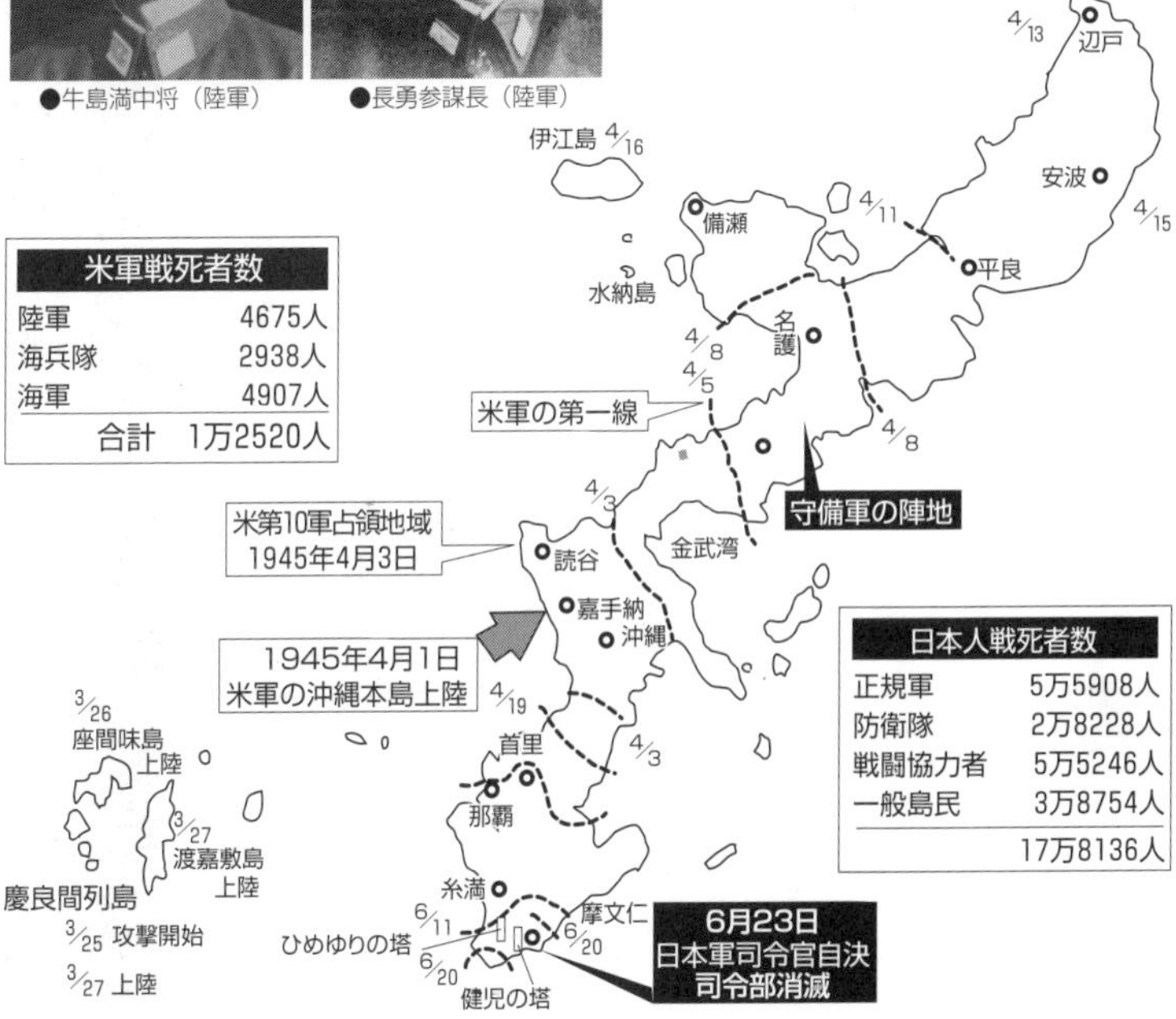

4/13 辺戸
伊江島 4/16
安波
4/15
4/11
備瀬
平良
水納島
名護
4/8
4/5
米軍の第一線
4/8
守備軍の陣地
4/3
米第10軍占領地域
1945年4月3日
金武湾
読谷
嘉手納
沖縄
1945年4月1日
米軍の沖縄本島上陸
4/19
3/26
座間味島
上陸
首里
4/3
那覇
3/27
渡嘉敷島
上陸
慶良間列島
3/25 攻撃開始
3/27 上陸
糸満
6/11
ひめゆりの塔
6/20
健児の塔
摩文仁
6/20
6月23日
日本軍司令官自決
司令部消滅

米軍戦死者数	
陸軍	4675人
海兵隊	2938人
海軍	4907人
合計	1万2520人

日本人戦死者数	
正規軍	5万5908人
防衛隊	2万8228人
戦闘協力者	5万5246人
一般島民	3万8754人
	17万8136人

巨艦「大和」の沖縄特攻に成算はあったか？

反対する総指揮官を黙らせた「一億総特攻」論

沖縄戦では二〇〇〇機以上の特攻機が突っ込んだが、巨艦「大和《やまと》」も例外ではなかった。「大和」に軽巡洋艦一隻、駆逐艦八隻をつけた艦隊を沖縄のアメリカ艦隊群に突っ込ませようという、破れかぶれの作戦を立てたのは、連合艦隊司令部の作戦参謀・神《かみ》重徳《しげのり》大佐だった。それを出撃艦隊に伝達したのは草《くさ》鹿龍之介《かりゅうのすけ》参謀長だ。

命令ではなく伝達だったのは、その出撃がまったく成算のない、犬死のような作戦だったからだ。艦隊を守るべき航空隊はまったくない。

だから指揮官・伊藤整一中将はなかなか「行こう」とは言わなかった。困った草鹿は「どうか一億総特攻のさきがけになってもらいたい」と懇願した。これを聞いた伊藤は一転、「わかった」と承諾したそうだ。

そのあと、出撃する艦長たちを集めて草鹿が改めて「お願いした」。しかし、艦長たちはほとんどが反対だった。どうせ死ぬのなら本土決戦で死なせてほしい、という意見が多かった。途中で米空母機に空襲されて、沖縄まではたどり着けないと予測する者が大半だったのだ。

しかし、伊藤司令長官が立ち上がって、「我々は死に場所を与えられたのだ」と一言述べたとたん、あらゆる反対意見が撤回された。それなら話は別、出撃しましょうと意見が一致した。

もう勝敗は度外視したところで戦争は戦われていた。軍人だけではない。日本国民全員（日本内地、台湾、朝鮮合わせてちょうど一億人）が特攻・玉砕を覚悟していた。〝勝つための戦略〟はとっくに放棄されていたのだ。

「大和」がアメリカ空母機に撃沈されたのは、昭和二十年四月七日、九州・坊津《ぼうのつ》沖においてである。

●戦艦「大和」

●九州坊津沖で米軍機の攻撃を受ける「大和」

●「大和」の最期

◆戦艦「大和」の沖縄特攻

甑列島
朝霞
霞
浜風
磯風
矢矧
戦艦「大和」沈没
屋久島
種
奄美大島
沖縄

●伊藤整一中将

●神重徳大佐

戦艦「大和」には航空魚雷を約200発、大型爆弾約100発、小型爆弾約200発が投下された。そのうち魚雷が10発、爆弾5発が命中し沈没した。

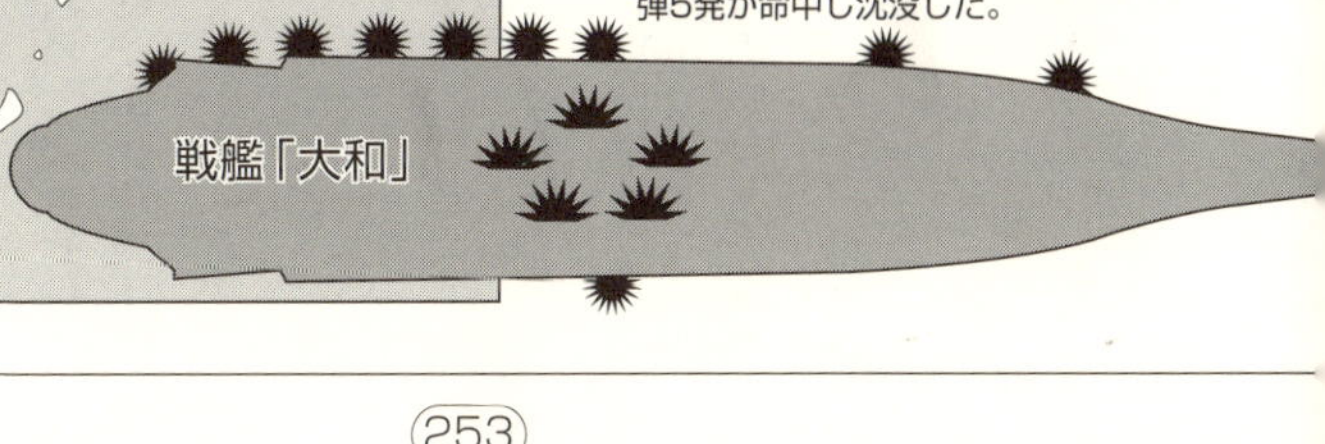
戦艦「大和」

実は米国を恐怖に陥れていた風船爆弾

女学生と芸者たちがコンニャク糊で貼りつけた新型兵器

陸軍技術研究所茂原《もばら》研究室（千葉県）が高度約一万メートルで、およそ一万キロ飛べる風船（気球）の研究を始めたのは昭和十八年八月だった。目的は風船に積んだ爆弾で米本国を直接空襲するためである。研究結果は上々で、十九年四月に生産が開始された。

風船は直径一〇メートル、爆弾は大小の焼夷《しょういだん》弾が五個、人員殺傷用炸裂弾一個を搭載した。このほか風船は二・七キロの砂嚢《さのう》を約三〇個ぶら下げていた。砂嚢は風船の高さが九〇〇〇メートル以下に下がると、気圧計の働きで留め金が外れ、順々に落下するようになっていた。逆に風船が一万五〇〇〇メートル以上に上昇すると、弁が開いて水素を排出する自動調整装置も付けられていた。

風船の素材は雁皮紙《がんぴし》（雁皮の樹皮の繊維で作った和紙）で、それをコンニャクの切り干しを粉末にした糊《のり》（接着剤）で張り合わせたのだが、問題は製作場所だった。選ばれたのが東京の日本劇場と宝塚劇場で、そこに関東一円の経師屋《きょうじや》八〇〇名と東京の女学生、花街の芸妓たちが動員された。

風船爆弾は福島・茨城県境の勿来《なこそ》と大津海岸、九十九里浜の一宮海岸の三ヵ所から放射された。最初に米本土に到達したのは十九年十一月一日に放たれたもので、翌年四月末までの半年間に九〇〇〇個が放射された。

アメリカからの情報がなかったため日本ではあまり評価されなかったが、風船はアラスカからメキシコに至る広範囲に落下し、大パニックを起こしていた。冬だったため、たいした火災も起きなかったが、もし夏場の乾燥期まで続いたら、無数の山火事に襲われただろうという。

さらに米当局が恐れたのは、風船爆弾で細菌をばらまかれることだった。

◆風船爆弾

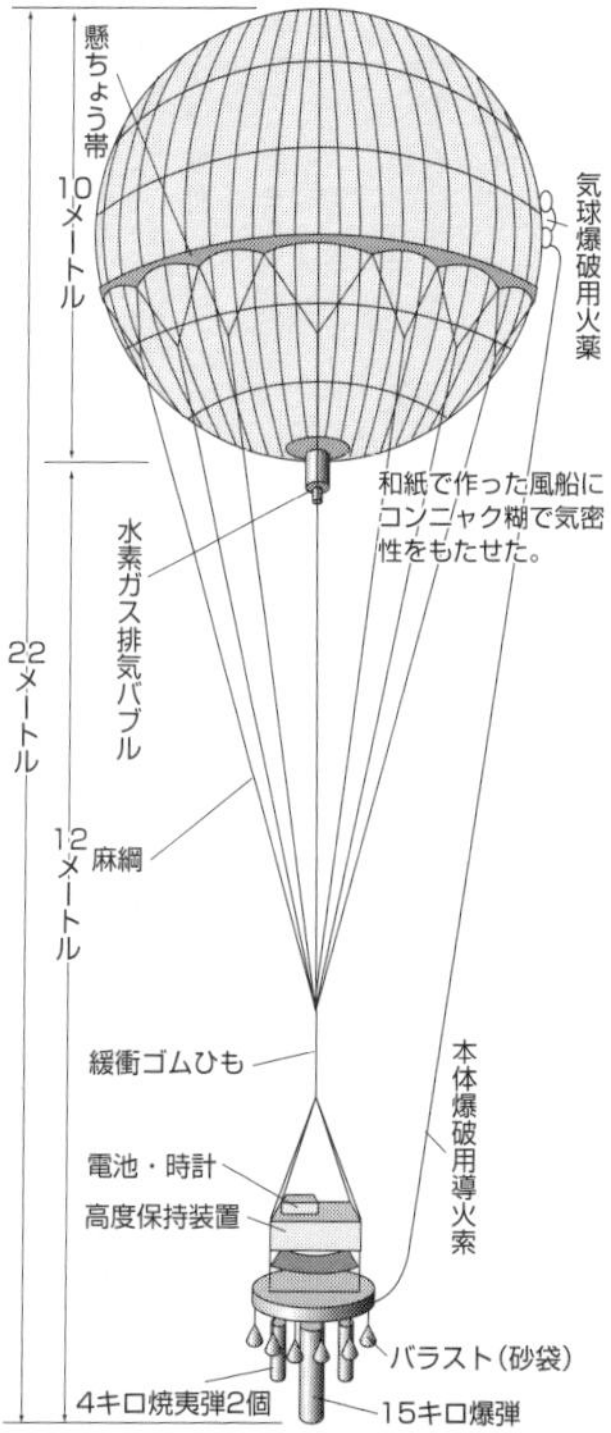
懸ちょう帯
10メートル
気球爆破用火薬
和紙で作った風船にコンニャク糊で気密性をもたせた。
水素ガス排気バブル
22メートル
12メートル
麻綱
緩衝ゴムひも
本体爆破用導火索
電池・時計
高度保持装置
バラスト（砂袋）
4キロ焼夷弾2個
15キロ爆弾

冬季のジェット気流に乗せて、無人で米本土を爆撃するもので、約1000個が米国に到達したといわれる。中国戦でテスト済みの細菌爆弾を搭載する案もあったが、科学力が先進する米国の報復を恐れて採用されなかった

●太平洋岸からアメリカに向けて飛ばされた

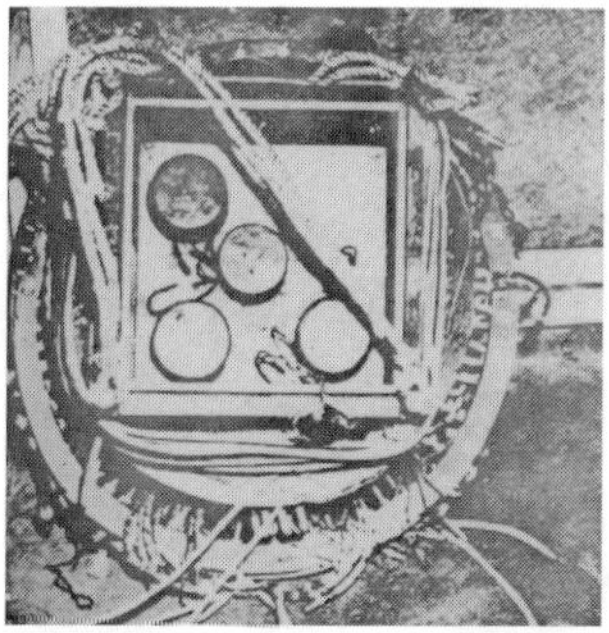

●重量を調整するためのバロメーター装置

●カナダに落下した風船爆弾

コラム8

ほんとうに始められていた本土決戦準備「マ輸送」

昭和二十年の初夏、関東軍（在満州の日本軍）の中心部隊は本土決戦のため続々と南下し、朝鮮半島の羅津、清津、釜山などで日本本土への乗船待ちをしていた。しかし、当時の陸軍にはこれら部隊を輸送する船舶がなかった。そこで浮かんだのが、本土から朝鮮各港に工場設備を運ぶ物動船の帰り船に兵員を押し込もうという案である。

昭和二十年に入り、日本の軍需工場へのB29の空襲は激しさを増していた。特に航空機工場は狙われ壊滅の危機に瀕していた。そこで山岳地帯に地下工場が造られ始め、栃木県太田市の中島飛行機などは大谷石の切り出し跡に引っ越していた。しかし洞窟では限界があり、次に満州への疎開が実施された。これを名づけて「マ輸送」といった。

横浜、名古屋、神戸からマ輸送船が出港していった。朝鮮の港を経由して列車で満州に送ろうというのだ。だが朝鮮に着いた船は一隻もなかった。すべて米潜水艦に撃沈されていた。「マ輸送」は「魔輸送」だったのだ。

おかげで本土決戦兵力も、なかなか本土に到達できずにいたのである。

●大谷石の切り出し跡に引っ越した中島飛行機

第9章 終戦工作と本土防衛戦構想

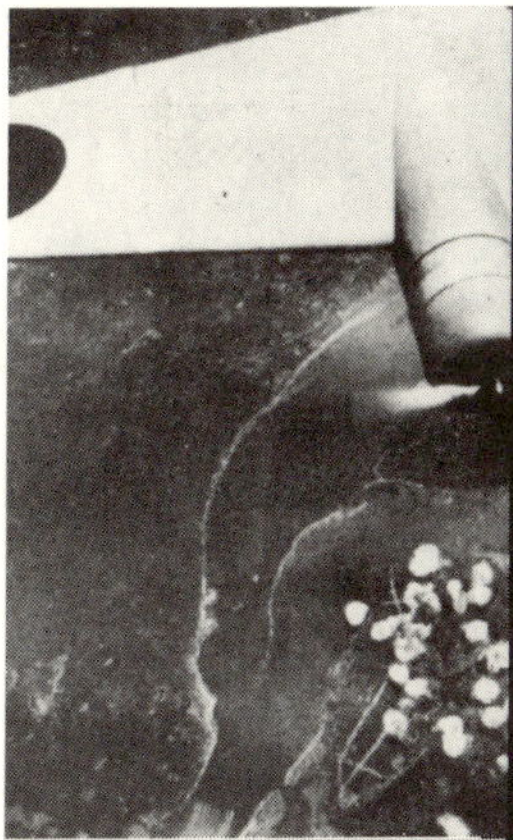

小磯内閣を瓦解させた対華和平「繆斌工作」

なぜ昭和天皇と主要閣僚は国民政府との和平交渉に猛反対したのか

昭和十九（一九四四）年七月、東条内閣に代わって小磯国昭《こいそくにあき》陸軍大将を首班とする内閣が発足し、戦局の悪化にともない、密かな和平工作がさまざまなルートで蠢《うごめ》いていた。「繆斌《みょうひん》工作」は小磯首相が自ら推し進めた異色の工作だった。

繆斌は中国国民党中央委員の経歴をもち、一九三七年十二月には北京臨時政府の樹立に参加、工作時は南京政府考試副院長という閑職にあった。

繆斌を小磯に結びつけたのは朝日新聞特派員の田村真作で、彼は朝日副社長の緒方竹虎《おがたたけとら》に和平工作案を提案。緒方は乗り気で、やがて小磯内閣の国務相兼情報局総裁として入閣すると、小磯に繆斌の和平工作を話した。小磯は二つ返事で了承し、昭和二十年三月十六日、繆斌を東京に呼び寄せた。

繆斌のいう和平案の骨子は、南京政府（汪精衛《おうせいえい》政権）を解消し、重慶《じゅうけい》政府（蔣介石《しょうかいせき》政権）と停戦、撤兵交渉を開始するというものだった。ところが、小磯と緒方以外の閣僚は大半が反対で、ことに重光葵《しげみつまもる》外相は大反対だった。

反対の理由はいくつかあったが、一つは日本の敗戦を前提とした連合国への無条件屈服を要求するものは、「重慶の回し者ではないか？」という見方で、もう一つは「繆斌なる人物は信用できない」というものだった。

実際、繆斌は蔣介石に追放されて華北臨時政府（日本の傀儡《かいらい》政権）に参加し、南京に汪政権ができるとすり寄ってくるなど、まるで節操なく見えた。小磯は最後の手段で、繆斌工作を昭和天皇に上奏する。しかし情報と判断力に優れている天皇からは、繆斌を中国に帰すようにという異例の言葉を受けた。四月五日、繆斌工作の失敗を大きな原因の一つとして、小磯内閣は総辞職した。

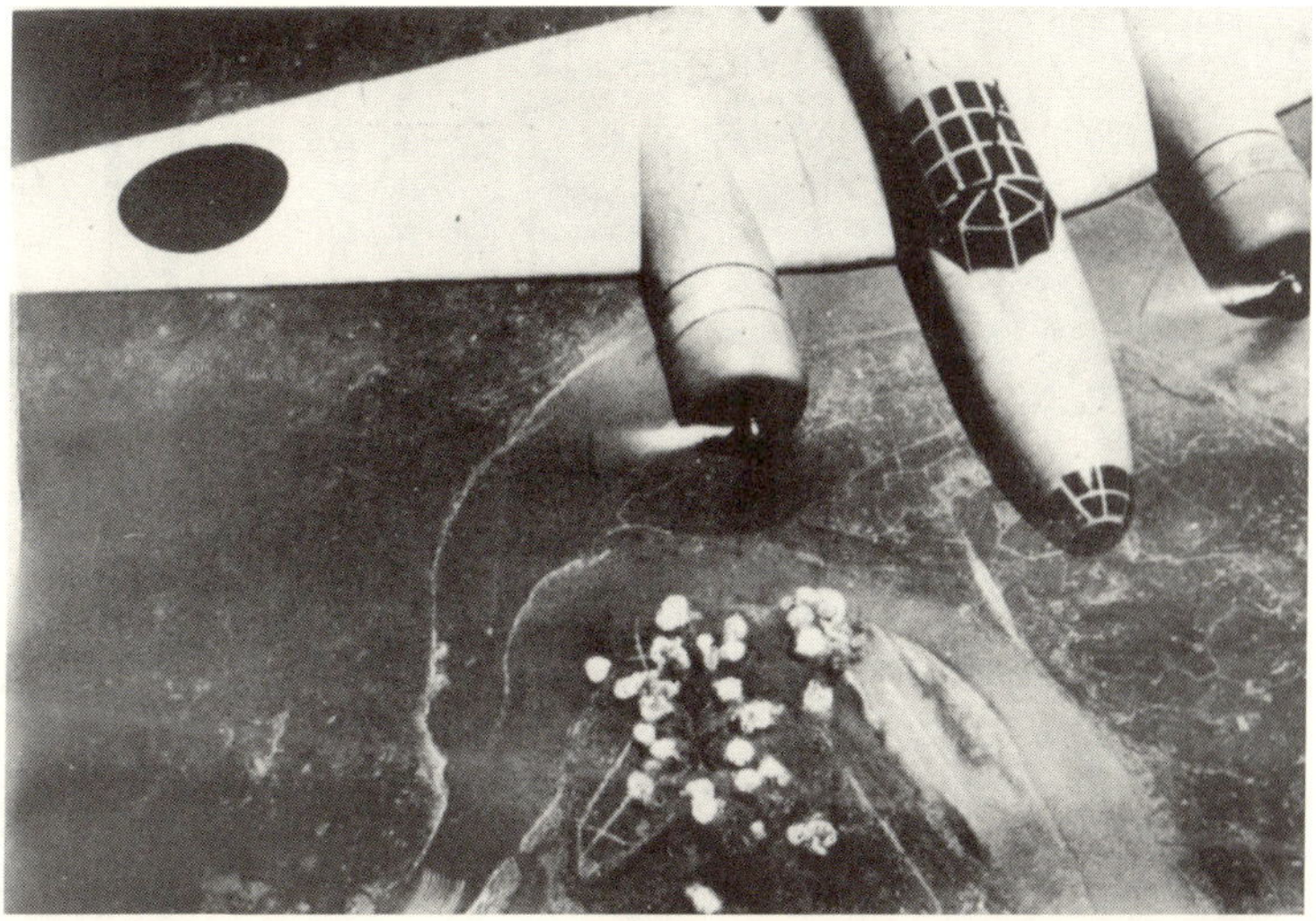

●蔣介石の本拠地、重慶を爆撃する
日本陸軍航空隊

●小磯国昭首相

●国民政府蔣介石総統

スウェーデン王室も協力したバッゲ工作

日本の外相交代で見捨てられた中立国の和平努力

小磯首相が繆斌《みょうひん》工作に挫折したちょうど同じ頃、もう一つの和平工作が進行していた。中立国スウェーデンのウイダー・バッゲ駐日公使を介して、イギリス王室と親しいスウェーデン王室に、連合国へ和平を働きかけてもらおうというものである。

バッゲ公使は昭和十二（一九三七）年から駐日公使を務める知日派で、日本人に多くの知己がいた。鈴木文史朗《ぶんしろう》（朝日新聞記者、当時は常務）もその一人で、昭和十九年九月中旬頃から二人は何度か会い、バッゲ公使の積極乗りだしを促してきた。

昭和二十年三月のある日、鈴木は重光葵《しげみつまもる》外相を訪ねて、この和平工作を重光の手にゆだねた。重光も積極的で、前フィンランド公使の昌谷忠《まさたにただし》をバッゲの許に行かせ、重光・バッゲ会談を申し込んだ。会談は三月三十一日、外相官邸で行なわれた。

当時、国務相だった下村海南《しもむらかいなん》がバッゲ公使から密かに聞いたところによると、

「重光外相はバッゲ氏に同氏帰国のうえ、英国の事情も探り、そのうえでスウェーデンとしての戦争終結、平和交渉の案をたてて見てくれぬか、その通信はストックホルムの日本公使館を通じてやる事にしようという事であったそうで、同公使もこれほど重大なことを打ち明けられ、且《か》つ信任されたことを喜び、日本の為《ため》に一肌脱ごうということとなりました」

という。

バッゲ公使はただちに帰国の準備に入り、四月十三日に日本を離れるのだが、その直前の四月五日、小磯内閣は総辞職、重光も外相を去った。工作は次の東郷茂徳《とうごうしげのり》外相にバトンタッチされたが、結局、

「前内閣当時に行なわれたことについてはとくと調査してみる必要があるから……」

という理由で、工作は立ち消えになった。

●スウェーデン公使ウイダー・バッゲ

●重光葵外相

●当時のストックホルム市街

和平工作3

実現濃厚だった海軍武官のダレス工作

中立国スイスで進められていた米情報機関OSSとの交渉

当時の日本で「ダレス」を知っている者はほとんどいなかった。しかしアメリカでダレス兄弟といえば、ルーズベルト大統領の側近として知らない者はいなかった。兄のジョン・F・ダレス（のち国務長官）は大統領の政治外交顧問をしており、弟のアレン・W・ダレス（のち初代CIA長官）は、大統領直属機関の戦略情報機関OSS（通称「ダレス機関」）の総局長として活躍していた。

一九四五（昭和二十）年四月中旬、スイス駐在の海軍武官藤村義朗中佐は、在スイス日本海軍購買委員のドイツ人フリードリッヒ・ハックにダレス機関を通じて米政府に和平交渉を開始するよう依頼した。

ハックはドイツの経済学博士で、第一次大戦で日本の捕虜になったことから親日家となり、ヒトラー独裁に反発して日本海軍の助力でスイスに亡命していた。そのハックの大学同期生が、ダレスの秘書の一人であることを知ったからである。

ハックの工作は成功し、五月二日（三日とも）、藤村はダレス総局長に単独会見した。ダレスは和平実現を確約し、米政府にも報告して「話し合いを進めてよろしい」という許可も得たという。

藤村は五月八日の午後、ダレスとの会見内容と対米和平交渉の開始を訴える緊急第一電を東京に発した。相手は米内《よない》光政《みつまさ》海相と豊田副武《そえむ》軍令部総長である。以後、藤村の緊急暗号電は連日のごとく打たれ、合計三五本にもなるのだが、東京からは何の反応もなかった。やっと六月二十日に米内海相から到着した返事は「手を引け」という命令だった。

豊田は戦後書いている。「結局海軍省も軍令部もそんなものは危険だ。第一こんな大問題を中佐ぐらいに言ってくるのはおかしいというわけで真剣にとりあげる者はいなかった」と。

●米内光政大将（海相）

●藤村義朗海軍中佐

●アレン・W・ダレスOSS総局長
（のちCIA初代長官）

●すでに沖縄戦で日米両軍の死闘が展開されており、停戦が
実現できれば米軍にとっても大きなメリットがあった……

和平工作4

日本政府中枢に潰されたもう一つのダレス工作

スイス駐在日本人が一丸となった幻の和平工作

スイス駐在海軍武官藤村義朗中佐とダレス機関の日米和平工作が、海軍中央部の無造作な処置で水泡に帰す頃、同じダレス機関相手の和平工作が六月から八月にかけてもう一つ開始されていた。

スイス公使館付陸軍武官岡本清福中将を中心に加瀬俊一《しゅんいち》公使（国連大使などを務めた加瀬俊一《としかず》とは別人）、北村孝治郎（在バーゼル国際決済銀行理事）、吉村侃《かん》（同銀行為替部長）、スウェーデン人のペル・ジェイコブソン（同行経済顧問）たちだった。

ドイツが降伏した一九四五年五月、対米英和平で同調する岡本、吉村、北村の三人は、加瀬公使に和平交渉の打診をした。内容は、個人的にも親しい国際決済銀行の同僚でもあるジェイコブソンに、対米英の仲介をとってもらおうというものだった。

当時、ジェイコブソン夫人の叔父は英国海軍軍令部次長（戦後に総督）であり、ジェイコブソン自身、在バーゼル米領事館員とは懇意な間柄だったからである。話を聞いた加瀬は熟慮の末、「お国のためだ、腹芸でいこう」と答え、一同の和平交渉が始まったのである。

幸いジェイコブソンは同意し、工作開始となった。そのときドイツにいたアレン・ダレスとも連絡がつき、ジェイコブソンはダレスに呼ばれて、フランクフルトに近いウィースバーデン（ビースバーデン）に飛び、ダレス邸に一晩泊まって日本人たちの意向を伝えた。ダレスは「ソ連の参戦前に交渉に入りたい」と積極的だったという。

加瀬公使は、ポツダム宣言が出される一〇日前頃から東郷外相に大至急電を連日のように打ち、指示を待った。だが外相からは「できるだけ情報を送れ」といったきり何の指示もなく、八月十五日の終戦日を迎えてしまったという。

●ポツダム会談。1945年7月17日〜8月2日。左から英アトリー首相、ルーズベルト米大統領、スターリンソ連首相

●スイスで和平工作をした加瀬俊一スイス公使（最前列）、岡本陸軍武官（二列目中央）

◆連合国の首脳会談

オクタゴン会談
1944.9.10〜17
ビルマ反攻、西太平洋の作戦に英軍の参加を確認。
ルーズベルト（米）、チャーチル（英）

クウォドラント会談
1943.8.11〜24
中国への支援、ビルマ方面の作戦が決定された。
ルーズベルト（米）、チャーチル（英）

大西洋会談
1941.8.9〜12
ニューファンドランド沖の戦艦上で会談。戦争指導と講和方針を発表。
ルーズベルト（米）、チャーチル（英）

ポツダム会談
1945.7.14〜8.2
日本への無条件降伏を勧告。
トルーマン（米）、チャーチル（英）、スターリン（ソ）

モスクワ
ヤルタ
ポツダム
カイロ
ケベック
ニューファンドランド
ワシントン

連合国外相会談
日本とドイツから解放される国について、連合国共通の意思決定。
ハル（米）、イーデン（英）、モロトフ（ソ）

第2回ワシントン会議
1942.6.17〜22
英米間で原爆開発の情報共有を確認。
ルーズベルト（米）、チャーチル（英）

カイロ会談
1943.11.23〜27　12.3〜7
戦後の日本領土の処理方針と、日本の無条件降伏までの戦争を宣言。
ルーズベルト（米）、チャーチル（英）、蔣介石（中）

ヤルタ会談
1945.2.4
ドイツの戦後処理。ソ連の対日参戦と日本領土の割譲を決める。
トルーマン（米）、チャーチル（英）、スターリン（ソ）

●ドイツのウィースバーデンは古くからの温泉町でもある

最後までソ連に和平仲介を期待した日本政府

ソ連の動きを客観的に評価できなかった日本政府の無知と無恥

昭和二十年五月十一日から十四日まで、鈴木首相、東郷外相、阿南《あなみ》陸相、米内《よない》海相、梅津《うめづ》参謀総長、及川《おいかわ》軍令部総長（五月末に豊田副武《とよだそえむ》大将と交替）の六巨頭による最高戦争指導会議は、①ソ連の参戦防止、②ソ連の好意的態度誘致、③戦争終結の仲介依頼、のための対ソ交渉の開始を決定した。その大役を東郷外相は広田弘毅《こうき》元首相に委嘱した。

こうして開始されたのが広田とマリク駐日ソ連大使との会談で、六月三日、翌四日と続き、次いで二十四日、二十九日と行なわれたが、以後のマリク大使は「病気」と称して会おうとしなかった。

スターリン首相をはじめとする当時のソ連政府は、すでにその年の二月十一日に行なわれたルーズベルト、チャーチル、スターリンの三巨頭会談で調印した「ヤルタ協定」で、ドイツ降伏後二～三カ月以内に対日参戦することを約束していた。

この協定では南樺太《カラフト》のソ連への返還や、千島列島のソ連への割譲なども認められていた。そしてドイツが五月八日に無条件降伏したことにより、ソ連の対日参戦準備は一挙に加速した。

さらに七月十七日からはドイツのポツダムで、再び米英ソ三国巨頭会談が予定されており、ソ連が日本に歩み寄る気持ちなどはまったくなく、ましてや米英に対して和平の仲介など取る気は毛頭なかったのである。

だが情報音痴の日本政府首脳たちは、マリク工作がダメとみるや、今度は近衛文麿《このえふみまろ》元首相を特使としてソ連に派遣し、あくまでもソ連に頼ろうとしたのである。モスクワの佐藤尚武《なおたけ》大使は「その見込みなし」と報告し、無条件降伏を進言したが認められず、逆に交渉続行を命じられた。そのソ連の返答が八月九日にきた。対日宣戦布告である。

●対独戦に勝利したソ連は、ヤルタ会談で合意のとおり、対日戦準備に入った

●近衛文麿元首相

●ソ連の対日参戦と日本の領土割譲などを決めたヤルタ会談。左から英チャーチル首相、米ルーズベルト大統領、ソ連スターリン首相

●広田弘毅元首相

降伏など論外、刺し違えで一億総玉砕

天皇の面前で力説された全軍特攻と一億玉砕構想

大本営はサイパンを失ったとき（昭和十九年七月）、ようやく、本気で日本の敗戦を強く意識した。が、敗戦とはいっても降伏することではない。連合軍は最後には日本本土に上陸作戦を行なうだろう、そのときは全員が死ぬまで戦おう、そのうちに連合軍もあきらめて引き揚げるだろう、引き揚げるまで頑張って戦おう、と腹を決めた。

とはいっても、ほんとうに本土決戦の方針が決まったのは、沖縄戦の敗北がはっきりしてからである。昭和二十年六月八日、御前《ごぜん》会議で決定された「今後採るべき戦争指導の大綱」がそれである。

この席で参謀次長河辺虎四郎《かわべとらしろう》中将は、どんな方法で戦うかを説明した。

それを要約する言葉が、「洋上、水際、陸上到るところに、全軍を挙げて刺し違えの戦法を以《もっ》て臨み」だったのだ。

そして、「必ず捷利《しょうり》（勝利）を獲《え》るものと確信致して居《お》る次第であります」と宣言した。

もちろん、このことが国民に報道されたわけではないが、国民はとっくにそのことを知らされていた。何カ月も前に配布された『国民抗戦必携』（大本営陸軍部編集）というパンフレットには、次のように書いてあった。

「銃、剣はもちろん刀、槍《やり》、竹槍から鉈《なた》、玄能《げんのう》、出刃包丁、鳶口《とびくち》に至るまで、これを白兵戦闘兵器として用いる。刀や槍を用いる場合は斬撃《ざんげき》や横払いよりも背の高い敵兵の腹部目がけてぐさりと突き刺したほうが効果がある。……一人一殺でよい。とにかくあらゆる手を用いてなんとしてでも敵を殺さねばならない」

刺し違え戦法は、軍だけではなく国民すべてが従うべき戦法だったのである。

●本土決戦に備えて、婦人も
軍事教練を受ける

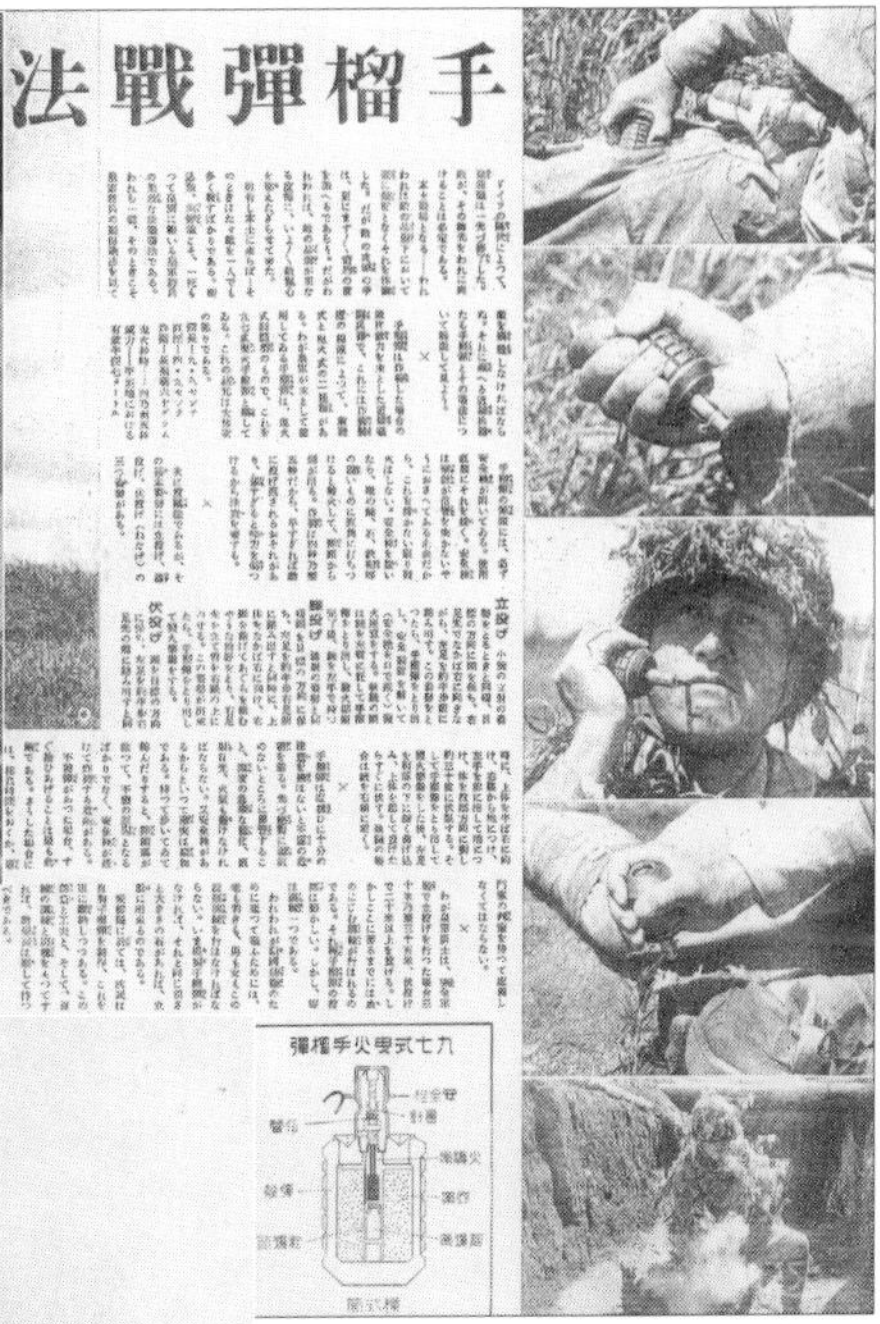

手榴彈戰法

●昭和20年5月25日
付『アサヒグラフ』の
記事。国民に戦い方
を教えている

●女学生も小銃訓練を受ける

●「竹ヤリでは勝てない」と書いた新聞
記者は、懲罰として召集された

陸相の「降伏反対！」はポーズだったのか？

クーデターまで持ちかけた阿南陸相のあまりにも泰然たる自決

日本は、米英中（のちにソ連も参加）共同のポツダム宣言を受け入るかたちで、連合国に降伏した。

原爆が広島に落とされ、ソ連が満州（中国東北地方、日本の植民地）に侵攻を開始したあと、鈴木貫太《かんた》郎《ろう》首相、東郷茂徳《とうごうしげのり》外相、米内光政《よないみつまさ》海相がポツダム宣言を受諾しようと口火を切った。

しかし、阿南惟幾《あなみこれちか》陸相、梅津美治郎《うめづよしじろう》参謀総長（陸軍の最高指揮官）、豊田副武《とよたそえむ》軍令部総長（海軍の最高指揮官）は、最後まで反対し、「本土決戦・一億玉砕」を主張した。だから、最後は天皇に決めてもらい、降伏と決まったわけである。

ところが、天皇の決定を絶対とは思わなかったのが阿南陸相である。陸軍省内に渦巻いていた〝降伏反対・一億玉砕〟の声に押されるように、梅津参謀総長にクーデターを持ちかけた。ポツダム宣言受諾を最終的に決める御前会議の際（昭和二十年八月十四日）、兵を入れ、天皇を別室に連れ出し、出席者を監禁する、という筋書きだったという（戦史叢書『大本営陸軍部〈10〉』）。

しかし、梅津はこの提案を拒否し、阿南も是非にとは無理押しはしなかったので、陸軍としてのクーデターは起こらなかった。

阿南は降伏が正式に決まったあと、鈴木首相を訪ね、ポツダム宣言受諾に反対し続けたことを詫びた。次いで東郷外相を訪ね、「随分議論を闘わしたが、御厄介になった。まずは無事に行きまして結構でした」と笑顔で挨拶した。クーデターまで起こそうとした者にしてはさわやかすぎる。クーデター提案は陸軍強硬派に対するポーズだったのだろう。

阿南は十五日を待たずに自決するが、それを聞いた東郷外相は「そうか、腹を切ったか、阿南というのは、いい男だな」と言ったという。

●ポツダム会談の三首脳。左からチャーチル英首相、トルーマン米大統領、スターリン・ソ連首相

●東郷茂徳外相

●鈴木貫太郎首相

阿南陸相自刃す

遺書 一死以て大罪を謝し奉る

●昭和20年8月16日付の朝日新聞で阿南陸相の自刃を報じる記事

●沖縄特攻機を見送る阿南陸相

本土決戦3

本土決戦部隊の真の実力は？

「根こそぎ動員」で集められた一五〇万将兵の決戦装備

本土決戦を想定した日本の兵力は、どんなものだったのか。

昭和二十（一九四五）年初めになると、陸軍は具体的な決戦準備に入ったが、まず大がかりな兵力動員が行なわれた。本土防衛のためには最低でも五〇個師団（一個師団一万五〇〇〇人としても七五万人）が必要とされた。

実際には新設師団は四〇個師団で打ち切りとなったが、満州や朝鮮から師団をいくつか抽出して、兵力は約二〇〇万人、戦闘員だけでも一五〇万人という規模に達した。

前年の昭和十九年にも、二九個師団のほか砲兵連隊二八個、戦車連隊一〇個を編成したが、二年分（二〇歳と一九歳）の徴兵をやって間に合わせたばかりである。こんどはほとんどが召集に頼った。農業従事者から三四万五〇〇〇人、工業従事者から六五万人、その他は徴兵である。

このほかに損害補充用の召集要員が約五〇万人あり、これは工業従事者に頼ろうとした。その工場労働者の穴埋めに未熟練労働者約一五〇万人が必要とされたが、これは勤労動員に頼った。これが本土決戦のための根こそぎ動員の中身だ。

人員は根こそぎ動員でどうやら集まったが、兵器は満足には行き渡らなかった。九州南部の志布志《しぶし》湾付近や、九十九里《くじゅうくり》浜《はま》付近はアメリカ軍上陸必至と見られたから、それなりに重砲も配備したが、あとの海岸張りつけ師団は、肉弾戦法しかない。

高知の海岸に張り付いたある砲兵部隊は、東京で博物館用の青銅製の大砲（日清戦争で使用）をもらったが、砲弾はすでに生産していなかった。それでも脅しにはなるだろうと、がらがらと引っ張って行ったという。

●本土決戦用に満州から呼び戻した戦車隊

●本土決戦用の兵器

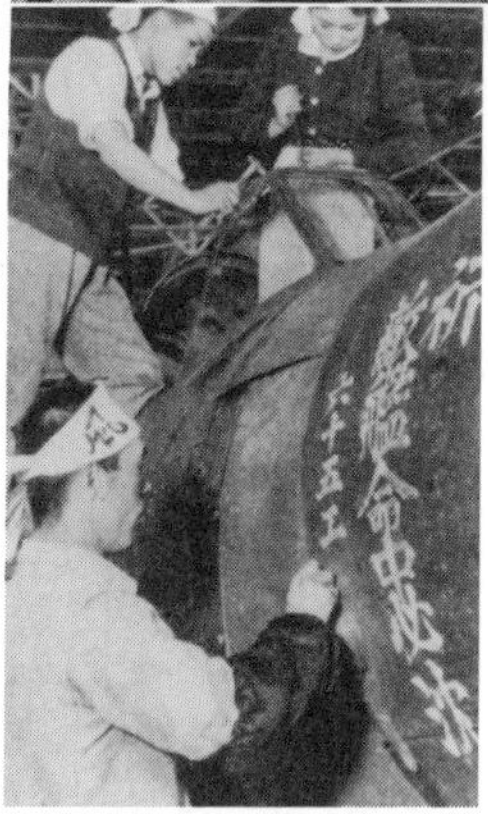

●必中の願いを込めた特攻機の生産

●本土防衛陸軍航空隊の特攻隊「振武天誅隊」

●万歳に見送られ工場を出る木製の特攻機

「二〇〇〇万人玉砕」に固執した〃特攻の大西提督〃

「それだけ死ねば米軍は逃げていく」から……

陸海軍首脳のなかで、最後まで最も熱心に、かつ具体的に本土決戦を主張したのは、海軍の軍令部次長（総長の次のポスト）大西瀧治郎《おおにしたきじろう》中将だった。

大西はフィリピン特攻（昭和十九年十月〜二十年一月）が終わったあと、台湾にさがって特攻出撃を督励していたが、その意味するところをガリ版刷りで印刷し、関係部隊に配った。そのなかに、

「今迄《いままで》我軍には局地戦に於《おい》て降伏と云《い》うものがなかった。戦争の全局に於ても亦《また》同様である。局地戦では全員玉砕であるが、戦争全体としては、日本人の五分の一が戦死する以前に敵の方が参《まい》ることは受合《うけあ》いだ」

という一節がある。

いよいよポツダム宣言受諾で降伏と決まりかけたとき、軍令部次長になっていた大西は、豊田軍令部総長、梅津参謀総長、東郷外相の会談の席上に押しかけ、「いまからでも、二〇〇〇万人を殺す覚悟でこれを特攻に用うれば、決して負けることはありません」と訴えた。二〇〇〇万人は日本の人口の五分の一だ（日本列島七三〇〇万、日本領「朝鮮と台湾」三〇〇〇万人）。

大西が具体的に〃二〇〇〇万人特攻・玉砕〃を持ちだしたときは、すでに広島と長崎に原爆が落とされていた。ソ連軍も満州に侵攻を開始していた。そのソ連軍もやがては日本列島に上陸作戦を始めるだろうとの想定はあったのか、なかったのか、アメリカはあと何発原爆を落とすと考えていたのか、聞いてみたい気がする。

大西は「国民すべてが特攻精神を発揮すれば、たとえ負けたとしても日本は滅びない」と新聞記者（戸川幸夫）に語ったそうだが、ほんとうにそうだったろうか。

●陸軍特攻隊、最後の敬礼

●海軍の特攻隊。すでにプロペラは回っている

●桜の花を贈られ死地に赴く

◆B29スーパーフォートレス

最高速度：576km　正規航続距離：4,585km
爆弾：9,000kg　乗員：10名
航続距離の長さと10,000mの高度を飛行し、日本本土の各地を爆撃した。日本人の恨みのこもる大型爆撃機である。

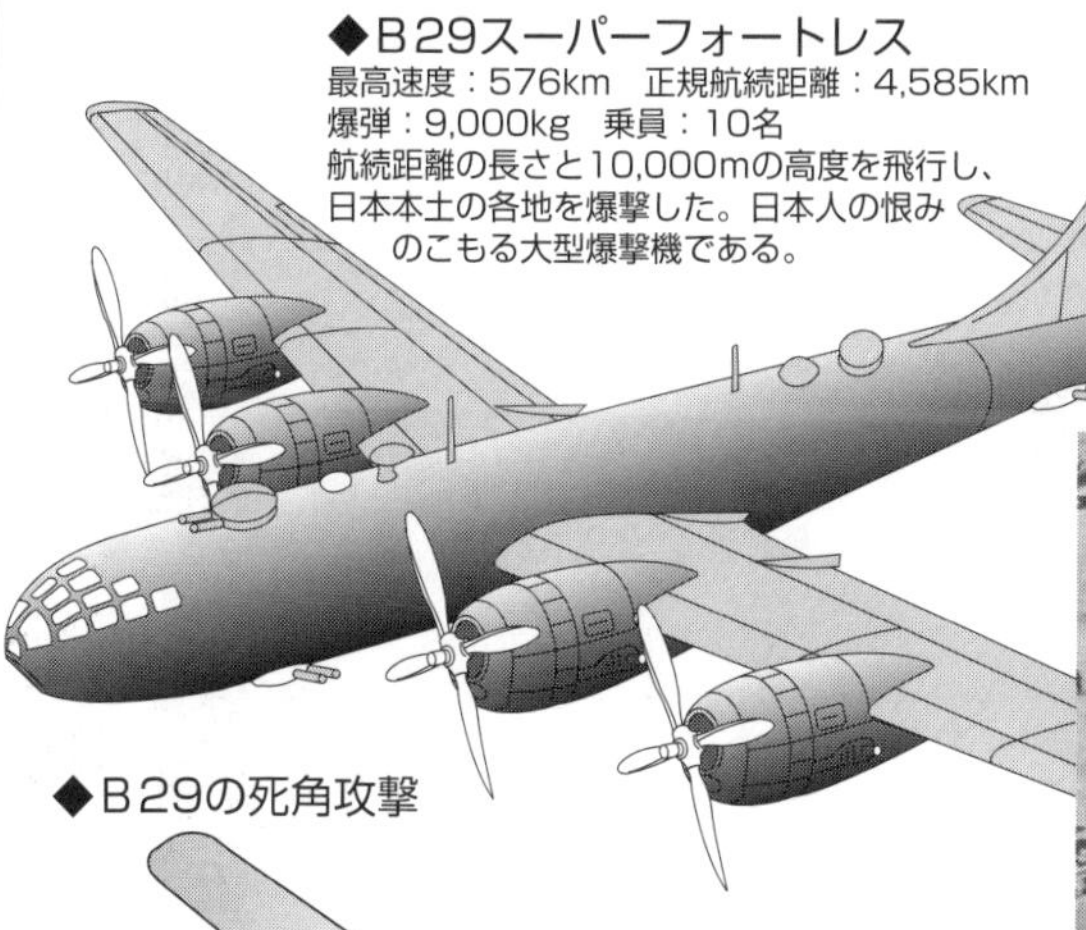

●海軍の新鋭戦闘機「雷電」のかたわらでバレーボールに興じる搭乗員

◆B29の死角攻撃

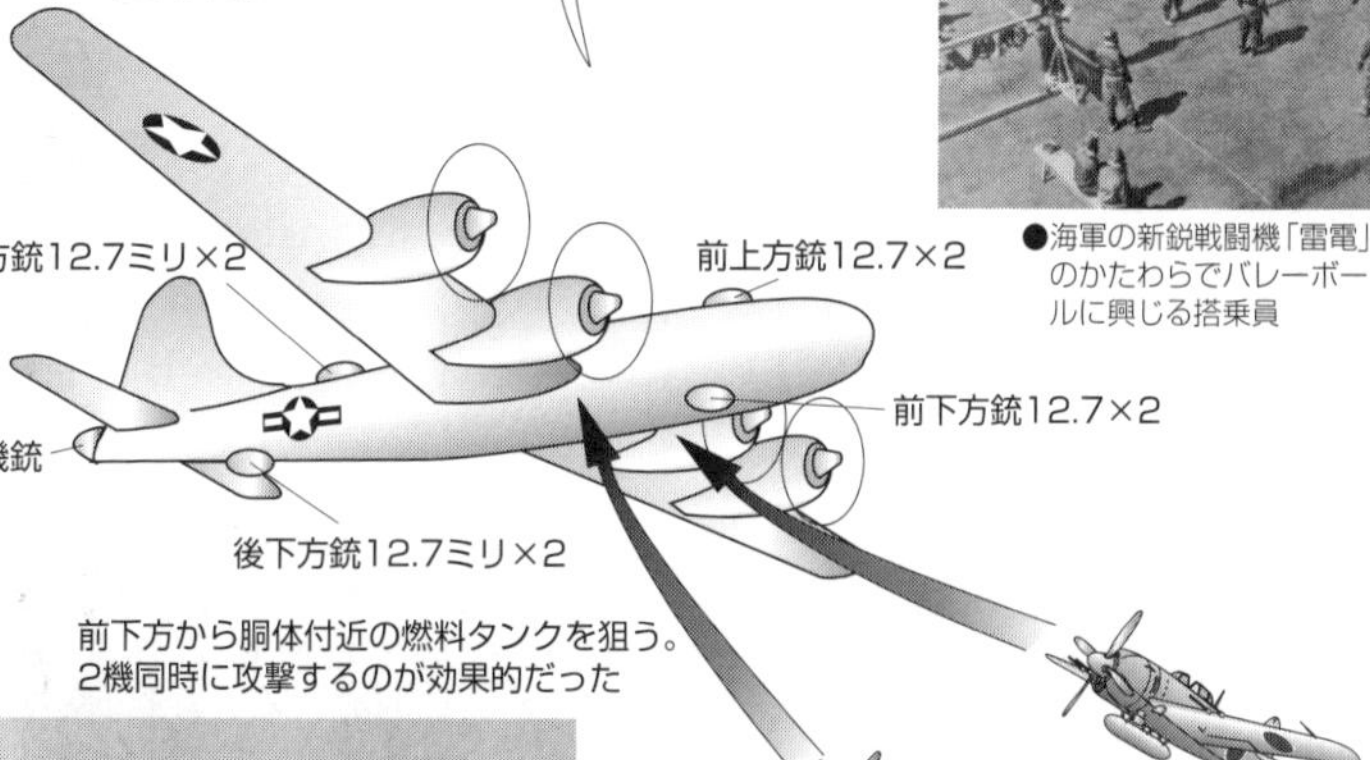
後上方銃12.7ミリ×2
前上方銃12.7×2
前下方銃12.7×2
尾部機銃
後下方銃12.7ミリ×2

前下方から胴体付近の燃料タンクを狙う。2機同時に攻撃するのが効果的だった

●搭乗員の1人が身を乗り出し最後の別れをする

二八〇〇万人の国民義勇戦闘隊の結成

男は一五歳から六〇歳、女は一七歳から四〇歳まですべて動員だ!

太平洋戦争が始まったとき、日本男性は一七歳から四〇歳まで兵役の義務を負っていた。開戦二年後の昭和十八年秋、上限が四五歳までに引き上げられた。現役二年を終えた者も、現役を経験しなかった者も、必要に応じて四五歳までは召集されるということである。

本土決戦はこの「兵役法」で定める以外の男女に、準兵士としての任務を負わせることとなった。それが義勇兵役法(昭和二十年六月二十三日公布)である。最初は軍のために何でも手伝うかたちの国民義勇隊を結成し、状況が厳しくなって戦場になりそうだったら、そのまま義勇戦闘隊へ移行させ、準軍隊なみに扱う、という決まりだ。兵器や食糧は必ずしも渡せないが、罰則は軍隊なみに決められた。

実際には米軍の上陸前に降伏したから、地域的な義勇戦闘隊は編成されなかったが、県単位ごとに召集すべき隊員名簿を、七月末までに作成していたところは多かった。

たとえば最初に南九州上陸が想定されていたが、近県の熊本県では人口一五二万人中、六四万人(四二パーセント)が登録されていた。こうして全国で召集される義勇隊員は、約二八〇〇万人(人口の三八パーセント)と推定される。

本土決戦の作戦担当者は、国民義勇隊や国民義勇戦闘隊が、築城施設や掩護《えんご》施設の造成、道路補修など担当してくれるので、事前準備が充分にできて立派に戦えると考えていたようだ(座談会「もしも本土決戦が行われていたら」『中央公論　増刊・歴史と人物』昭和五十八年八月二十日号)。

ただ、国民義勇隊がつくられたことを知ったアメリカ軍は、準戦闘隊員とみなして、男女を問わず日本人を空襲で殺すことの意義を見出したという。

●国民義勇戦闘隊の宮城参拝

●根こそぎ動員で、焼土の壕舎から出征する若者

●東京地区の国民義勇奉公隊本部の結成式

●戦友の遺骨を抱いて出撃する特攻隊員

◆B29が投下した爆弾と焼夷弾

500ポンド親子焼夷弾

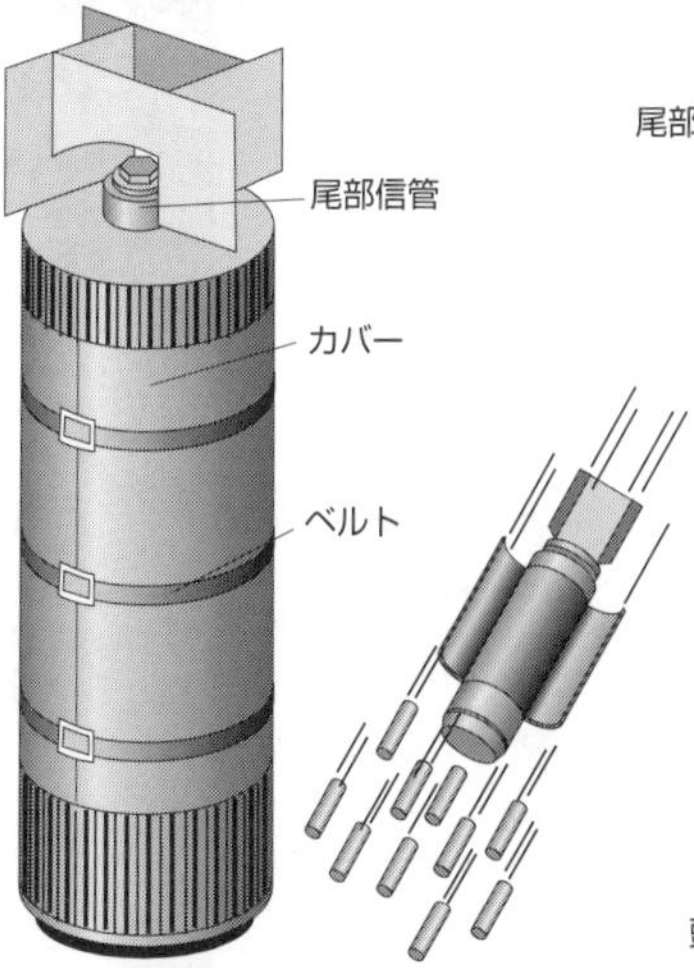
尾部信管
カバー
ベルト

落下中にベルトが外れ、150ｃｍの弾体の中に入っている38本の焼夷弾が散布される

700ポンド爆弾

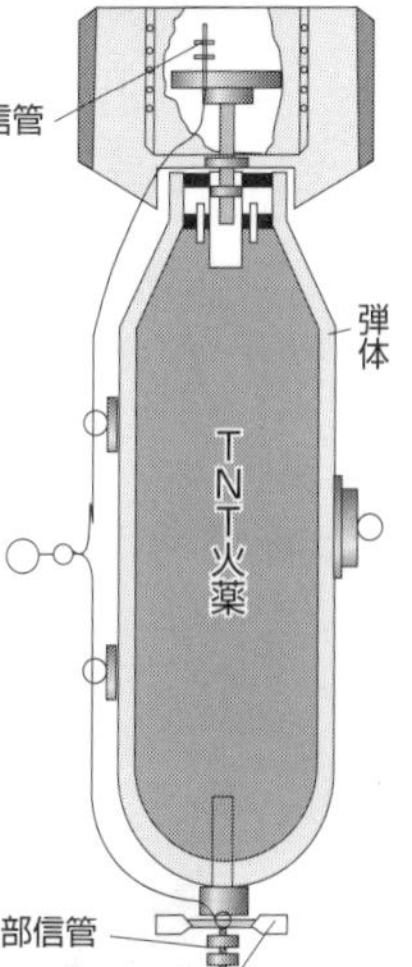
尾部信管
弾体
TNT火薬
頭部信管

落下時にプロペラが回転し、安全装置が外れる

500ポンド焼夷弾

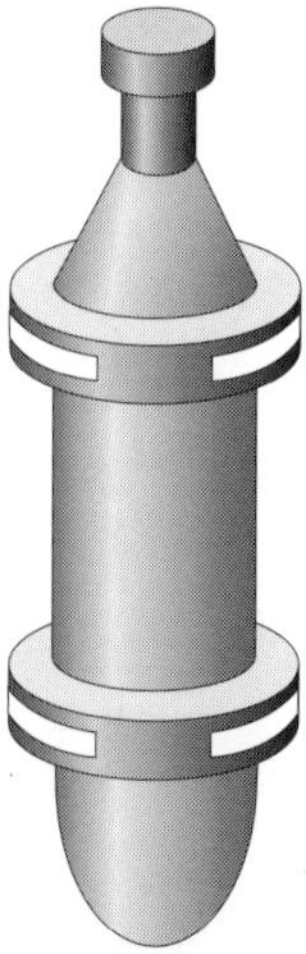

ガソリン、マグネシウム、液体アスファルトなどが詰まった大型の焼夷弾

米の収穫が先か、米軍上陸が先か!?

本土決戦用の武器弾薬・食糧は果たしてあったのか

本土決戦は国内で行なわれるから、武器・弾薬の不足はともかく、飢餓戦場にはならなかっただろう、とは素人の考えで、じつは危なかった。

軍事史家の阿部亀夫氏は、

「糧秣《りょうまつ》（軍隊用語で兵と馬の糧食）は本土決戦は国家体制をあげてやるといいながら、アンバランスだったと思う。軍隊自身はみずからが食うものは、貯蔵している。ところが国民も一緒に戦うといいながら、国民の食うものは（昭和）二十年秋の米が収穫されない限り生き延びる見込みはうすかった。九州ではそれが深刻で、二十年秋に敵を迎えるだろうという判断で、問題は二十年の秋の米の収穫ができるかどうか、米がもみでもいいからとれたら戦えるけれども、もみもとれないんでは戦えない。これが大きな問題でしたね」

と語っている（「徹底研究　本土決戦もし行われれば（1）『中央公論　歴史と人物』昭和五十二年八月号）。

当時、米を作っていたのは老人か、夫を兵隊にとられた奥さんか、子どもたちだった。アメリカ軍が一番早く上陸して来ると予想された南九州では、この農作業の中心となっている人たちを、早めに後方に下げなければならない。

しかし、十月か十一月になったら、稲刈りのためにこの農民たちを田圃《たんぼ》に戻さなければならない。だが戻して稲刈りをさせる余裕があったかどうか、稲刈りをしなければ国民は餓死する。

実際にアメリカ軍が上陸したら、稲刈りどころではなかっただろう。

軍は貯蔵していたが、国民義勇隊員は自弁が原則だったからほんとうに協力できただろうか。海軍は米のこともあるが、石油切れにならないうちに早く敵が上陸してきてほしいと切望したという。

●女学生も兵隊さんも一緒に田植え

●麦刈りを手伝う陸軍の搭乗員。「農村特攻」といわれた

●荒れ地を開拓する子供たち

●鉄かぶとが支給された農村もあった

●月明かりで田すきをする

水際迎撃戦を採用した日本の防衛戦術

一週間穴に潜んで頭上の敵を突き殺せ！

大本営はアメリカ軍が上陸してきたら、できるだけ水際《みずぎわ》（海岸）で食い止める作戦を立てた。といっても、本格的な防御陣地を造ったのは、鹿児島・宮崎両県にまたがる志布志《しぶし》湾と千葉県の九十九里浜《くじゅうくりはま》くらいのものである。上陸地点としては最も確率が高いと予想された地点で、実際にアメリカ軍も主力をそこへ上陸させようとしていた。

志布志湾では重砲の砲身を水平に据えて、海岸に殺到する上陸用船団を狙い撃ちする計画だった。八門用意し、半数は破壊されるとしても残り四門が撃ちまくり約四〇隻は破壊できると考えた。殺到すると思われる約五〇〇〇隻の一割弱である。

九十九里浜では、海岸から約一キロ後方の砂丘地帯に無数の穴を掘り、兵隊が潜り込む作戦を立てた。戦車と歩兵部隊をやり過ごして二、三日じっとしている。地上では戦闘があっても我慢して、頃合いを見て飛び出し、背後から突撃する予定だった。彼我入り乱れての戦場には、アメリカ軍も大砲を撃ち込めないので、いきおい白兵戦となり、日本軍が有利になるはずだった。

その第一抵抗線を突破されたら、丘陵地帯にも同様なタコツボを飛白《かすり》状に掘り、一週間ほど立て籠《こも》るだけの水と食糧を貯蔵しようとした。空気は竹筒で取り入れる。掘り出した土は穴から五〇メートル以上離して捨てたという。

「そういうやり方で成算があるかどうかは分からない。ただアメリカ軍の戦略主目標である東京への進撃路を日本兵の屍をもって埋めつくす。この形をとれば、相手側に大変な精神的パニックを与えるのではないか」（座談会「もしも本土決戦が行われていたら」『中央公論　増刊・歴史と人物』昭和五十八年八月二十日号）というのだった。

◆オリンピック作戦の構想
1945.11.1上陸予定

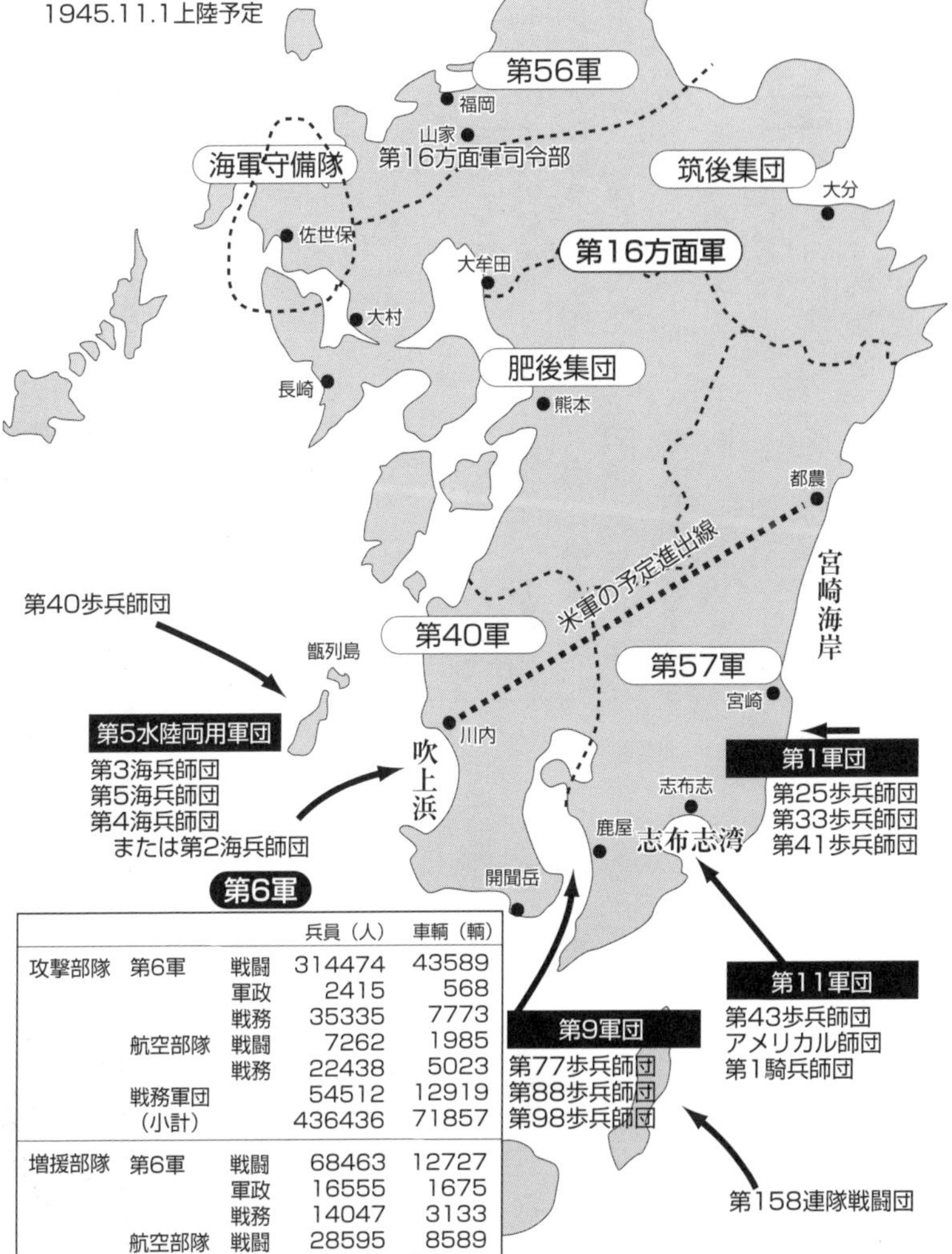

第56軍
福岡
山家
第16方面軍司令部
海軍守備隊
筑後集団
大分
佐世保
大牟田
第16方面軍
大村
肥後集団
長崎
熊本
都農
米軍の予定進出線
宮崎海岸
第40歩兵師団
甑列島
第40軍
第57軍
宮崎
第5水陸両用軍団
第3海兵師団
第5海兵師団
第4海兵師団
または第2海兵師団
川内
吹上浜
第1軍団
第25歩兵師団
第33歩兵師団
第41歩兵師団
志布志
鹿屋
志布志湾
開聞岳
第6軍
第11軍団
第43歩兵師団
アメリカル師団
第1騎兵師団
第9軍団
第77歩兵師団
第88歩兵師団
第98歩兵師団
第158連隊戦闘団

			兵員（人）	車輌（輛）
攻撃部隊	第6軍	戦闘	314474	43589
		軍政	2415	568
		戦務	35335	7773
	航空部隊	戦闘	7262	1985
		戦務	22438	5023
	戦務軍団		54512	12919
	（小計）		436436	71857
増援部隊	第6軍	戦闘	68463	12727
		軍政	16555	1675
		戦務	14047	3133
	航空部隊	戦闘	28595	8589
		戦務	55840	14045
	戦務軍団		130243	23373
	海軍海岸設営隊		43159	5100
	（小計）		356902	68642
航空梯団			22160	
合計			815498	140499

日本海軍が開発した本土決戦特攻兵器

爆装ボートから爆弾潜水夫、悲しいほどに奇抜な最終兵器

本土決戦は主として陸軍の任務だったが、海軍も持てる兵器を総動員して準備した。航空機三七〇〇機（大半は特攻を予定）、駆逐艦約三〇隻のほか、海上・海中特攻兵器として蛟竜《こうりゅう》・回天《かいてん》・海竜《かいりゅう》・震洋《しんよう》などが三〇〇〇隻以上、海底特攻兵器の伏竜《ふくりゅう》（数は不明）などがあった。

蛟竜は魚雷発射装置のある小型潜水艦、回天は魚雷そのものに操縦席をとりつけた人間魚雷、海竜は魚雷発射装置のない超小型潜水艦、震洋は爆雷を装備したモーターボート、伏竜は棒機雷《ぼうきらい》（特殊な小型機雷）を携えたアクアラングで、海底を歩いて敵艦船に近づき爆発させる。どれもこれも、涙も枯れるような悲しき特攻兵器だった。

これらの特攻兵器のうち、すでに特攻出撃したことがあるものは回天、震洋だった。蛟竜は甲標的《こう》がが正式な名称だったが、いわゆる特殊潜航艇（特潜）として真珠湾出撃以来、多くの実戦例があった。魚雷発射管付だから攻撃のあと戦場離脱が可能で、純粋の特攻兵器ではないが、特攻出撃と同じような実戦を重ねてきた。

こういう特攻部隊を要所に配備して、押し寄せる米艦隊に立ち向かおうとしたわけだ。当時の軍令部（海軍）作戦部長（富岡定俊少将）は、これだけ準備していたのだから、もしも本土決戦になったら、一度は海に追い落としてやれたはずと、戦後になっても語っていたそうだ。

この作戦部長の自信を伝え聞いた井上成美《しげよし》海軍大将は「バカなことをいってらあ」と苦笑したそうだ。井上大将は、日米開戦に最も激しく反対した一人で、大将になる直前まで（昭和二十年五月昇進）一年近く米内《よない》海相の下で海軍次官を努め、最も熱心に和平工作をした人物だ。

◆人間機雷「伏竜」

海中を5ｍまで潜り、頭上を通過する敵の上陸用舟艇などを待ちかまえて、棒機雷を爆発させる。地上での竹ヤリ同様に、あまりにも虚しい新兵器である。海軍飛行予科練習生が訓練されたが、複雑な呼吸法や空気清浄缶の破損などで多くの殉職者を出す。実戦には投入されなかった

◆特攻モーターボート「震洋」

●特攻人間魚雷を積んで出撃する潜水艦

●終戦直後の呉海軍工廠のドックには130隻の「蛟竜」が繋留されていた

◆特殊潜航艇「海竜」

魚雷発射後に帰投することも可能だが、600kgの弾頭も装着でき、体当たりも考えられた

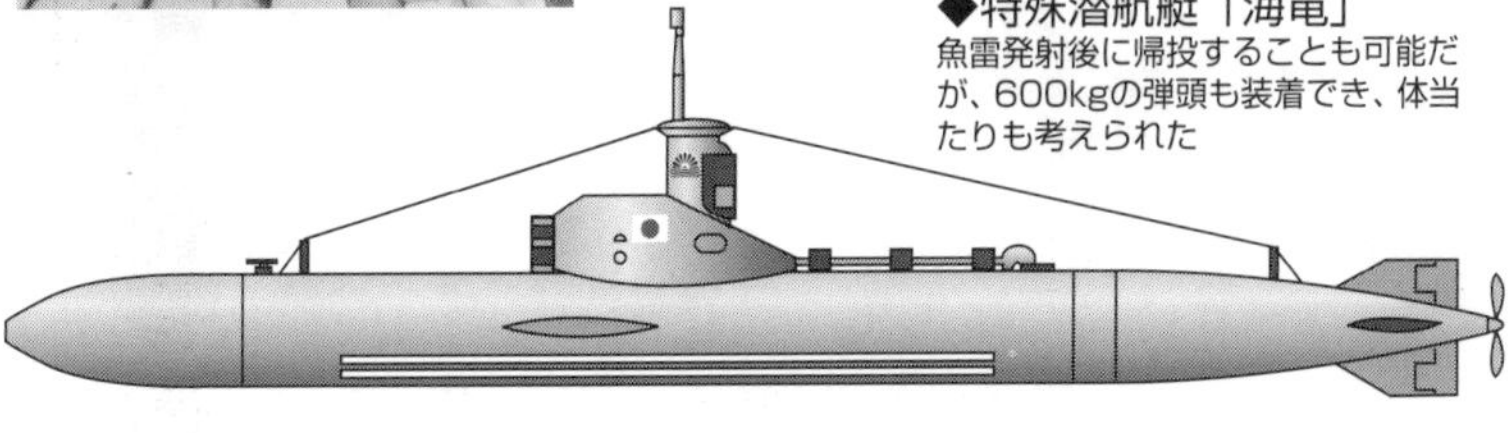

日米で一致していた米軍の敵前上陸地点

核やサリンの使用も検討されたオリンピック作戦とコロネット作戦

アメリカが日本上陸作戦を正式に決定したのは、ルーズベルト大統領が死に（一九四五〈昭和二十〉年四月十二日）、トルーマン大統領になってからの五月十日である。十一月一日に南九州上陸（オリンピック作戦）、翌年三月一日相模湾《さがみ》・九十九里浜《くじゅうくりはま》上陸（コロネット作戦）がそれである。

大本営も、その二地点に上陸してくるだろうと予測して、重点的に防備を固めたのだから、軍人の思考というのはだいたい似ているのだろう。しかし、ヒトラーとその参謀本部は連合軍のノルマンディ上陸を予測できず、上陸が始まってからもほんとうはもっと北方のカレー地区と確信し、ノルマンディ上陸は陽動作戦とみていたというから、一概にはいえないが。

アメリカ軍のなかには、日本はもう敗北しているのだから、上陸作戦などしなくてもよいではないか、海岸線にくまなく機雷を投下して封鎖し、焼夷弾《しょういだん》による焦土化で十分ではないか、降伏したくなければ勝手にさせたらよいではないか、という意見（大統領付参謀長レーヒー提督）もあったが、早期終戦のためには上陸作戦が必要、とするマッカーサー大将の意見が通った結果という。

それにしても、上陸作戦はアメリカ軍にも大きな犠牲が出ることが予想され、そのために二発の原爆を落とし、次項で触れるようにさらに何発かの原爆を用意していたようだ。

原爆だけではなく、猛毒ガス・サリンの撒布も検討していたことが指摘されている（栗田尚弥「幻の日本本土上陸作戦、ダウンフォール作戦」『ビッグマンスペシャル　連合艦隊・日米決戦編』世界文化社）。

原爆とサリンの雨を降らされたら、いくら水際で頑張ろうとしてもできない相談だった。

◆コロネット作戦の構想

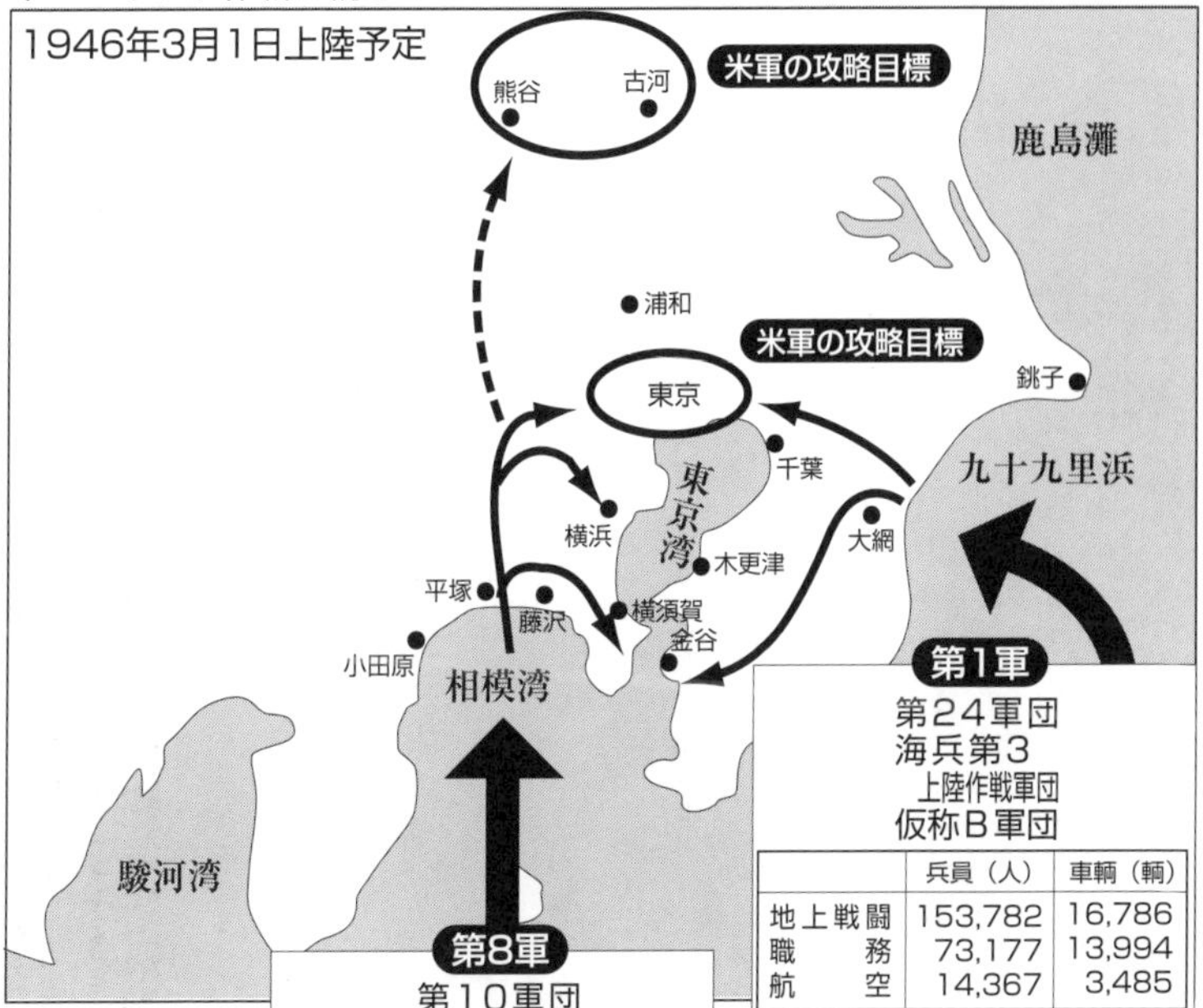
1946年3月1日上陸予定
米軍の攻略目標
熊谷
古河
鹿島灘
浦和
米軍の攻略目標
東京
銚子
千葉
九十九里浜
東京湾
横浜
大網
木更津
平塚
横須賀
藤沢
金谷
小田原
相模湾
駿河湾
第1軍
第8軍

第1軍
第24軍団
海兵第3
上陸作戦軍団
仮称B軍団

	兵員（人）	車輌（輌）
地上戦闘	153,782	16,786
職務	73,177	13,994
航空	14,367	3,485
合計	241,326	34,265
(内地上部隊)	226,959	30,780

第8軍
第10軍団
第13軍団
第14軍団
仮称D軍団

	兵員（人）	車輌（輌）
地上戦闘	203,434	23,141
職務	88,656	13,661
航空	8,914	2,248
合計	301,004	39,050
(内地上部隊)	292,090	36,802

◆1945年(昭20)の日本本土来襲米軍機数

月	B29 マリアナ基地	B25／P38 沖縄基地	P51 硫黄島基地	艦載機	合計
1月	490				490
2	460			1,000	1,460
3	1,295			2,250	3,545
4	1,930		230		2,160
5	2,907		303	1,645	4,855
6	3,270	777	265		4,312
7	3,666	3,193	1,787	12,216	20,862
8	1,490	1,041	444	4,550	7,525

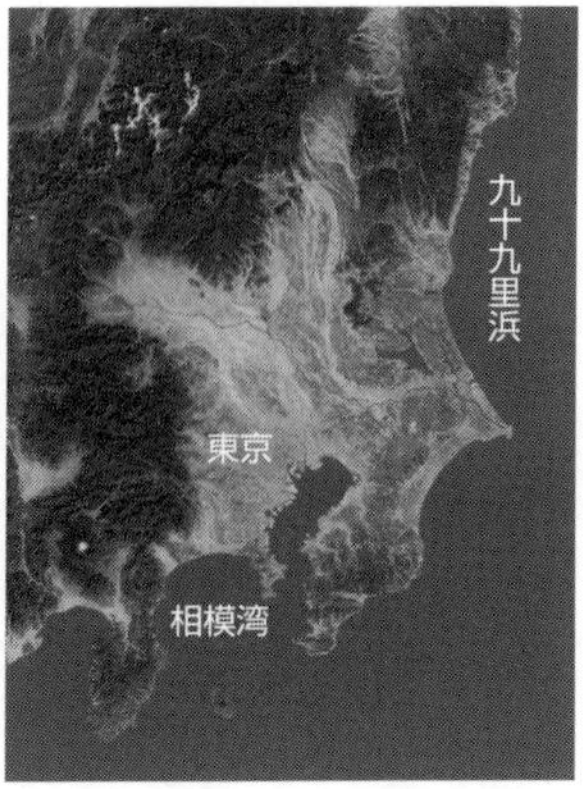
九十九里浜
東京
相模湾

東京が目標だった原爆搭載第三号機⁉

昭和二十年八月十二日、突如消えた原爆搭載B29機の呼出符号

昭和二十年八月十二日の夕方、東京の空に聞き慣れた空襲警戒警報のサイレンが鳴り響いた。その直後、東京・市ヶ谷台の大本営（現防衛庁のある場所）の各室を恐怖が襲った。粗末なザラ紙にタイプ印刷された紙片が配られたのだ。

「テニアン基地のB29は、今夜二〇時以降、帝都を原爆攻撃する公算大なり」とあった。

海軍の通信諜報《ちょうほう》を専門にする大和田通信隊（埼玉。司令・森川秀也大佐）では、原爆搭載のB29爆撃機の呼出符号（コールサイン）を確定していた。

きっかけは昭和二十年七月十九日のこと、いつものB29機の呼出符号と違う飛行機の呼出符号を傍受した。方位測定の結果、発信地はマリアナ諸島テニアン島だった。その電波は十九日以後連日出され、通信隊は新任務の飛行中隊と判断した。

ところが一〇日ほどでその呼出符号は突然消えた。そして八月六日、通信隊は再び同じ呼出符号をキャッチした。これこそ広島に原爆を投下した、あのB29をはじめとする米陸軍第五〇九航空群の呼出符号だったのだ。八月十二日、その恐怖の呼出符号をまたもや捉えた。森川大佐は市ヶ谷台に自動車を飛ばし、大本営に急報した。原爆三号機はどこを狙うのか？　小笠原の父島の電波探知所から「敵大型機一機、北上中」と報告が入る。目標は「東京！」なのだ。だが原爆機は来なかった。

八月九日、日本政府はポツダム宣言受諾を米政府に発した。米政府も受け入れ、その回答をサンフランシスコ軍放送で流した。日本の外務省が放送を傍受したのは八月十二日午前零時四五分である。

当時の政府筋は、ホワイトハウスは回答書の放送と同時に、東京に向かっていた原爆三号機に緊急帰還命令を出したのではないかとみていた。

●B29は東京空襲には富士山を目標に飛来した

◆原子爆弾の構造

広島型原子爆弾（リトルボーイ）

2ヵ所に配置されたウラン235を火薬で衝突させ、核分裂を起こす

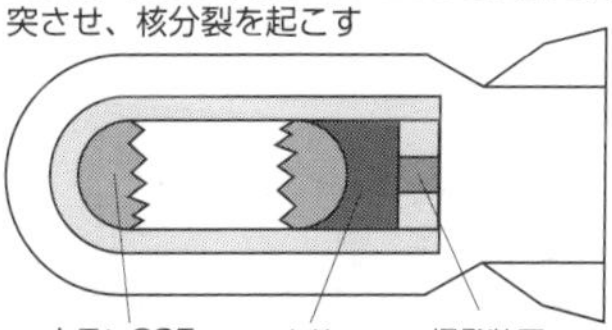

直径71cm　長さ3.05m　重量約4トン

長崎型原子爆弾（ファットマン）

プルトニウム239をケースに入れ、周囲の火薬の爆発力で核分裂を起こす

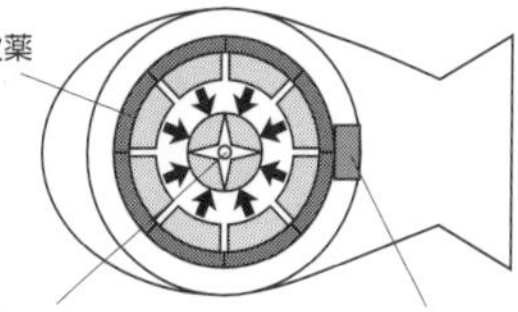

直径1.52m　長さ3.25m　重量約4.5トン

◆原爆開発から投下まで

1939年8月	アインシュタイン博士が原爆の可能性を記した手紙をアメリカ大統領に送る
1941年12月6日	アメリカは原子力開発をスタートさせる
12月8日	太平洋戦争が起こる
1942年8月	グローブス少将の指揮によるマンハッタン計画（原爆製造）発足
12月	フェミル博士によって連鎖反応に成功
1943年春	原爆の完成は1945年6月と推定
9月	第509混成航空隊を編成し、秘密訓練を開始
9月18日	第1弾は日本に投下することを決定
1945年4月15日	原爆投下作戦の決定
5月	原爆投下先遣隊がテニアン基地に到着
7月16日	メキシコ（アラマゴールド）での原爆実験に成功
7月25日	トルーマン大統領が原爆投下命令を下す
8月6日	広島に投下
8月9日	長崎に投下

●米軍はさらに4発の原爆投下を予定していた

●廃墟と化した東京に残されていたのは皇居ぐらいである。原爆投下なら、この皇居が狙われた？

コラム9

原爆搭載艦を轟沈した潜水艦長の戦後

　一九四五（昭和二十）年七月二十九日の夜、広島と長崎に投下した原子爆弾を、米本土からマリアナ諸島テニアン島に運んできた（爆弾の一部）重巡洋艦「インディアナポリス」は、任務を完了してフィリピンに向かっていた。その二十九日の深夜、「インディアナポリス」はグアム―フィリピン線で轟沈された。伊五八潜水艦が放った六発の魚雷のうち、三発以上の命中を受けたからだった。

　伊五八潜が呉《くれ》に帰ったのは八月十七日だった。すでに戦争は終わっていた。その伊五八潜の潜水艦長橋本以行《もちつら》中佐が米軍に呼び出され、アメリカ本土に飛行機で連行されたのは十二月七日だった。ワシントンで開かれている「インディアナポリス」轟沈《ごうちん》真相究明の軍事法廷に、参考人として立つためだった。

　米軍が最も恐れていたのは、原爆の秘密が事前に日本側に漏れており、伊五八潜は待ち構えていたのではないかということだった。

　橋本中佐は、まったく偶然に発見したことを証言、新品の衣服に新品の靴、さらにお土産までもらって翌年一月二十一日に横須賀に帰ってきた。

●伊58潜に轟沈された米重巡「インディアナポリス」

●伊58潜。対空対艦レーダーを備え、回天6基搭載の最新鋭潜水艦だった

太平洋戦争ミニ用語集

赤れんが（あかれんが）

海軍省・軍令部の別称。東京・霞が関にあった海軍省・軍令部の建物は、赤れんが造りの立派な建物であったためこう呼ばれ、建物の二階を海軍省、三階を軍令部が使用していた。

「赤れんが」以外にも、海軍省・軍令部のことをその所在地から「霞が関」と呼ぶこともある。同様に、陸軍省（陸軍）は「三宅坂《みやけざか》」とも呼ばれる。

玉砕（ぎょくさい）

太平洋戦争における日本軍守備隊の全滅をさす言葉。中国の古書にある、「男は瓦となって終わるよりも、むしろ玉となって砕けたほうがよい」という一節が語源。「全滅」では国民に与える影響が大きいので、「玉砕」と言い直して発表したという。

最初に玉砕と発表されたのは昭和十八年五月、アリューシャン列島アッツ島の戦いであった。以後、日本軍の凋落《ちょうらく》とともにギルバート諸島、マーシャル諸島、マリアナ諸島と玉砕が相次いだ。

金鵄勲章（きんしくんしょう）

軍人・軍属専用の勲章で、武功抜群の者に与えられた。功一級から功七級まであるが、いきなり功一級が与えられるわけではなく、将官は功三級から、兵隊は功七級からの受勲となった。

受勲すると上は功一級の千五百円から、下は功七級の百五十円が終身年金として与えられたが、日中戦争以降は受勲者が多くなったので、昭和十五年以降は戦死者の受勲に限られ、十六年に年金も廃止された。戦後、昭和二十二年の法改正で金鵄勲章の制度は廃止されている。

軍艦（ぐんかん）

戦艦、巡洋戦艦、練習戦艦、巡洋艦、練習巡洋艦、航空母艦、水上機母艦、潜水母艦、敷設艦、砲艦、海防艦（旧式巡洋艦）のことをさす。

海軍の船はすべて「軍艦」と呼称されがちだが、厳密にいえば前記の艦種だけが軍艦とされ、艦首に菊の紋章が取り付けられている。

軍艦に加えて、駆逐艦や潜水艦などの、主に直接戦闘にたずさわるものの総称を艦艇と称した。さらに工作艦や運送船、雑役船など戦闘に直接参加しない船と艦艇を合わせて艦船と呼んだ。

軍旗（ぐんき）

連隊旗とも呼ばれる。歩兵連隊または騎兵連隊の創設時に、天皇から直々に渡される縦約七四・五センチ、横約一〇〇センチの旭日旗《きょくじつき》。戦闘では前線で掲げられるので、日清・日露戦争などを経験した古参連隊の軍旗は房だけになってしまったものも多い。

天皇から親授されるので天皇の分身と見なされ、軍旗を掲げる連隊旗手には優秀な士官が選ばれた。また、連隊が解散あるいは玉砕するときには、軍旗は奉焼《ほうしょう》されるなどして敵手に渡るのを防いだ。

元帥（げんすい）

大将のなかでもとくに功績抜群と認められ、天皇から元帥府に叙せられた者をさす。大将の上位に位置づけられるが正式な官名や階級ではない。天皇から元帥という称号を賜《たまわ》った、いわば名誉職に近いものであった。元帥府という建物がとくにあったわけでもない。

ただし、通常、陸海軍大将が六五歳で定年（現役定限年齢）となるのに対して、元帥は生涯現役大将として遇され、副官が二名つけられた。

憲兵（けんぺい）

軍人を取り締まる機関。陸軍の一組織だが、海軍大臣の指揮を受けて海軍軍人も取り締まることもできた（海軍では憲兵の取り締まりを受けるのは日本国内に限定されると解釈していた）。また、軍事に関する犯罪を主な対象とする軍事警察権のほかに、一般的な普通警察権も行使できた。

普通警察権を行使するためには内務大臣の指揮が必要だったが、お構いなしに行動していた。国防、防諜《ぼうちょう》、思想犯の取り締まりなどの名目で広範な国民生活に介入することができたのである。

御前会議（ごぜんかいぎ）

広義には天皇が出席するすべての会議をさし、重要な案件を天皇の前で諮《はか》り決定する最も権威のある政策決定の場であった。ただし、法制上の規定はとくになかった。昭和十三年以降、終戦までの間に十数回開かれたという。

天皇が出席するとはいっても、天皇が自ら発言したり決定を下したりすることはまれであったが、「対米英蘭戦争も辞さず」とした昭和十六年九月六日の御前会議では、明治天皇の御製《ぎょせい》（四方《よも》の海皆同胞《はらから》と思ふ世になど波風のたちさわぐらん）を詠《よ》んで暗に戦争回避の意を伝え、終戦直前には天皇がポツダム宣言受諾の意志を言明した、いわゆる「聖断」が行なわれた。

近衛師団（このえしだん）

天皇並びに皇居の警備を行なう部隊。もちろん皇居警備ばかりでなく外征にも参加し、太平洋戦争ではマレー・シンガポール作戦、蘭印《らんいん》（オランダ領東インド）攻略作戦に参加している。近衛師団の兵隊たちは大正以降、歩兵や騎兵は全国から、砲兵、工兵、輜重《しちょう》兵は関東地方から徴募されるようになった。

これは皇居守護という目的から、できるだけ優秀な兵隊を選抜しようとしたもので、そのため、近衛師団に配属された兵隊は当時としてはエリート的な存在で、身内に近衛師団の兵隊がいると、親類縁者の株が上がったという。

GF（じーえふ）

連合艦隊の略称。連合艦隊は日清戦争の直前に、常備艦隊と西海艦隊を合わせて初めて編成された。その意味では直訳すると「Combined Fleet」となるのだが、日本海軍が組織や制度のお手本としたイギリスの大艦隊（Grand Fleet）にならって、通信符号などの略称をGFとするようになった。

師団（しだん）

陸軍部隊の最も基本的な単位で、独立して作戦を遂行できる能力をもっている（戦略単位と呼ばれる）。

太平洋戦争の頃は、一個師団は歩兵連隊三個を基幹に、砲兵連隊、工兵連隊、捜索連隊、輜重《しちょう》兵連隊などの特科部隊が配属される。連隊はおおむね三個大隊、大隊は四個中隊と機関銃中隊によって編成されるが、太平洋戦争末期になると特科部隊が縮小されるケースもあった。師団が数個集まったものは軍と呼ばれ、さらに軍がいくつか集まって方面軍が編成される。

師団の指揮官は師団長と呼ばれ、通常は中将が当てられるが、太平洋戦争末期は少将が就任したケースも多い。軍、方面軍の指揮官は司令官と呼称され、中・大将が就任した。連隊長は歩兵連隊が大佐で、特科連隊では中佐を基本とした。

松根油（しょうこんゆ）

松の根からつくられた油。航空機用ガソリンのオクタン価を高める目的で添加される。松根油だけで飛行機が飛ぶわけではない。松根油の生産は昭和九年頃からスタートしていたが、その量はわずかであった。

しかし、太平洋戦争末期には南方からの石油供給ルートが寸断されたため、婦女子を動員しての大々的な松の根掘りが全国で行なわれた。掘られた松の根は陸軍の担当地域で二三万トン、海軍で六二万トンにも達したという。

Z旗（ぜっとき）

海軍信号規定に定められている「Z」を意味する、赤・青・黄・黒に塗り分けられた文字旗（信号旗）。海軍では信号旗に特別な意味を当てはめて使うケースがあったが、Z旗は日露戦争の日本海海戦（明治三十八年五月二十七日）の際に「皇国の興廃此一戦《こうはいこの》にあり、各員一層奮励努力せよ」という意味で旗艦「三笠《みかさ》」に掲げられた。

太平洋戦争開戦時の真珠湾攻撃の際には、同様の意味をもつDG信号旗が掲げられた。Z旗はマリアナ沖海戦やレイテ沖海戦のときにも掲揚されたといわれる。

大詔奉戴日（たいしょうほうたいび）

昭和十六年十二月八日に開戦の詔勅《しょうちょく》が発せられたことに因《ちな》んで、太平洋戦争中、毎月八日は大詔奉戴日（天皇の詔勅が発せられた日）とされた。大詔奉戴日の制定にともなって、日中戦争下で平沼騏一郎《ひらぬまきいちろう》内閣の昭和十四年九月一日から実施されていた、毎月一日の興亜奉公日は廃止された。興亜奉公日も大詔奉戴日も戦意の高揚を目的として定められたものである。

大本営（だいほんえい）

戦時に設置される、陸海軍の最高意志決定機関。本来は戦争のときに設置されるのだが、日中全面戦争が勃発した際、規則が改訂されて事変の際にも大本営が置かれるようになった。日中戦争は事実上の戦争だったからである。

大本営が設置されると参謀本部と、軍令部が機構に組み込まれ、それぞれ大本営陸軍部、大本営海軍部と称された。ただし、従来の参謀本部、軍令部の職員がそのまま兼務し、参謀本部、軍令部も存続し、業務が続けられた。大本営が設置されたといっても、とくに建物が設けられたわけではない。

独立混成旅団（どくりつこんせいりょだん）

主に日中戦争下で占領地の警備を行なう目的で編成された部隊で、「独混」と略称されることが多い。太平洋戦争開戦時には二十一個あり、独立歩兵大隊五個、旅団砲兵隊、旅団工兵隊、旅団通信隊などからなっている、ミニ師団と呼べるものだった。

旅団長は少将、独歩大隊長は中佐または少佐が務めた。太平洋戦争が始まると占領地の警備のために多数つくられ、末期には装備の劣る独混旅団も多数つくられている。独混旅団から師団に改編されたものもあるが、終戦時の独混旅団は九十九個を数えた。

特攻（とっこう）

特別攻撃隊の略称で、太平洋戦争末期に日本陸海軍が行なった体当たり攻撃そのものをさす。航空機による特攻隊の名称は、海軍が神風《しんぷう》特別攻撃隊、陸軍が陸軍特別攻撃隊で、それぞれ大和隊とか万朶《ばんだ》隊などの名前がついた。

最初の特攻は昭和十九年十月二十五日、レイテ沖海戦のときに行なわれ、米護衛空母一隻を撃沈、その他を大破している。これは現地司令官の大西《おおにし》瀧治郎《たきじろう》海軍中将が自発的に行なったとされるが、大西は赴任する前に軍令部と綿密な打ち合わせをしており、また、この体当たり以前に、「桜花《おうか》」「回《かい》天《てん》」などの特攻専用兵器の開発も行なわれていた。

終戦までに、陸海軍合わせて四〇〇〇人以上が特攻により死亡した。

予科練（よかれん）

海軍飛行予科練習生の略称。海軍が下士官搭乗員を養成するためにつくった制度で、教育効率のよい青少年から育成が始められた。太平洋戦争の頃は旧制中学出身者を対象とした甲種、高等小学校（国民学校）出身者を対象にした乙種、一般の水兵から選抜した丙種の三コースがあった。

西条八十《さいじょうやそ》作詞、古関裕而《こせきゆうじ》作曲の『若鷲《わかわし》の歌』（予科練の歌）も大ヒットし、当時の少年たちにとって憧れの存在であった。同様の制度は陸軍にもあり、こちらは少年飛行兵と呼ばれた。

陸戦隊（りくせんたい）

陸上で戦闘を行なう海軍部隊をさす。陸戦隊は敵地などに上陸する際に、所属の艦艇から隊員を募って編成される臨時の部隊であるが、陸上での戦闘を主任務とした部隊は特別陸戦隊と呼ばれた。

昭和五年から上海《シャンハイ》の在留邦人保護を主目的に常駐するようになった上海特別陸戦隊（通称シャンリク）は、昭和七年の上海事変、昭和十二年の日中戦争で数倍する中国軍と戦って名を上げた。太平洋戦争中は各地の攻略作戦に特別陸戦隊が活躍し、また、占領地警備のために特別陸戦隊に後方支援機能などを付与した特別根拠地隊が多数つくられている。

日中戦争〜太平洋戦争年表

昭和	西暦	主な動き
6	1931	9・18満州事変勃発（関東軍の謀略で行なった柳条湖の鉄道爆破を口実に）
7	1932	3・1満州国建国を宣言　5・15五・一五事件（海軍青年将校らが犬養首相暗殺）
8	1933	3・27日本、国際連盟を脱退　5・7熱河作戦（日本軍が万里の長城を越えて河北省に侵攻）※この年、ヒトラーがドイツ首相に就任。ルーズベルトがアメリカ大統領に就任（一期目）
11	1936	2・26二・二六事件（陸軍青年将校らが軍・政府要人を襲撃殺害）11・25日独防共協定調印　12・12西安事件（張学良が蒋介石を監禁、国共合作、すなわち国民党と共産党の協同による抗日戦を要請）※この年、スペイン内戦始まる
12	1937	7・7蘆溝橋事件（日中戦争始まる）12・13日本軍、南京占領
13	1938	4・1国家総動員法公布　4・7〜6中旬徐州〜開封を占領　10・27武漢三鎮を占領 ※この年、ドイツはオーストリアを併合
14	1939	2〜3海南島を占領　5・14ノモンハン事件勃発　7・26米、日米通商航海条約の破棄通告（一九四〇・一失効）※この年、ドイツとソ連がポーランドに侵攻、第二次世界大戦始まる
15	1940	5・13〜9・4重慶など中国奥地航空爆撃（一〇一号作戦）9・23北部仏印進駐 9・27日独伊三国同盟調印※この年、ドイツがフランスなど西ヨーロッパを占領、さ

		らにイギリス本土上陸をめざして空襲を開始したが、イギリスは防衛に成功
16	1941	4・13日ソ中立条約調印　4・16日米交渉始まる　5～8月末重慶など中国奥地空襲作戦　7・28南部仏印進駐　8・1アメリカ、対日石油輸出禁止　10・18東条英機内閣成立　11・26米政府、ハル・ノートを提示　12・1御前会議、対米英蘭開戦を決定　12・8真珠湾を奇襲、マレー半島に上陸（太平洋戦争始まる）　12・10マレー沖海戦　※6月、ドイツのソ連侵攻開始、12月初攻勢頓挫
17	1942	1・2マニラ占領　2・15シンガポール占領　3・8ラングーン占領　3・9ジャワのオランダ軍降伏　4・18ドゥリットル空襲　5・7フィリピンの米比軍降伏　5・7～8珊瑚海海戦、MO作戦失敗　6・5ミッドウェー海戦　7・18南海支隊、陸路でポートモレスビー攻略作戦開始　8・7米軍、ガダルカナルに上陸　8・9第一次ソロモン海戦　8・21一木支隊、ガダルカナル島飛行場奪還作戦で全滅　8・24第二次ソロモン海戦　9・12～13川口支隊、ガダルカナルで総攻撃　9・26南海支隊、ポートモレスビー攻略を断念、撤退開始　10・12サボ島沖海戦　10・24～25第二師団のガダルカナル総攻撃　10・26～27南太平洋海戦　11・12～14第三次ソロモン海戦　11・30ルンガ沖海戦　※この年、ドイツがユダヤ人絶滅政策を決定（ヴァンゼー会議）
18	1943	1月東部ニューギニアのブナ、ギルワ地区全滅　2・8ガダルカナルから撤退完了　3・3ダンピールの悲劇（ビスマルク海海戦）4月初旬い号作戦　4・18山本五十六連合艦隊司令官、撃墜死　5・29アッツ島守備隊玉砕　6月連合軍、ソロモン諸島と東部ニューギニアで攻勢開始　9・30御前会議、絶対国防圏を決定　11・24～25マキ

		ン・タラワ島守備隊玉砕　※この年、1・22スターリングラードドイツ軍降伏　5・12〜13北アフリカでドイツ、イタリア軍降伏　9・8イタリア降伏　11・22カイロ会談　11・28テヘラン会談
19	1944	2・6クェゼリン島守備隊玉砕　3・8インパール作戦開始（〜7月）　3・31古賀峯一連合艦隊司令長官行方不明、海軍乙事件　4・17大陸打通作戦（一号作戦）開始（〜1945・1月）　5・3豊田副武、連合艦隊司令長官へ　6・15米軍、サイパン上陸　6・16B29日本初空襲（北九州）　6・19マリアナ沖海戦　7・7サイパン守備隊玉砕　7・18東条内閣総辞職　7・22小磯・米内内閣成立　10・10米、機動部隊が那覇を大空襲　10・12〜16台湾沖航空戦　10・20米軍、レイテ島上陸　10・23〜26レイテ沖海戦　10・25神風特別攻撃隊、初戦果（航空特攻始まる）　11・24マリアナ諸島発のB29、東京初空襲　※この年、ソ連がレニングラードを奪還　6・6ノルマンディ上陸作戦開始　8・25連合軍、パリ解放　11・8米大統領ルーズベルト四選
20	1945	1・9米軍、ルソン島上陸　3・3米軍、マニラ解放　3・10東京大空襲　3・17硫黄島守備隊玉砕　4・1米軍、沖縄本島上陸沖縄航空特攻始まる　4・5小磯・米内内閣総辞職　4・7鈴木貫太郎内閣成立、戦艦「大和」沈没（沖縄海上特攻）　6・8御前会議、本土決戦方針を確認　6・23沖縄戦終わる　7・26ポツダム宣言　8・6広島に原爆投下　8・8ソ連、日本へ宣戦　8・9長崎へ原爆投下、ポツダム宣言受諾の聖断　8・14ポツダム宣言受諾の第二回目聖断　8・15正午ポツダム宣言受諾の玉音放送（日本降伏）　9・2ミズーリ号上で降伏調印　9・27天皇、マッカーサー元

		帥を訪問　※この年、5・8ドイツ降伏
21	1946	1・1天皇、自身の神格を否定（いわゆる人間宣言）　5・3極東国際軍事裁判（東京裁判）開始　※この年、ニュルンベルク裁判閉廷、一二人に死刑判決
22	1947	5・3日本国憲法施行
23	1948	11・12東京裁判、二五人に有罪判決（東条英機ら七人に死刑）12・23東条英機らA級戦犯七人の死刑執行　※この年、ソ連によるベルリン封鎖　8・15大韓民国成立　9・9朝鮮民主主義人民共和国成立
24	1949	※この年、北大西洋条約機構（NATO）成立　10・1中華人民共和国成立
25	1950	※この年、6・25朝鮮戦争始まる
26	1951	4・11トルーマン米大統領、連合国最高司令官マッカーサー元帥を罷免、後任にリッジウェー中将　4・16マッカーサー帰国　9・8サンフランシスコ平和条約調印（沖縄はアメリカの信託統治下へ）、日米安全保障条約調印　※この年、7・10朝鮮戦争休戦会談開始（1953・7・27休戦協定調印）
27	1952	4・28対日平和条約、日米安全保障条約発効　GHQ廃止（日本独立を回復）
47	1972	5・15沖縄が日本復帰

主要参考文献

朝雲新聞社　防衛庁防衛研修所戦史室著『戦史叢書』全一〇二巻
朝日新聞社　『太平洋戦争への道　開戦外交史』全八巻
潮書房　『丸　別冊　太平洋戦争証言シリーズ』第二、四、六、七、八、一三、一四の各巻
新人物往来社　『別冊歴史読本　戦記シリーズ』第一～第五〇
河出書房新社　「図説シリーズ（ふくろうの本）」『日露戦争』『満州帝国』『日中戦争』『太平洋戦争』『第二次世界大戦』『アメリカ軍が撮影した占領下の日本』『日本海軍』
草思社　『米軍が記録したガダルカナルの戦い』『米軍が記録したニューギニアの戦い』『米軍が記録した日本空襲』
翔泳社　『図説　帝国陸軍』（監修・森松俊夫）　『図説　帝国海軍』（監修・野村実）
フットワーク出版　「秘蔵写真で知る近代日本の戦歴」シリーズ第一、二、三、四、五、六、七、八、一一、一二、一三、一四、一六、二〇の各巻
世界文化社　ビッグマンスペシャル『連合艦隊』の「勃興編」「激闘編」「日米開戦編」「日米決戦編」「南雲機動部隊編」「小沢機動部隊編」、同『ヒトラーの野望』の「電撃作戦編」「帝国滅亡編」
銀河出版　『戦場写真で見る　日本軍実戦兵器』
池宮商会　「太平洋戦争写真史」シリーズの『サイパンの戦い』『徹底抗戦　ペリリュー・ア

ンガウルの玉砕』『硫黄島の戦い』『フーコン・雲南の戦い』
原書房　『日本の戦争　図解とデータ』（桑田悦・前原透編著）『日本の戦争責任』（若槻泰雄）
東京大学出版会　『日本陸海軍総合事典』（秦郁彦編）
恒文社　『ニミッツの太平洋海戦史』（実松譲・冨永謙吾訳）
日本放送出版協会　『マッカーサー　記録・戦後日本の原点』（袖井林二郎・福島鑄郎編）
出版協同社　『第二次大戦　米国海軍作戦日誌』（米国海軍省戦史部編纂　史料調査会訳編）
文藝春秋　『海戦史に学ぶ』（野村実）『魔性の歴史』（森本忠夫）
山川出版社　『太平洋戦争と日本軍部』（野村実）
光人社　『勝負と決断』（生出寿）

太平洋戦争研究会

主として日中戦争・太平洋戦争に関する取材・調査・執筆・編集グループ。

新人物往来社の『別冊歴史読本・戦記シリーズ』の企画編集に従事し、河出書房新社の図説シリーズ「フクロウの本」で、『日露戦争』『満州帝国』『太平洋戦争』『第二次世界大戦』『アメリカ軍が撮影した占領下の日本』『東京裁判』を執筆編集。

当社刊に『面白いほどよくわかる太平洋戦争』がある。

主要メンバーに平塚柾緒(代表)・森山康平・大原徹など。

学校で教えない教科書

戦略・戦術でわかる
太平洋戦争

編著者
太平洋戦争研究会

発行者
西沢宗治

DTP
フレッシュ・アップ・スタジオ

印刷所
誠宏印刷株式会社

製本所
大口製本印刷株式会社

発行所
株式会社日本文芸社

〒101-8407 東京都千代田区神田神保町1-7
TEL.03-3294-8931[営業],03-3294-8920[編集]
振替口座 00180-1-73081

*

落丁・乱丁本はおとりかえいたします。
Printed in Japan ISBN4-537-25111-5
112020815-112040420Ⓝ06
編集担当・石井

URL http://www.nihonbungeisha.co.jp